U0223773

国家出版基金资助项目/“十三五”国家重点出版物
绿色再制造工程著作
总主编　徐滨士

再制造零件无损评价技术及应用

NON-DESTRUCTIVE EVALUATION OF REMANUFACTURING PARTS TECHNOLOGY AND APPLICATIONS

董丽虹　郭 伟　陈 茜　等编著

哈爾濱工業大學出版社
HARBIN INSTITUTE OF TECHNOLOGY PRESS

内容简介

本书在总结再制造零件特征及其缺陷检测需求的基础上，系统介绍了应用于再制造领域的射线、超声、磁性、声发射及红外热成像等无损检测技术的基本原理、相关理论和应用案例。

本书可供从事机械产品设计、材料加工以及再制造等工程领域的研究人员、技术人员参考，也可作为机械工程、材料工程和再制造工程等相关专业的教材。

图书在版编目(CIP)数据

再制造零件无损评价技术及应用/董丽虹等编著.
—哈尔滨:哈尔滨工业大学出版社,2019.6
绿色再制造工程著作
ISBN 978-7-5603-8147-3

Ⅰ.①再… Ⅱ.①董… Ⅲ.①零部件-无损评价
Ⅳ.①TG115.28

中国版本图书馆 CIP 数据核字(2019)第 073484 号

材料科学与工程
图书工作室

策划编辑 许雅莹 张秀华 杨 桦
责任编辑 刘 瑶 张 瑞 孙连嵩 王 玲
封面设计 卞秉利
出版发行 哈尔滨工业大学出版社
社 址 哈尔滨市南岗区复华四道街 10 号 邮编 150006
传 真 0451-86414749
网 址 http://hitpress.hit.edu.cn
印 刷 黑龙江艺德印刷有限责任公司
开 本 660mm×980mm 1/16 印张 17.75 字数 320 千字
版 次 2019 年 6 月第 1 版 2019 年 6 月第 1 次印刷
书 号 ISBN 978-7-5603-8147-3
定 价 98.00 元

《绿色再制造工程著作》

《绿色再制造工程著作》

丛 书 书 目

1. 绿色再制造工程导论　　徐滨士　等编著
2. 再制造设计基础　　朱　胜　等著
3. 装备再制造拆解与清洗技术　　张　伟　等编著
4. 再制造零件无损评价技术及应用　　董丽虹　等编著
5. 纳米颗粒复合电刷镀技术及应用　　徐滨士　等著
6. 热喷涂技术及其在再制造中的应用　　魏世丞　等编著
7. 轻质合金表面功能化技术及应用　　吴晓宏　等著
8. 等离子弧熔覆再制造技术及应用　　吕耀辉　等编著
9. 激光增材再制造技术　　董世运　等编著
10. 再制造零件与产品的疲劳寿命评估技术　　王海斗　等著
11. 再制造效益分析理论与方法　　徐滨士　等编著
12. 再制造工程管理与实践　　徐滨士　等编著

序　言

推进绿色发展,保护生态环境,事关经济社会的可持续发展,事关国家的长治久安。习近平总书记提出“创新、协调、绿色、开放、共享”五大发展理念,党的十八大报告也明确了中国特色社会主义事业的“五位一体”的总体布局,强调“把生态文明建设放在突出地位,融入经济建设、政治建设、文化建设、社会建设各方面和全过程,努力建设美丽中国,实现中华民族永续发展”,并将绿色发展阐述为关系我国发展全局的重要理念。党的十九大报告继续强调推进绿色发展、牢固树立社会主义生态文明观。建设生态文明是关系人民福祉、关乎民族未来的大计,生态环境保护是功在当代、利在千秋的事业。推进生态文明建设是解决新时代我国社会主要矛盾的重要战略突破,是把我国建设成社会主义现代化强国的需要。发展再制造产业正是促进制造业绿色发展、建设生态文明的有效途径,而《绿色再制造工程著作》丛书正是树立和践行绿色发展理念、切实推进绿色发展的思想自觉和行动自觉。

再制造是制造产业链的延伸,也是先进制造和绿色制造的重要组成部分。国家标准《再制造　术语》(GB/T 28619—2012)对“再制造”的定义为:“对再制造毛坯进行专业化修复或升级改造,使其质量特性(包括产品功能、技术性能、绿色性、经济性等)不低于原型新品水平的过程。”并且再制造产品的成本仅是新品的50%左右,可实现节能60%、节材70%、污染物排放量降低80%,经济效益、社会效益和生态效益显著。

我国的再制造工程是在维修工程、表面工程基础上发展起来的,采取了不同于欧美的以“尺寸恢复和性能提升”为主要特征的再制造模式,大量应用了零件寿命评估、表面工程、增材制造等先进技术,使旧件尺寸精度恢复到原设计要求,并提升其质量和性能,同时还可以大幅度提高旧件的再制造率。

我国的再制造产业经过将近20年的发展,历经了产业萌生、科学论证和政府推进三个阶段,取得了一系列成绩。其持续稳定的发展,离不开国家政策的支撑与法律法规的有效规范。我国再制造政策、法律法规经历了一个从无到有、不断完善、不断优化的过程。《循环经济促进法》《中共中央关于制定国民经济和社会发展第十三个五年规划的建议》《战略性新兴产业重点产品和服务指导目录(2016 版)》《关于加快推进生态文明建设的意见》和《高端智能再制造行动计划(2018—2020 年)》等明确提出支持再制造产业的发展,再制造被列入国家"十三五"战略性新兴产业,《中国制造 2025》也提出:"大力发展再制造产业,实施高端再制造、智能再制造、在役再制造,推进产品认定,促进再制造产业持续健康发展。"

再制造作为战略性新兴产业,已成为国家发展循环经济、建设生态文明社会的最有活力的技术途径,从事再制造工程与理论研究的科技人员队伍不断壮大,再制造企业数量不断增多,再制造理念和技术成果已推广应用到国民经济和国防建设各个领域。同时,再制造工程已成为重要的学科方向,国内一些高校已开始招收再制造工程专业的本科生和研究生,培养的年轻人才和从业人员数量增长迅速。但是,再制造工程作为新兴学科和产业领域,国内外均缺乏系统的关于再制造工程的著作丛书。

我们清楚编撰再制造工程著作丛书的重大意义,也感到应为国家再制造产业发展和人才培养承担一份责任,适逢哈尔滨工业大学出版社的邀请,我们组织科研团队成员及国内一些年轻学者共同撰写了《绿色再制造工程著作》丛书。丛书的撰写,一方面可以系统梳理和总结团队多年来在绿色再制造工程领域的研究成果,同时进一步深入学习和吸纳相关领域的知识与新成果,为我们的进一步发展夯实基础;另一方面,希望能够吸引更多的人更系统地了解再制造,为学科人才培养和领域从业人员业务水平的提高做出贡献。

本丛书由 12 部著作组成,综合考虑了再制造工程学科体系构成、再制造生产流程和再制造产业发展的需要。各著作内容主要是基于作者及其团队多年来取得的科研与教学成果。在丛书构架等方面,力求体现丛书内容的系统性、基础性、创新性、前沿性和实用性,涵盖了绿色再制造生产流程中的绿色清洗、无损检测评价、再制造工程设计、再制造成形技术、再制造零件与产品的寿命评估、再制造工程管理以及再制造经济效益分析等方面。

在丛书撰写过程中,我们注意突出以下几方面的特色:

1. 紧密结合国家循环经济、生态文明和制造强国等国家战略和发展规划,系统归纳、总结和提炼绿色再制造工程的理论、技术、工程实践等方面的研究成果，同时突出重点，体现丛书整体内容的体系完整性及各著作的相对独立性。

2. 注重内容的先进性和新颖性。丛书内容主要基于作者完成的国家、部委、企业等的科研项目，且其成果已获得多项国家级科技成果奖和部委级科技成果奖，所以著作内容先进，其中多部著作填补领域空白，例如《纳米颗粒复合电刷镀技术及应用》《再制造零件与产品的疲劳寿命评估技术》和《再制造工程管理与实践》等。同时，各著作兼顾了再制造工程领域国内外的最新研究进展和成果。

3. 体现以下几方面的"融合"：(1) 再制造与环境保护、生态文明建设相融合，力求突出再制造工艺流程和关键技术的"绿色"特性；(2) 再制造与先进制造相融合，力求从再制造基础理论、关键技术和应用实现等多方面系统阐述再制造技术及其产品性能和效益的优越性；(3) 再制造与现代服务相融合，力求体现再制造物流、再制造标准、再制造效益等现代装备服务业及装备后市场特色。

在此，感谢国家发展改革委、科技部、工信部等国家部委和中国工程院、国家自然科学基金委员会及国内多家企业在科研项目方面的大力支持，这些科研项目的成果构成了丛书的主体内容，也正是基于这些项目成果，我们才能够撰写本丛书。同时，感谢国家出版基金管理委员会对本丛书出版的大力支持。

本丛书适于再制造领域的科研人员、技术人员、企业管理人员参考，也可供政府相关部门领导参阅；同时，本丛书可以作为材料科学与工程、机械工程、装备维修等相关专业的研究生和高年级本科生的教材。

中国工程院院士

徐滨士

2019 年 5 月 18 日

前　言

再制造是循环经济中“再利用”的高级形式，是解决资源短缺和环境污染问题的有效途径。并且由于再制造工程的节能减排效果十分明显，所以再制造工程已被国家确立为战略型新兴产业。

目前，随着再制造工程领域的迅速扩大，再制造的对象越来越复杂，如何保证再制造产品质量成为了产业健康发展的关键。再制造的对象具有特殊性，它们是具有服役历史、可能含有不同损伤的废旧零部件。由于再制造毛坯损伤的随机性、复杂性和个体差异性，依靠先进的无损评价技术评估再制造毛坯及产品的寿命成为实现再制造产品质量控制的必然选择。

本书基于装备再制造的工程背景，针对不同的再制造零件，介绍声、光、电、热、磁等无损检测技术，并将其用于再制造毛坯质量控制之中，为再制造零件生产提供理论指导和技术支持。本书的成果有助于推动再制造零件质量评价体系研究更加深入，推进检测规范标准逐步建立。

本书的出版得到了国家自然科学基金重点项目(51535011)、国家自然科学基金面上项目(51675532)等的支持，在此表示衷心的感谢！作者研究团队成员为本书的编写提供了很大帮助，一并表达深切的感谢！本书部分内容参考同行著作及国内外文献，在此谨向各位作者致以诚挚的谢意！

由于再制造产业发展迅猛，且作者水平有限，加之时间仓促，书中难免有疏漏和不妥之处，恳请专家和读者批评指正。

作　者

2018 年 12 月

目　录

第1章　再制造零件质量评价概述

再制造是利用制造业产生的工业废弃物为坯料，即以废旧产品作为毛坯进行生产。通过采用再制造修复技术，形成再制造产品，其质量可以达到甚至超过原型新品的性能。再制造是制造产业链的延伸，它赋予废旧机电产品新的寿命周期，是物质循环利用的重要途径，已被我国列为战略型新兴产业。

制造业是国民经济的支柱产业，既是国家经济发展的主要保障，又是国家创造力、竞争力的重要体现。同时，制造业也是最大的资源使用者和环境污染者，制造业产生的工业废弃物如按照传统的填埋、焚烧或回炉等方式处理，不仅存在利用率低、能源消耗大等问题，还将对环境产生二次污染，造成极大危害。特别是现在机电产品更新换代快，报废数量巨大，如何处理这些工业废弃物的问题越来越严峻。2018 年 9 月底全国机动车保有量已超过 8.22 亿辆，报废量达 400 万辆。工程机械保有量达 700 万台，约 25% 服役期限超过 10 年，面临报废。这些废旧产品堆积在城镇当中，已经形成了“城市矿山”。但这些废旧产品仍具有较高的附加价值，含有大量宝贵资源，若用之则为宝，若弃之则为害。

我国提出的具有中国特色的再制造模式是基于维修工程和表面工程而建立的。它针对报废零件的薄弱表面，采用表面工程技术在局部失效位置生成强化的涂覆层，恢复失效零件的尺寸并提升其性能。再制造可使废旧机电产品中蕴含的价值得到最大限度的开发和利用，是资源节约和环境保护的首选途径。再制造的重要特征：再制造后的产品质量和性能不低于原型新品，成本只是新品的 50%，节能 60%，节材 70%，降低排放 80%。

我国的再制造工程已经进入到“以推进再制造产业发展为中心内容”的新阶段。国家发展和改革委员会及工业和信息化部已经先后设立了 153 家示范试点企业，再制造对象涉及的领域越来越广泛，既有国防装备、冶金装备、能源装备、交通装备，又有高端机床、矿采机械、工程机械等。对废旧机械产品开展再制造已经成为我国发展循环经济、建设生态文明社会的重要途径。

再制造生产与制造生产相比具有很大的不确定性，这主要是由再制造生产对象的特殊性所决定的。再制造对象服役工况、损伤程度及失效模式具有随机性和个体差异性,非常复杂。因此,不同行业领域开展再制造生产时,为保证再制造产品质量,必须建立相应的质量评价方法体系。再制造零件设计的质量评价方法与制造零件不尽相同,有必要针对这一问题进行深入探讨。

1.1　再制造毛坯

“再制造零件”是再制造工程领域的专属用语。针对机械产品,再制造零件由再制造毛坯和再制造涂覆层两部分组成。再制造毛坯是指回收的废旧机电产品零件;再制造涂覆层是以再制造毛坯为基体,在其薄弱表面或失效表面生成的一层强化涂覆层,借助再制造涂覆层达到既恢复再制造毛坯尺寸同时又提升其性能的目的(图1.1)。

再制造零件的特点是由再制造毛坯特点和再制造涂覆层特点两部分决定的。

图1.1　再制造涂覆层与基体结构

1.1.1　再制造毛坯与原型制造零件的区别

再制造零件是以具有服役历史的原型制造零件为生产对象(又称再制造毛坯),对其进行再制造生产后获得的零件。原型制造零件则是由原材料经历多道冷热加工的机械制造工艺方法(如铸造、锻压、焊接、切削加工等)后生产的成型零件。成型零件具有限定的形状尺寸和公差范围,并且满足服役工况的力学、物理及化学等性能要求。例如,车床主轴零件首先由棒料锻造后经正火处理消除锻造应力,然后进行切端面、打中心孔、粗车、调质、半精车、精车、表面淬火、粗磨外圆、精磨外圆等多道工序后加工成型，具有较高的回转精度和耐磨性。

成型零件经装配成部件及整机后进入服役环节，在服役过程中，承受工况环境的载荷作用，零件性能会逐渐劣化，产生损伤累积，直至达到设计寿命而报废。因此，再制造毛坯是设计寿命已经完结而退役的废旧成型零件，或是由于损伤导致功能失效而报废的成型零件，这是再制造生产与制造生产的最大不同，即生产对象不同，再制造工艺与制造工艺的区别也由此产生。

1.1.2 废旧成型零件的损伤形式

由于再制造生产对象是废旧成型零件，在既往服役历史中存在损伤累积，因此有必要分析机械产品在服役工况下的失效模式，以深入了解再制造毛坯的特点。

针对废旧机械产品，磨损、腐蚀和疲劳是最主要的3种失效形式。

1. 磨损

磨损是由摩擦副之间由于相对运动产生力学、物理和化学作用而造成的表层材料不断剥落的过程。磨损失效是由磨损引起的机械产品功能丧失，它是造成机械装备失效的重要原因，全世界的机械装备每年因磨损造成的经济损失以千亿元计。

机械零件的磨损都是从表面开始的，磨损过程是在摩擦表面间接触微区内发生一个材料动态渐进劣化的过程。磨损性能涉及接触表面微区形态、环境状况和运行工况等因素，是材料在外力动态作用下的强度劣化指标。

按照失效机制，磨损主要分为以下5种类型。

(1) 磨粒磨损。

磨粒磨损指外界硬颗粒或对偶件表面的硬突起物在摩擦过程中引起的接触表面材料脱落或塑性变形产生的损耗现象。磨粒磨损是最常见的磨损形式，当磨粒沿一个固体表面相对运动产生犁削作用的磨损称为二体磨粒磨损；当外界磨粒移动于两个摩擦表面时产生塑性变形或疲劳的磨损称为三体磨粒磨损。磨粒磨损广泛存在于各类环境条件比较恶劣的机械设备中，具有一定的偶发性。减少磨粒磨损失效的主要方式是加强润滑。

(2) 黏着磨损。

黏着磨损指在摩擦过程中，摩擦副表面相对滑动时，材料表面之间由于发生了黏着/剪切效应，使摩擦表面材料脱落成磨屑或向对偶件表面转移的磨损。其特征在于发生了摩擦副材料由一个表面向另一个表面或彼此之间的迁移，黏着点强度越高，剪切深度越深，磨损越严重，直至发生胶合磨损，甚至使摩擦副之间咬死而不能相对滑动。摩擦副材料的性质决定了材料是否发生黏着磨损。性质相似、互溶性好的同种金属材料构成的摩擦副材料更容易发生黏着磨损。另外，一些流体动压润滑的重载机械，在启动瞬间油膜尚未形成，也容易发生黏着磨损。为了避免黏着磨损，一方面可以匹配适宜的摩擦副材料，另一方面采用具有自润滑性能的固体润滑材料。

（3）疲劳磨损。

疲劳磨损指摩擦副表面在滚动或滚动兼滑动过程中，受循环变化的接触应力作用，表层材料疲劳剥落形成凹坑的现象。零件表面的疲劳磨损即使在良好的润滑条件下也是难以避免的，多发生在传动运转件之间，如齿轮、轴承等。

（4）腐蚀磨损。

腐蚀磨损指在摩擦过程中，摩擦副材料与周围介质发生了化学或电化学相互作用，化学腐蚀和机械磨损同时存在并互相促进，这种作用加剧了材料的磨损过程而导致失效。发生腐蚀磨损的摩擦副之间存在腐蚀介质，形成的磨屑是摩擦副材料与腐蚀介质化学作用的产物。根据腐蚀介质的不同，腐蚀磨损又分为氧化磨损、气蚀磨损、特殊介质磨损等。另外，在润滑条件下运行的机械，若润滑油选择不当或润滑油变质等，也可能引发腐蚀磨损。

（5）微动磨损。

微动磨损是指在设计为静接触的相对固定的摩擦副材料表面之间，由于环境因素所带来振幅很小的相对振动而产生的磨损现象。几乎所有的机械部件都存在微动磨损，常见的微动磨损发生在各类紧固件、定位栓、榫头、连接销、锥套等连接件或机械结构的结合部位。

2. 腐蚀

腐蚀是材料在环境的作用下引起的破坏或变质。金属和合金的腐蚀主要是由于化学或电化学作用引起的破坏，有时还伴有机械、物理或生物作用。腐蚀亦是导致各种基础设施和设备破坏的主要原因。

根据作用原理不同，腐蚀可分为以下3种类型。

（1）化学腐蚀。

化学腐蚀是指金属表面与非电解质直接接触从而发生纯化学作用而引起的破坏。其特点是金属表面的原子与非电解质中的氧化剂发生氧化还原反应,形成腐蚀产物。腐蚀过程中电子的传递是在金属与氧化剂之间直接进行的,因而没有电流产生。

(2) 电化学腐蚀。

电化学腐蚀是指金属表面与电解液发生电化学反应而引起的破坏。当电化学腐蚀发生时,金属表面存在隔离的阴极与阳极,有微小的电流存在于两极之间形成微电池。单纯的化学腐蚀则不形成微电池。

(3) 应力腐蚀。

金属材料在特定的介质环境中,因承受拉应力经过一定时间后发生裂纹及断裂的现象称为应力腐蚀断裂。发生应力腐蚀的条件是必须存在拉应力(如焊接、冷加工产生的残余应力),如果存在压应力,则可以抑制这种腐蚀。应力腐蚀只发生在特定的材料体系内,如奥氏体不锈钢/Cl^- 体系、碳钢/NO_3^- 体系、铜合金/NH_4^+ 体系等。

3. 疲劳

疲劳是材料在循环载荷反复作用下发生性能改变的现象。疲劳破坏是工程结构和机械设备失效的主要原因之一。引起疲劳失效的循环载荷的峰值远小于材料的静强度载荷。

疲劳失效按照服役工况条件可分为以下5种类型。

(1) 机械疲劳。

机械疲劳是指外加应力或应变反复作用产生的机械疲劳。

(2) 蠕变疲劳。

蠕变疲劳是指循环载荷与高温联合作用而引起的疲劳。在蠕变和疲劳共同作用下的材料损伤和破坏方式不同于单纯的蠕变或疲劳加载,零件的蠕变疲劳寿命比纯疲劳或纯蠕变寿命要低1 ~ 2个数量级。

(3) 腐蚀疲劳。

腐蚀疲劳是指既受循环应力的作用,又受腐蚀环境的侵蚀,在两者协同或交互作用下产生的疲劳。工程构件发生腐蚀疲劳时可能是腐蚀环境和循环载荷两者同时作用,也可能是腐蚀环境预先作用再发生疲劳,或者腐蚀环境间隔作用,循环载荷持续作用。

(4) 接触疲劳。

接触疲劳是指在循环载荷的反复作用下,摩擦副之间发生滑动和滚动接触而导致的疲劳。接触疲劳的本质是接触表面相对于基体金属的剪切塑性变形及其积累,它是轴承、齿轮、车轮轮轨等的主要失效形式。发生接触疲劳时,接触条件下产生的应力非常复杂,接触斑的载荷条件较机械疲劳要严峻得多,常常超过材料的屈服应力。

(5) 微动疲劳。

微动疲劳是指承受疲劳载荷的构件在接触部位存在微小幅度位移的摩擦磨损作用而产生的疲劳,微动发生在两接触表面之间。微动疲劳是微动磨损和疲劳共同作用的过程,会加速零部件的疲劳裂纹萌生与扩展,显著降低服役寿命。微动疲劳已经成为一些关键零部件失效的主要原因。微动疲劳过程十分复杂,接触区周边承受非线性分布载荷,局部存在高应力集中。微动疲劳破坏过程表现为接触区首先出现局部磨损,继而引发疲劳裂纹萌生和扩展。

1.1.3 再制造毛坯与制造毛坯的比较

制造毛坯通常是指购买的型材或者经过铸、锻、焊、割等加工后获得的具有较大加工余量的坯料。制造毛坯是成品零件的供货状态,具有与零件近似或者粗略的轮廓形状。由于尚未经历后续粗精加工及热处理、表面强化等工序,制造毛坯不具有表面强化层,表面和内部具有供货状态的微观组织和性能,是均质的理想材料,可认为不存在缺陷或存在极少量的毛坯制备缺陷。

再制造毛坯是具有既往服役历史的成型零件,具有成型零件的外形尺寸和一定的形位公差,以及服役工况所需的宏观性能和表面、内部的微观组织。同时,再制造毛坯又是达到设计寿命而退役或者由于各种损伤而报废的成型零件。再制造毛坯不仅存在制造毛坯遗传性缺陷,更存在服役工况引入的新的损伤,损伤可能是宏观缺陷,也可能是以隐性损伤形式存在。对机械产品零部件而言,宏观损伤包括上述的磨损、腐蚀和疲劳,以宏观缺陷形式呈现出来,包括磨损、腐蚀导致的材料局部缺损、疲劳诱发的疲劳裂纹。磨损、腐蚀均发生在零件表面,肉眼可辨,而疲劳裂纹则可能萌生于表面,也可能萌生于亚表面甚至材料内部。隐性损伤则因处于损伤的早期阶段,损伤尺度微小,超出常规缺陷定量检测仪器的精度而难以被发现。隐性损伤在新一轮服役中将成为潜在的危险源。再制造前,必须尽可能准确地评价再制造毛坯的宏观缺陷和隐性损伤情况,避免不合格的废旧零件作为再制造毛坯进入再制造生产流程,对再制造产品质量造成隐患。

1.1.4 再制造毛坯的特点

综上所述,再制造毛坯具有如下特点:

(1) 具有成型零件的外形尺寸和一定的形位公差。

(2) 具有成型零件服役工况所需的宏观性能和微观组织。

(3) 可能存在某种程度的损伤,含有宏微观缺陷或隐性损伤。

(4) 同类型再制造毛坯的损伤具有随机性和个体差异性,损伤位置具有不确定性。

再制造毛坯存在既有缺陷的概率远高于制造毛坯,再制造生产对质量的控制较制造生产更加严格和困难。对再制造毛坯的损伤评价依赖无损检测技术,特别是先进的无损检测技术将在再制造生产中发挥更加重要的作用。

1.2 再制造涂覆层

再制造涂覆层主要是采用先进的表面工程技术(如高速电弧喷涂、纳米电刷镀、微弧等离子熔覆、超音速等离子喷涂等),在再制造毛坯局部损伤部位制备一层耐磨、耐蚀、抗疲劳的涂覆层。再制造涂覆层附着在再制造毛坯基体上,既可以恢复再制造毛坯的公差尺寸,又可以提升再制造零件的使用性能。再制造涂覆层对再制造零件的服役寿命具有重要影响。

根据再制造涂覆层与毛坯基体结合方式的不同,可以将再制造涂覆层划分为冶金结合型、机械结合型及物理结合 - 混合型 3 种类型。

1.2.1 冶金结合型涂覆层及伴生缺陷

冶金结合是指两种金属材料在加压或加热条件下界面间原子相互扩散而形成的结合方式。冶金结合型的涂覆层结合强度高,可以达到或接近基体材料的强度,力学性能良好。形成冶金结合型涂覆层最常用的手段是采用熔覆焊接技术,通过输入外加能量(如电弧、电子束、激光、等离子等),熔化金属基材和熔覆材料,使基材和熔覆材料之间产生牢固的冶金结合来形成熔覆层,如图 1.2 所示。

焊接工艺是形成冶金结合型涂覆层的主要手段。在熔覆焊接过程中,受熔焊原理和焊接工艺的限制,经常伴生一些焊接缺陷,这些缺陷的存在将对产品质量产生重要影响。熔覆层常见的焊接缺陷包括裂纹、未焊透、未熔合、气孔和夹渣等,如图 1.3 所示。

1. 裂纹

裂纹是在熔覆焊接过程中,在焊接应力和其他致脆因素的作用下,金属原子间结合力遭到破坏,形成新的界面而产生的缝隙。裂纹会降低熔覆层的强度,减少承载面积,是熔覆层中危害最大的缺陷,其中影响最大的是位于焊缝及热影响区中的裂纹缺陷。

(a) 熔覆过程

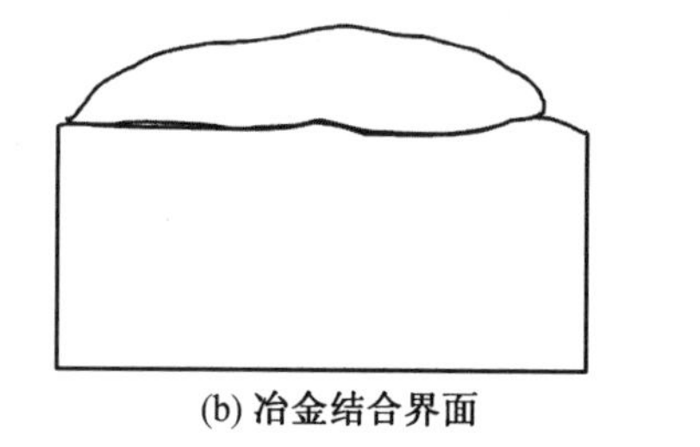

(b) 冶金结合界面

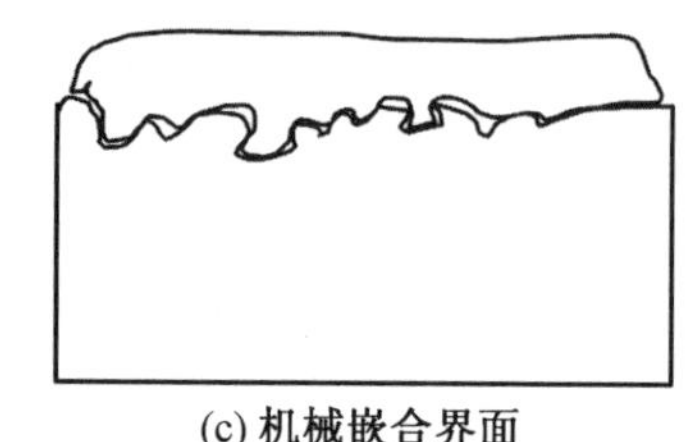

(c) 机械嵌合界面

图 1.2　熔覆层与基体间冶金结合界面示意图

裂纹缺陷按照产生原因可分为冷裂纹、热裂纹和再热裂纹。

(1) 冷裂纹。

冷裂纹是焊接接头冷却到较低温度时产生的焊接裂纹，是在焊缝及热影响区的淬硬组织、焊接接头中的氢气和焊接应力的共同作用下产生的。冷裂纹包括延迟裂纹、淬硬硬化裂纹、低塑性脆化裂纹、层状撕裂、焊根焊趾裂纹等。

(2) 热裂纹。

热裂纹又称结晶裂纹，一般发生在晶间，沿着焊缝金属开裂，主要发生在凝固末期。热裂纹的产生与低熔点共晶物的分布和金属冷却过程中产生的拉应力有关。在凝固后期，固态晶粒被连续的液态薄膜分隔开，同时存在相互之间的接触，在拉应力作用下固态晶粒被撕裂而生成热裂纹。

(3) 再热裂纹。

再热裂纹是再次受热时，过饱和固溶碳化物析出晶界塑性变形能力不足时产生的。焊接过程中熔化边界附近的热影响区的奥氏体相区域被加热到很高的温度，这些区域先前存在的 Cr、Mo、V 的碳化物被溶解，奥氏体长大，随后快速冷却，没有提供足够的时间使碳化物再次被析出，导致奥氏体向马氏体转变时这些元素过度饱和。为了释放粗晶组织的热影响区应

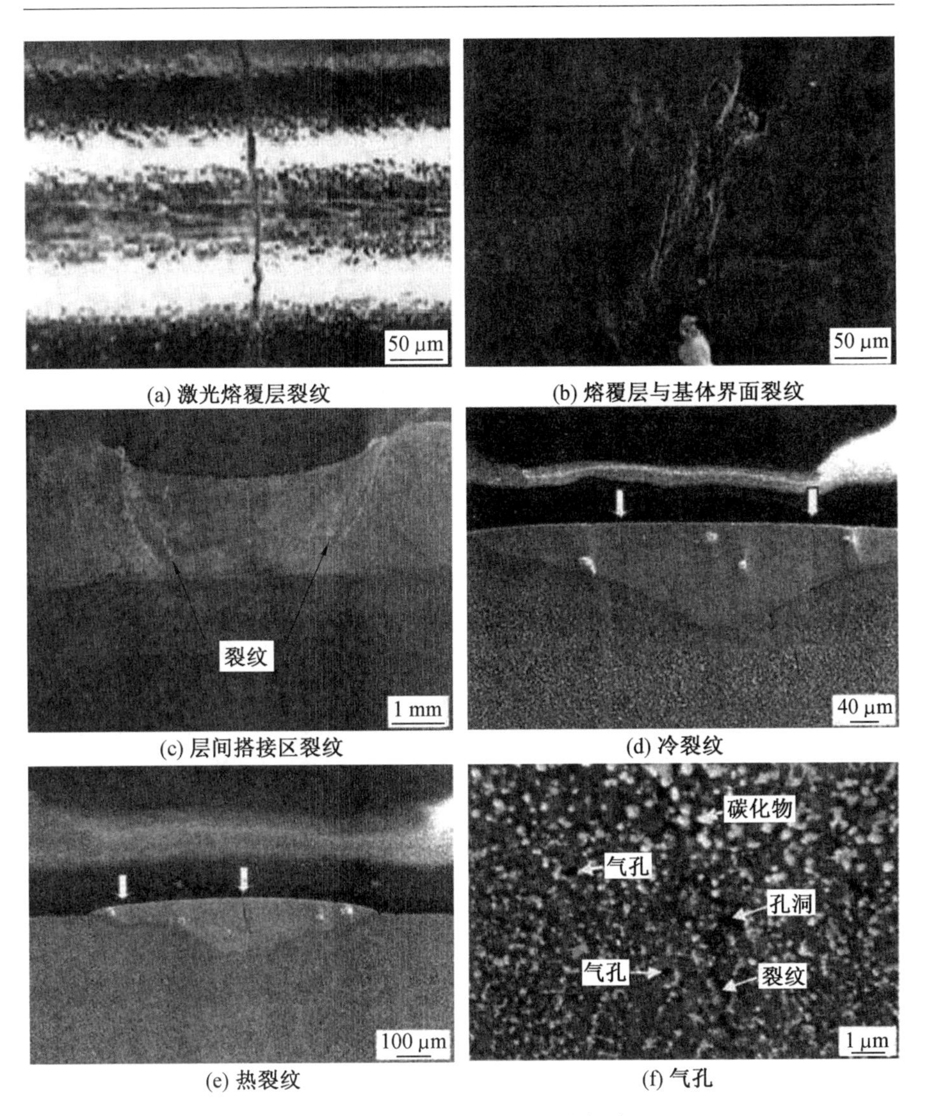

(a) 激光熔覆层裂纹　(b) 熔覆层与基体界面裂纹

(c) 层间搭接区裂纹　(d) 冷裂纹

(e) 热裂纹　(f) 气孔

图 1.3　熔覆层常见的焊接缺陷

力而将其再次加热到高温时，细小的碳化物会于应力释放之前在先转变的奥氏体晶粒内部的位错处重新被析出，并使晶粒内部强化。由于晶粒内部强化效果高于晶粒边界，且它发生在应力释放之前，因此裂纹会沿着晶粒边界产生。

2. 气孔

气孔是焊接过程中的常见缺陷，是焊接时熔池中的气泡在凝固时未能及时逸出而残留下来形成的空穴。气孔是体积型缺陷，按照分布形态分为单个气孔、连续气孔及密集气孔。气孔的存在使焊缝有效工作截面积减小，降低焊缝机械性能，而且针状气孔会破坏焊缝金属的气密性。焊接气孔如图1.4所示。

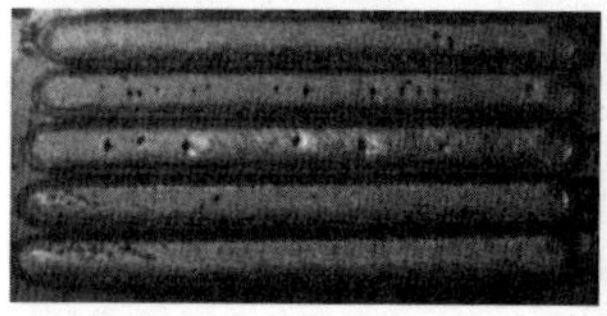
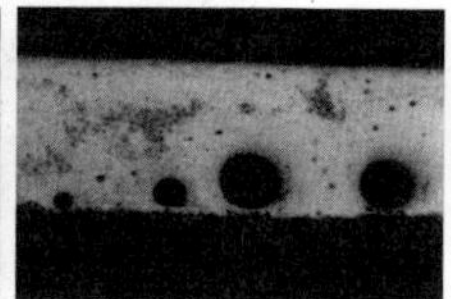
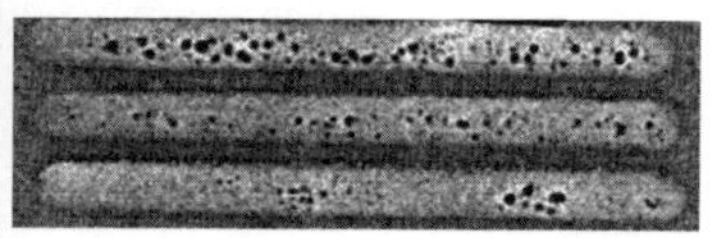

图1.4　焊接气孔

3. 未熔合和未焊透

未焊透是基材与被焊金属之间未熔化而留下的空隙，未熔合则是基材与焊缝金属之间或焊缝金属之间未完全熔合在一起。未焊透和未熔合产生的主要原因是电流太小、焊速太快、坡口角度和间隙太小等。图1.5和图1.6分别示出常见焊接气孔常见形式及常见焊缝未熔合形式。

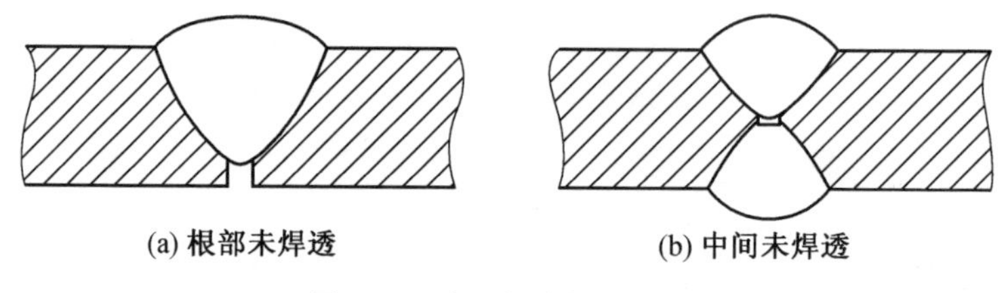

图1.5　常见焊接气孔形式

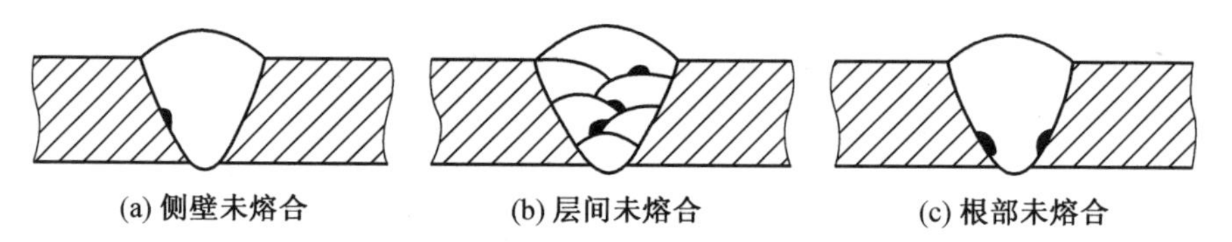

图1.6　常见焊缝未熔合形式

1.2.2　机械结合型涂覆层及伴生缺陷

机械结合是与冶金结合相对应的专有名词，指涂覆层与界面之间以机械的方式相结合，而未形成原子、分子之间的连接。机械结合的涂覆层结合强度远低于基体材料的强度，不适合用于重载、冲击或高应力等场合，通常用于提高基体材料的耐磨、耐蚀、抗氧化或绝缘性能。

制备机械结合型涂覆层主要通过热喷涂的方法进行。热喷涂是利用热源将粉末状或丝状材料加热到熔融或半熔融状态，然后借助热源本身或外加高速气流动力使液滴以一定速度喷射到基体材料表面，形成涂覆层，其原理如图 1.7 所示,热喷涂焰流如图 1.8 所示。根据喷涂时采用的热源不同,热喷涂分为火焰喷涂、电弧喷涂和等离子喷涂等,不同热源形成涂覆层时输入的热量不同。喷涂所得的涂覆层都一层层铺展堆叠在基材表面上,由无数变形粒子相互交错呈波浪式沉积在一起而形成的层状组织结构。

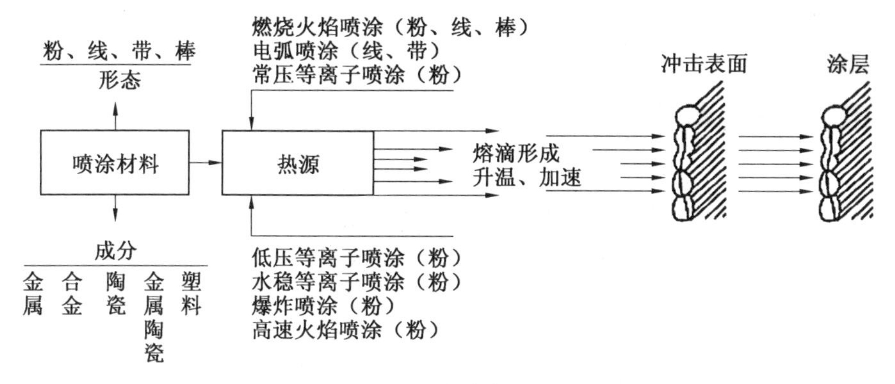

图 1.7 热喷涂原理

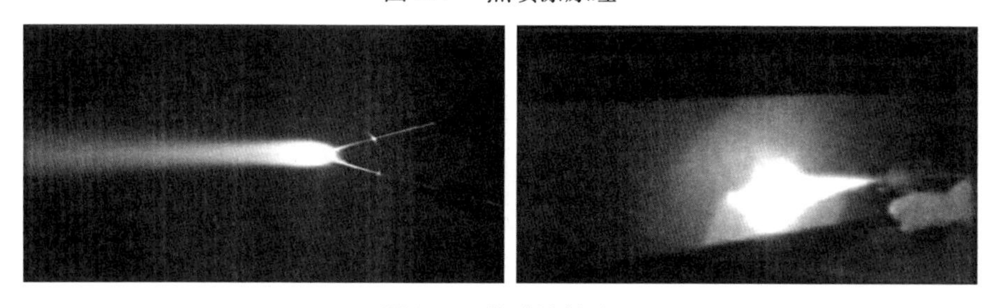

图 1.8 热喷涂焰流

喷涂层整体均匀性较差,影响涂层质量的伴生缺陷比较多。在喷涂过程中,由于熔融的颗粒在熔化、软化、加速、飞行以及与基材表面接触过程中,与周围介质间发生化学反应,使得喷涂材料经喷涂后会出现氧化物;同时,颗粒陆续堆叠和部分颗粒反弹消失,在颗粒间会存在一部分孔隙和孔洞;喷涂时涂层的层间附着力不足会导致涂层脱黏、分层,出现层间和界面裂纹。图 1.9 所示为喷涂层常见缺陷。

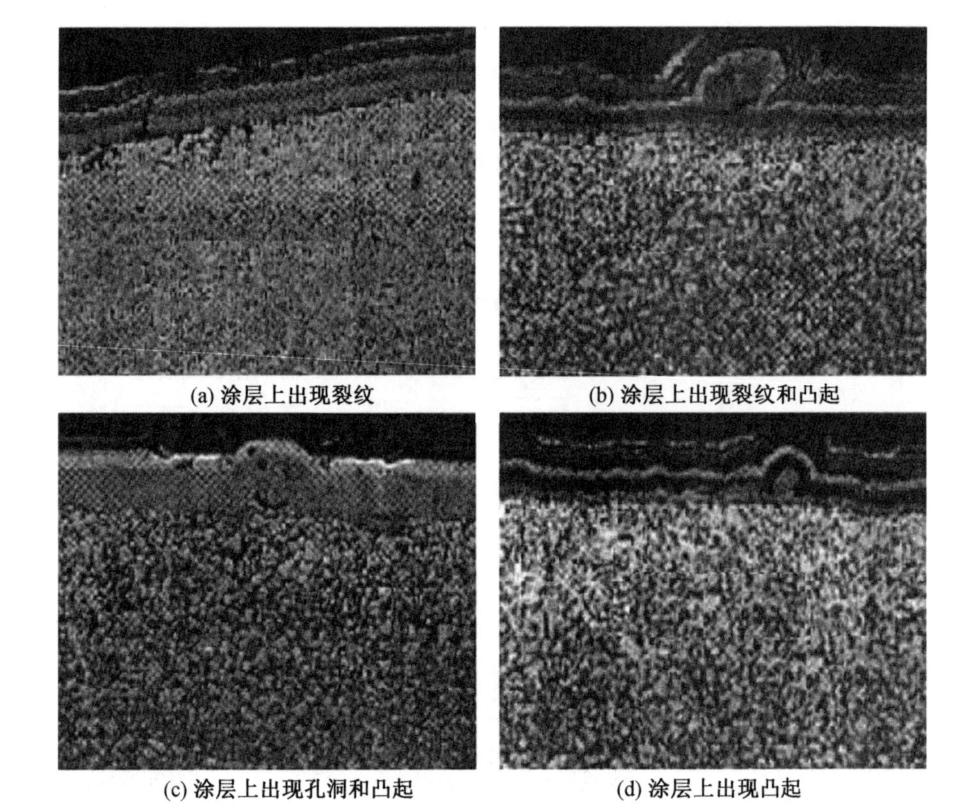

(a) 涂层上出现裂纹　(b) 涂层上出现裂纹和凸起

(c) 涂层上出现孔洞和凸起　(d) 涂层上出现凸起

图1.9　喷涂层常见缺陷

1.2.3　物理结合－混合型涂覆层及伴生缺陷

薄膜型涂覆层的成膜机制比较复杂，其涂覆层与基材的结合既有机械附着力，同时又存在物理、化学等冶金结合力。

1.2.3.1　电刷镀镀层及常见缺陷

1. 电刷镀镀层的特点

形成物理结合型涂覆层的电化学方法中常用电刷镀技术。电刷镀技术是应用电化学沉积原理，在导电工件表面的选定部位快速沉积一定厚度镀层的表面涂覆技术。电刷镀本质上是依靠一个与阳极接触的垫或刷做成的镀笔来提供电解液的电镀，其工作原理如图1.10所示。

将表面处理好的工件与专用直流电源的负极相连，作为刷镀的阴极；镀笔与电源的正极连接，作为刷镀的阳极。刷镀时，将棉花包套中浸满电镀液的镀笔以一定的相对运动速度在被镀零件表面上移动，并保持适当的

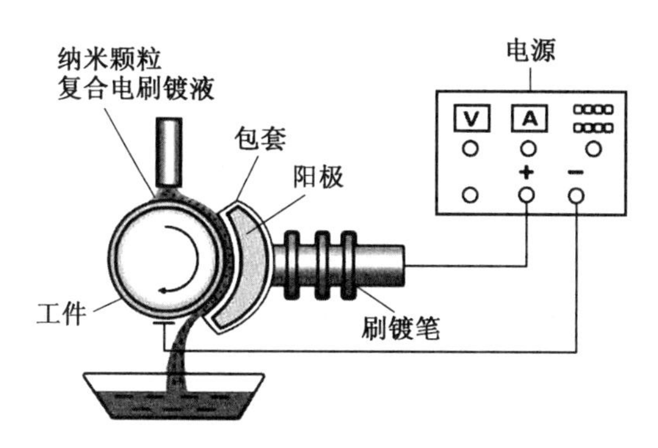

图 1.10　电刷镀的工作原理图

压力。电刷镀的镀液包含以水合或络合状态存在的金属离子,在镀笔与被镀零件接触的地方,镀液中的金属离子在电场力作用下向阴极扩散。当这些离子穿过位于阴极表面外端的扩展层和双电层后,从水合离子状态或络合离子状态脱离,变成裸露的金属离子。裸露的金属离子与阴极上的电子结合放电,变成金属原子。吸附原子开始沿阴极表面迁徙,直至在活性点处被吸附,并最终与基材形成化学键。金属原子不断沉积结晶就形成了镀层。随着电刷镀时间的延长,镀层不断增厚,直至达到所需的厚度。

电刷镀属于湿法镀,镀层与基材的结合状态用镀层结合力来衡量,通常用单位表面积上镀层(或中间层)剥离所需的力来表示。按其来源可分为以下 3 种类型:

(1) 化学作用力。

化学键结合所产生的力,仅存在于零点几纳米的原子尺度范围内,需要较高的温度或其他能量来破坏。

(2) 物理附着力。

物理附着力是一种相对较弱的原子、原子团或界面间的电性作用力,如氢键和范德瓦尔斯力(包括取向力、诱导力和色散力),可在约 5 nm 分子间距内起作用,也可能是因接触电位差诱生双电层在两固相界面间形成了静电场力。

(3) 机械附着力。

机械附着力是金属镀层在具有微观粗糙度的基体金属表面上生长,形成一种纯机械咬合或具有镶嵌作用,甚至是具有类似于无数小的销钉或铆接的机械紧固结构。

2. 电刷镀的镀层缺陷类型

(1) 镀层结合不良。

若电刷镀的基材表面存在污染物和氧化膜，则在电刷镀过程中它们夹杂在镀层的结合面上，会造成镀层的结合不良，降低结合强度。

(2) 镀层剥落。

电刷镀的电沉积过程会在镀层内部产生残余应力，沉积结束后仍然保留在镀层内。残余应力的性质通常为拉应力，当镀层厚度达到一定数值时，镀层内的拉应力值大于该区强度极限将产生镀层裂纹，在残余拉应力的累积作用下，镀层出现翘曲和剥落。

1.2.3.2　气相沉积膜层及常见缺陷

1. 气相沉积膜层的特点

气相沉积是利用气相之间的反应在各种材料表面沉积单层或多层薄膜的技术。气相沉积方法大致上可以分为两类：物理气相沉积 (Physical Vapor Deposition, PVD) 和化学气相沉积 (Chemical Vapor Deposition, CVD)。

物理气相沉积是在真空条件下，利用各种物理方法，将镀料气化成原子、分子，或离子化为离子，直接沉积到基体表面的方法，主要包括真空蒸镀、溅射镀、离子镀等。真空蒸镀即真空蒸发镀膜，这是制备薄膜最一般的方法。这种方法是把装有基片的真空室抽成真空，使气体压强达到 10^{-2} Pa 以下，然后加热镀料，使其原子或分子从表面气化逸出，形成蒸气流，入射到基片表面，凝结成固态薄膜。溅射镀膜则是在真空室内，利用荷能离子轰击靶表面，使被轰击出的粒子在基片上沉积生成薄膜，该技术实际上是利用溅射现象达到制取各种薄膜的目的。离子镀的原理是在真空条件下，利用气体放电使气体或被蒸发物质离化，在气体离子或被蒸发物质离子轰击作用的同时，把蒸发物或其反应物蒸镀在基片上。离子镀兼有真空蒸镀和真空溅射镀的优点，具有膜层附着力强、绕射性好、可镀材料广泛等优点。离子束沉积是利用离化的粒子作为蒸镀物质，在比较低的基片温度下能形成具有优良特性的薄膜。

化学气相沉积是把含有构成薄膜元素的一种或几种化合物、单质气体供给基体，借助气相作用或在基体表面上的化学反应生成要求的薄膜，其成膜机理是利用在高温空间以及活性化空间中发生的化学反应，反应原料为气态，生成物中至少一种为固态，利用基体膜表面的化学接触反应而沉积薄膜的方法。化学气相沉积主要包括常压化学气相沉积、低压化学气相沉积及等离子体化学气相沉积(兼有物理气相沉积和化学气相沉积的特点) 等。

2. 气相沉积膜层的缺陷类型

无论物理气相沉积还是化学气相沉积制备的薄膜涂层,在制备过程中均可能产生各种微小缺陷。

(1) 点缺陷。

由于基体温度低或蒸发、凝聚过程中温度的急剧变化会在薄膜中产生点缺陷,这些点缺陷会对薄膜的电阻率产生较大影响。

(2) 位错。

薄膜中有大量的位错,位错密度通常可达 $10^{10} \sim 10^{11}\ \mathrm{cm}^{-2}$,由于位错处于钉扎状态,因此,薄膜的抗拉强度比块体材料略高一些。

(3) 晶粒边界。

薄膜中含有许多小晶粒,因而薄膜的晶界面积比块状材料大,晶界增多。这是薄膜材料的电阻率比块状材料的电阻率大的原因之一。

综上所述,采用不同的再制造修复技术,将产生不同结合类型的涂覆层,同时涂覆层也会有不同种类的伴生缺陷。理想的、质量完好的、不存在缺陷的涂覆层是不存在的。因此,再制造零件的质量评价必然也包含对再制造涂覆层的评价,需要根据涂覆层的种类和特点设计不同的评价方案。

1.3　再制造零件质量评价要求

由于再制造毛坯损伤的随机性和差异性,再制造零件具有个性化、小批量生产的特点。国内外再制造模式不同,再制造零件的质量评价要求也不同。制定再制造零件的评价方案,需要了解国内外再制造模式的差异。

目前国际上通行两种再制造模式,一种是欧美国家采用的减法再制造模式,它起源于20世纪80年代中期,其实质是换件法或尺寸修理法。对损伤较重、不值得或不容易再制造的废旧零件直接更换新零件;对损伤较轻、易再制造的废旧零件,通过车、铣、磨等冷加工方法减少零件原有尺寸和材料而恢复其表面精度,再通过热处理恢复其表面强度,重新与非标准匹配成摩擦副零件完成再制造。减法再制造模式的特点是技术简单成熟,标准化生产程度高,企业易于形成规模,再制造产品性能不低于原型新品,但再制造产品互换性差,旧件利用率低。

另一种再制造模式是20世纪90年代末中国提出的加法再制造模式,其实质是通过增材再制造形成表面强化涂覆层,使废旧零件缺损的尺寸恢复,同时提升性能。废旧零件在既往的服役历史中最普遍的失效形式是由于表面磨损、腐蚀或开裂导致的局部材料损耗缺失,采用再制造喷涂、熔覆等修复技术对局部损伤部位进行逆向增材再制造，不仅可以恢复废旧零件原有形状尺寸精度，即恢复其摩擦副零件之间的匹配性与互换性，还可依靠所添加材料的优异特性提高零件的力学性能，从而进一步提升服役性能。该模式的特点是旧件利用率大幅度提高，可从60% 提高到90%，而且再制造产品性能高于原型新品。加法再制造模式最大限度地适应了中国对“资源节约型、环境友好型”社会建设的迫切需求。

不同的再制造模式下生产的再制造零件质量的检测评价要求不同。在减法再制造模式下，旧件经过冷加工方法去除表面的磨损、腐蚀损伤，同时在服役工况下表面产生的变形层和变质层也随之被去除。以发动机缸套零件为例，减法再制造加工最多可以进行 3 次，每次去除材料的加工量为0.25 μm，可去除材料的上限尺寸是0.75 μm。针对减法再制造的零件，选用的无损检测方法基本与原型新品的检测方法相同。如缸套零件新品采用打压法检测有无渗漏，减法再制造后仍可采用打压法进行检测。

加法再制造模式下生产的零件通常既包括再制造毛坯（废旧零件基体），又包括加法再制造引入的异质材料的涂覆层。再制造毛坯在既往服役历史中，可能产生隐性损伤；再制造过程中在毛坯表面制备涂覆层时，由于制备工艺带来的热应力、残余应力等，易在形成的涂层-基体界面处和涂覆层内部引入裂纹等缺陷。因此，针对加法再制造零件，选择无损检测方法时，既要考虑废旧零件基体由于服役已经萌生的缺陷或损伤，同时还要考虑新增加的涂覆层、涂覆层与基体界面之间的结合以及异质材料匹配带来的问题，其无损评价方案远较减法再制造的零件复杂。

1.3.1　减法再制造零件的质量评价要求

减法再制造主要用于机械零部件中滑动或滚动接触的配合件。其中一个匹配的摩擦副零件由于磨损或腐蚀等造成尺寸超差，通过车、铣、磨等对其进行减材修理，相应的配合件更换为增大尺寸的非标准新零件。

减法再制造零件只是通过冷加工方法去除了原有零件基体配合接触表面的材料，变为非标准零件，改变了原型产品的互换性。减法再制造过程与原型产品的制造过程相比，只是增加了一个削减尺寸的冷加工工序，二者可以采用相同的生产设备和质量检验标准。减法再制造零件质量评价要求等同于原型产品。

例如，汽车发动机曲轴采用减法再制造时，对曲轴主轴颈和连杆颈的磨损层进行磨削处理，减法再制造可进行 3 次，每次单边去除材料尺寸为0.25 μm，然后配合一个增大内径单边尺寸 0.25 μm 的轴瓦来使用。发动机连杆采用减法再制造时,对连杆大头孔采用膛削加工,扩大大头孔内径尺寸,再配以增大外径尺寸的铜衬套,完成减法再制造。

1.3.2 加法再制造零件的质量评价要求

加法再制造的对象不仅应用在配合件上,而且几乎机械装备中所有的承力构件和功能件、装饰件都能采用加法再制造进行修复。加法再制造对受损零件表面进行预处理后,采用“增材”的方式,通过熔覆、堆焊、喷涂、刷镀等技术途径在损伤部位添加异质材料来恢复原始形状和尺寸。

加法再制造的零件在局部缺损部位形成了包括涂覆层、界面和基体3部分新的结合区,具有完全不同于原型产品的新组织和微观结构。同时,由于增材修复时要输入较大能量,必然引起修复区的应力和变形问题。异质材料和基体的结合界面成为一个应力梯度大、组织成分不连续、微观结构突变的区域。修复材料、修复技术和工艺如果匹配不适宜,则可能造成修复区域成为加法再制造零件的一个薄弱区域,二次服役时就容易萌生缺陷导致再制造零件失效。

加法再制造零件修复原理决定了其质量评价的手段不同于原型新品,必须针对修复区的特殊性来设置。由于再制造毛坯在既往的服役历史中产生的损伤类型、大小、位置具有差异性和随机性,可能同一类型零件需要采用不同的修复方法进行修复再制造,从而再制造修复区可能产生不同类型的缺陷,相应也需要采用不同的检测技术进行检测评价。因此,加法再制造的质量评价的方案设计、工艺实施、结果评判要比减法再制造复杂得多。

本章参考文献

[1] 徐滨士. 装备再制造工程的理论与技术[M]. 北京: 国防工业出版社, 2007.

[2] 温师铸. 材料磨损研究的进展与思考[J]. 摩擦学学报, 2008, 28(1): 1-5.

[3] 屈晓斌, 陈建敏, 周惠娣, 等. 材料的磨损失效及其预防研究现状与发展趋势[J]. 摩擦学学报, 1999, 19(2): 187-192.

[4] 袁兴栋, 郭晓斐, 杨晓洁. 金属材料磨损原理[M]. 北京: 化学工业出版社, 2014.

[5] 李晓刚, 郭兴莲. 材料腐蚀与防护[M]. 长沙: 中南大学出版社, 2009.

[6] 陈传尧. 疲劳与断裂[M]. 武汉: 华中科技大学出版社, 2002.

第2章　无损评价技术的基础理论

2.1　无损评价技术概述

2.1.1　无损评价技术的内涵与特征

无损评价技术是无损检测技术发展的高级阶段,它是多学科交叉的综合应用技术,包括的学科范围极为广阔,几乎涉及科学研究与工程技术的所有领域。在某种程度上,无损评价技术可以反映一个国家科学技术和工业发展的水平。

用无损评价技术来评价产品性能或结构完整性时,首先需要对被检对象施加能量,该能量可以是电、磁、声、光、热、化学能和粒子束等中的一种或几种,再由传感器采集被检对象表面或内部发生改变的物理信息,经过分析处理后评价被检对象的物理特征变化。因此被检材料的每一种物理特征,几乎都能被延伸拓展成一种无损评价技术,该物理参量的属性、特征成为这一技术的方法基础。

1. 无损评价的概念

无损评价是以不损害被检对象的使用性能为前提,应用多种物理原理和化学现象,对各种工程材料、零部件和结构件进行检验和测试。可以探测材料或构件内部及表面是否存在缺陷,对缺陷的形状、大小、方位、取向、分布和内含物等情况做出判断,并能提供组织分布、应力状态以及某些机械和物理量的信息,借以评价它们的连续性、完整性、安全可靠性及使用寿命。

无损评价的理论基础是材料的物理性质,其发展过程利用了世界上几乎所有的物理研究的新成就、新方法,可以说材料物理性质的研究进展与无损评价技术的发展是一致的。

2. 无损评价技术的主要功能

(1) 材质检查。

测定材料的物理性能、机械强度和组织结构,判别材料的品质和热处理状态,进行混料分选。

(2) 缺陷检测。

检测表面或内部缺陷,并对缺陷进行定性或定量分析。

(3) 动态监测。

对在役产品或生产中的产品进行现场动态监测,获得缺陷变化的连续信息。

(4) 性能评价。

测定产品的几何尺寸、涂层、镀层厚度、表面腐蚀状态、硬化层深度和应力应变状态等。

(5) 寿命预测。

寿命预测是世界性难题,无损评价技术在寿命预测领域极具潜力。针对服役中的零部件,随着服役时间延长,零部件的损伤逐渐累积,性能逐渐劣化,剩余寿命则逐渐降低。针对特定的服役构件,无损评价技术如果能够提取出可以表征零部件寿命演变的物理参量,就可以对服役构件的剩余寿命进行定量评价。

3. 无损评价技术在机械产品全生命周期中的作用

在机械产品的全生命周期中,无损评价技术在以下 5 个阶段发挥着不可替代的作用。

(1) 生产过程质量控制。

生产过程质量控制用于产品的质量管理,剔除每道生产工序中的不合格产品,并把检测结果反馈到生产工艺中去,指导和改进生产,监督产品质量。

(2) 成品质量控制。

成品质量控制是指产品出厂前的成品检验和用户进行的验收检验,检验产品是否达到设计性能,能否安全使用。

(3) 产品在役检查。

产品在役检查用于产品使用过程中的监测。为保证产品安全服役,通过采用适宜的无损评价方法以定期检查或实时监测方式评价产品是否出现危险性缺陷。

(4) 产品维修服务。

在维修领域,无损评价技术是保证装备安全可靠性的重要手段。机电产品维修时主要依据无损评价技术发现部件内、外表面缺陷及应力应变状态,评价产品的使用状态和性能劣化程度,以便制定相应的维修工艺,减少盲目无效的拆卸、分解和装配过程,提高维修效率,降低维修成本。

(5) 产品循环再制造。

无损评价技术在再制造产品的失效机理研究、损伤定量、剩余寿命评价等再制造质量控制领域有着不可替代的作用。再制造毛坯的可再制造性评价需要依靠各种无损评价技术来分析故障原因、失效模式、损伤程度；再制造工艺过程需要依靠各种无损评价技术来优化工艺参数,保证再制造质量;再制造产品也需要依靠无损评价技术评价涂覆层缺陷及结合性能,进行服役寿命预测。随着再制造产业的不断发展,用于再制造工程的无损评价技术将向速度更快、灵敏度更高、自动化更高、更加智能的方向发展,不断涌现的新型无损评价技术也将在机械装备再制造工程中发挥越来越重要的作用。

2.1.2　无损评价技术现状与发展趋势

无损评价技术诞生已经100余年,它对保证产品质量的重要性已经得到广泛认可。可以说,现代工业是建立在无损评价的基础之上。无损评价技术涉及光学、磁学、电学、声学、传热学以及数据通信、信号处理、数学建模等多学科领域,已经渗入工业生产的各个领域,成为不可或缺的质量保证手段。

无损评价技术的发展经历3个阶段:第一个阶段是无损探伤阶段,即NDI(Non - Destructive Inspection)阶段,其作用仅仅是在不损害被检对象的前提下,发现人眼不能发现的成型缺陷;第二个阶段是无损检测阶段,即NDT(Non - Destructive Testing)阶段,该阶段不仅可以发现缺陷,还可检测其他物理或力学性能;第三个阶段是无损评价阶段,即NDE(Non - destructive Evaluation)阶段,该阶段是无损检测技术发展的高级阶段,其功能不仅能够"发现"或"定量"更加微小的缺陷,判断缺陷的位置、大小、形状和性质,还要求能够"预测"和"评价"。它能够描述评价对象的固有属性、功能和状态,阐释材料性能的退化规律、评价强度冗余、进行寿命预测等。

无损评价技术的未来发展趋势主要包含以下3个方面。

1. 无损评价技术的绿色化

目前,全球经济正向绿色经济转型,绿色经济成为引领世界科技和产业革命的重要方向。绿色经济是以"低投入、低消耗、低污染、高效益"为特征。它作为一种集约型经济发展方式,将是未来可持续发展的主要驱动力。绿色经济发展方式将贯穿于工业、农业等所有传统行业,要求各行业的发展必须在考虑生态环境和资源环境效益的前提下进行。

机械制造业是现代工业的重要分支,既是支柱产业,同时也是资源和能源消耗大户。机械制造业必须从资源消耗、环境污染型生产模式向绿色制造转变,来解决资源环境趋紧约束与快速发展之间的冲突。绿色制造是综合考虑环境影响和资源效益的制造模式,对环境的影响最小,资源利用率最高。机械产品全寿命周期的绿色化是未来机械工程技术发展的重要方向。

无损评价技术为机械制造业提供质量控制手段,它与机械制造业的发展相辅相成,必然要遵循绿色制造的总体发展形势,因此无损评价技术的绿色化势在必行。绿色无损评价(Non - Destruetive Evaluation,NDE)必须突出为绿色制造、节能减排、新型能源业服务。无污染、低功耗和服务绿色产业构成了绿色无损评价的基本要素。

2. 无损评价技术的智能化

除绿色化发展趋势外,21 世纪的制造业也在向着智能化方向飞速前进。制造业智能化是现代制造技术、计算机科学与人工智能等发展的必然结果,也是“中国制造 2025”提出的工业化和信息化深度融合的外在呈现。智能化技术将推动机械制造业生产方式发生全新的改变。未来的机械制造将是由信息主导的,并采用先进生产模式、先进制造系统、先进制造技术和先进组织管理方式的全新机械制造业。

智能化的机械制造系统,将具有多传感器的信息感知与融合,能够自学习、自适应、自组织、自优化和自维护,通过知识的获取、存储、处理、决策和执行,实现对特定目标的智能控制。随着智能制造技术的进步,无损评价技术的数字化、智能化也成为研究热点。无损评价技术迎接物质流、能量流和数据流融合的智能化时代。智能化无损评价技术使检测结果的获取和分析变得更加简单,更加不依赖于专业人员的知识储备和经验。这就要求智能化无损评价技术一方面要加快研发智能检测设备,如具有自适应功能的探头扫查装置、实时监控的嵌入式传感单元、自动调整的检测机器人等;另一方面,要深入探索图像处理和图像识别自动化技术,提升微小缺陷成像能力。

3. 无损评价技术的专业化

长期以来,我国机械制造业处于生产型制造的导向之下,重视产品设计与制造技术研发,忽视产品服役与维修阶段所需技术的研究,也就是“重生产、轻服务”。根据发达国家的发展经验,我国已经越来越认识到发展制造服务业的重要性,高技术含量的制造服务处于产品全生命周期的“后半生”,具有更大的附加值。

未来 20 年,将是我国机械制造业由生产型制造向服务型制造转变的关键时期,服务型制造将成为一种新的产业形态,服务制造技术会变成现代制造技术的重要组成部分,而无损评价技术本身则是服务制造技术的核心技术,它不仅贯穿于产品的全生命周期,更将在产品“后半生”发挥关键作用。

目前的无损检测设备绝大多数是通用型设备,对纷繁复杂、千变万化、存在个体差异的被检对象缺乏针对性,很少研发不同产品的专用检测仪器。这一不足在产品服役和维护阶段将更加凸显出来,由于服役工况的差异,即使是同一类产品也将具有不同的损伤形式和机制,通用仪器功能的单一性将难以满足这一专业化的检测需求。这就推动无损检测技术的未来发展必须走专业化道路。我们既要了解产品在生命周期前端的生产制造及质量控制要求,也要熟知产品的服役工况、环境要求、损伤类型和监控要素,量身定制,研发适合特殊对象的专用化检测设备,走专业化道路。

2.2　再制造零件无损评价的相关理论

2.2.1　材料学理论基础

材料是所有工程结构件的物质载体,无损评价人员对不同材料制造而成的零件进行检测评价时,需要先掌握材料科学的基本常识,才能了解材料的宏观性能及其化学成分、内部组织结构之间的关系,进而准确评价被检构件的安全性和可靠性。

材料分为金属材料、无机非金属材料和有机高分子材料三大类。工业领域的无损评价对象常常采用工程结构材料制造而成,通常都具有晶体结构,晶体学知识是了解材料微观结构的基础。

2.2.1.1　晶体及其结构

材料按照原子(或分子)的聚集状态分为两大类:晶体和非晶体。晶体中原子(或分子)在三维空间做有规则的周期性重复排列。非晶体则不具有这一特点,这是两者的根本区别。非晶体沿任何一个方向测试性能都是相同的,称为各向同性;而晶体沿不同方向测试性能不同,则称为各向异性。

由一个核心(晶核)生长而成的晶体称为单晶体,在单晶体中,原子都是按照统一取向排列的。许多位向不同的小晶体组成多晶体,这些小晶体往往呈颗粒状,不具有规则的外形,又称晶粒。晶粒和晶粒之间的界面称为晶界。多晶体包含大量彼此位向不同的晶粒,一般不表现出各向异性。

材料的许多特性都与晶体中原子(分子或离子)的排列方式有关,分析材料的晶体结构是研究材料的重要内容。在金属晶体中，金属键使原子(分子或离子)的排列趋于尽可能紧密，构成高度对称的简单晶体结构。最常见的金属晶体结构有3种类型，即面心立方、体心立方和密排六方结构。绝大多数金属材料属于这3种晶体结构。

体心立方结构的除单位晶胞的8个角上各有1个原子外，在中心还有1个原子。面心立方结构的单位晶胞的8个角上各有1个原子，在各个面的中心还有1个原子。密排六方结构的单位晶胞的12个角上以及上、下底面的中心各有1个原子，单位晶胞内部还有3个原子。晶体结构如图2.1所示。

前述都是理想的晶体结构，长程有序，原子排列完美无缺。实际材料中原子排列存在着不完整性，称为晶体缺陷。按照几何形态，晶体缺陷分为点缺陷、线缺陷和面缺陷。

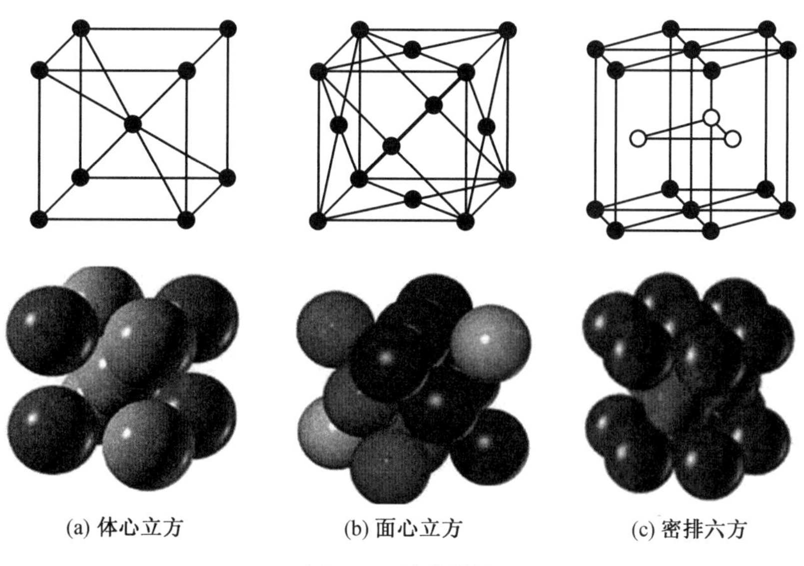

(a) 体心立方　(b) 面心立方　(c) 密排六方

图2.1　晶体结构

1. 点缺陷

点缺陷包括空位、间隙原子和置换原子3种类型。空位是晶格点阵中，本应存在原子的位置发生空缺，即形成空位。空位会引起周围原子偏离平衡位置，发生晶格畸变。间隙原子是挤入晶格间隙中的原子，它同样造成晶格畸变。如果异类原子融入晶体中，占据在原来基体原子的平衡位置上，则此类原子称为置换原子。由于置换原子的半径总是比基体原子大些或小些，也会使周围原子偏离平衡位置，导致晶格畸变，在宏观上造成固溶强化。晶体中的点缺陷示意图如图 2. 2 所示。

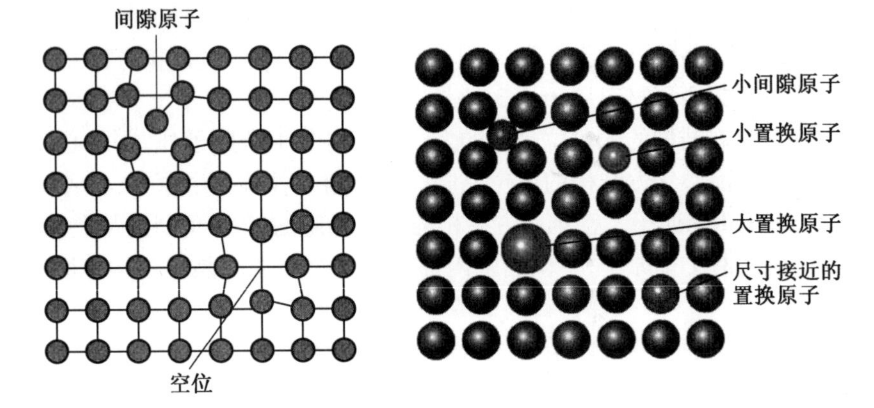

图 2. 2　晶体中的点缺陷示意图

2. 线缺陷

晶体中的线缺陷是指位错。位错最简单的类型就是刃型位错和螺型位错。刃型位错是原子在滑移时，在已滑移区和未滑移区之间出现一个多余的半原子面，好像一片刀刃切入晶体，中止在内部，如图 2. 3(a) 所示。沿着半原子面的刃边，晶格发生较大畸变，这就是一条刃型位错。在刃型位错周围存在弹性应力场，该应力场会与间隙原子和置换原子发生弹性相互作用，吸引这些原子向位错区偏聚，使位错难以运动，造成金属强化。螺型位错是原子滑移时，在已滑移区和未滑移区之间，产生一个很窄的过渡区，过渡区原子都偏离了平衡位置，使原子面畸变成一串螺旋面，形成螺型位错，如图 2. 3(b) 所示。

3. 面缺陷

面缺陷是二维尺度很大而第三维尺度很小的缺陷，在金属晶体中的面缺陷主要有晶界和亚晶界两种。晶界是晶粒与晶粒之间的接触界面。晶界上一般积累有较多的位错，同时也是杂质原子聚集的地方。杂质原子的存在加剧了晶界结构的不规则性，并使结构复杂化，如图 2. 4(a) 所示。亚晶界是晶粒内部很多位向差很小的亚晶粒之间的边界，如图 2. 4(b) 所示。亚晶界是晶粒内的一种面缺陷，对金属的性能有一定的影响。

2. 2. 1. 2　合金相及结构

虽然纯金属在工业上获得了一定的应用，但其强度都较低，性能存在较大局限性。目前应用的金属材料绝大多数是合金。合金是由两种或两种以上的金属或金属与非金属，经熔炼、烧结或其他结合方法形成的具有

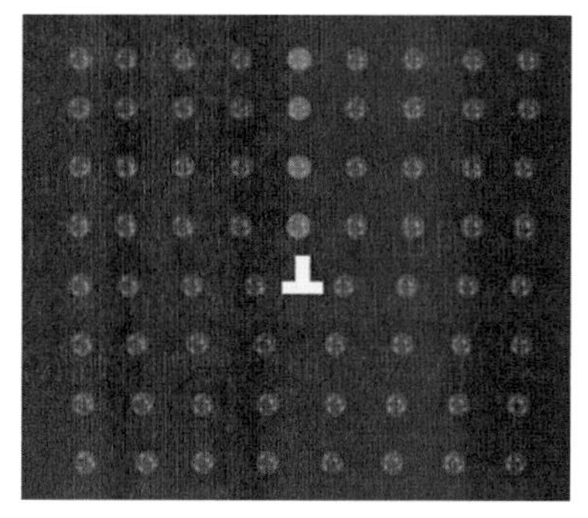

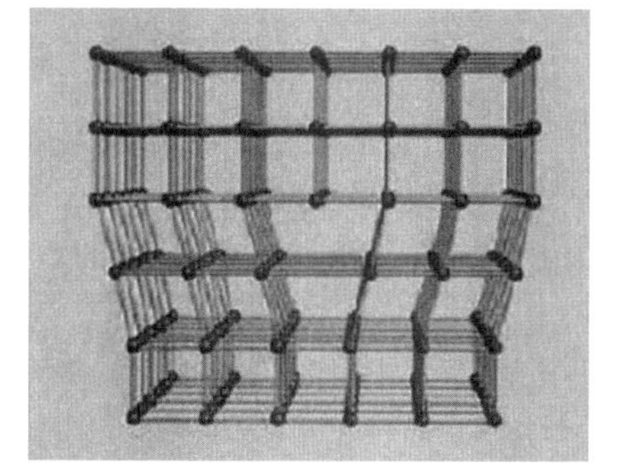

(a) 刃型位错

(b) 螺型位错

图 2.3　两种位错示意图

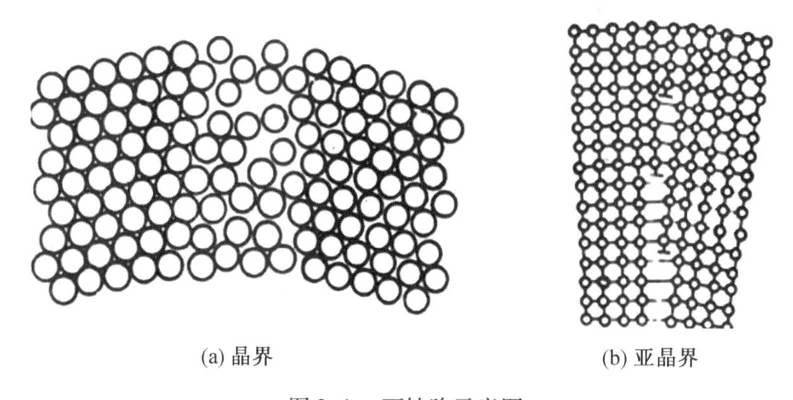

(a) 晶界　　(b) 亚晶界

图 2.4　面缺陷示意图

金属特性的物质。组成合金的最基本、独立的物质称为组元。由给定的组元可以配置成一系列成分不同的合金。

合金相是具有同一聚集状态、同一结构和性质，并与其他部分有明显界面的均匀组成部分。合金在固态下可能形成均匀的单相合金，也可能是由几种不同的相所组成的多相合金。在液态下，大多数合金的组元均能相互溶解，称为均匀的液体，因而具有一个液相。凝固后由于各组元的晶体结构、原子结构等不同，各组元间的相互作用不同，在固态合金中可能出现的相结构主要有固溶体和金属间化合物两大类。

1. 固溶体

当合金的组元在固态下能够相互溶解时（即液态合金凝固时），组元的原子将共同结晶成一种晶体，晶体内包含各种组元的原子，晶格形式与其中一种组元相同，这些组元则形成固溶体。根据溶质原子在溶剂晶格中所占据的位置，可分为置换固溶体和间隙固溶体。

固溶体虽然仍保持溶剂的晶体结构，但由于溶质原子的大小与溶剂不同，形成固溶体时必然产生晶格畸变，在周围造成一个弹性应力场。此应力场与运动位错的应力场发生交互作用，使位错的运动受阻，从而使固溶体的强度、硬度提高，塑性和韧性下降，这种现象称为固溶强化。固溶强化是提高金属材料机械性能的重要途径之一。

2. 金属间化合物

当合金中溶质含量超过固溶体的溶解度时，除了形成固溶体外，还将形成晶体结构不同于任一组元的新相，称为金属间化合物，又称中间相。金属间化合物的晶体结构不同于组成元素，组元原子在中间相中各占一定的点阵位置，呈有序排列。中间相多数是金属间或金属与类金属之间的化合物，其结合以金属键为主，多具有综合金属性能，与其组元性能有明显不同。

2.2.1.3　金属材料及常见工艺缺陷

金属材料是最重要的工程材料，包括金属和以金属为基的合金。工业上把金属及其合金分为两大部分：黑色金属和有色金属。黑色金属是以铁和以铁为基的合金，包括钢、铸铁和铁合金；有色金属是黑色金属以外的所有金属及其合金。有色金属可分为轻金属、易熔金属、难熔金属、贵金属、铀金属、稀土金属和碱土金属，它们是重要的特殊用途材料。

金属材料是应用最广泛的材料，目前仍占据材料工业的主导地位。黑色金属是以铁为基础、以碳为主要添加元素的合金，统称为铁碳合金。习惯上把 $w(\mathrm{C}) \geq 2.11\%$ 的归类于铁，$w(\mathrm{C}) < 2.11\%$ 的归类于钢。

1. 钢的分类

工业用钢是黑色金属中最为重要的材料种类，按照化学成分可分为碳素钢和合金钢两大类。

(1) 碳素钢的分类。

碳素钢中除铁与碳两种元素外,还含有少量锰、硅、硫、磷、氧、氮等杂质元素。碳素钢主要有 3 种分类方法。

① 按钢中碳的质量分数分。

低碳钢,$w(C) \leqslant 0.25\%$;中碳钢,$0.25\% < w(C) \leqslant 0.6\%$;高碳钢,$w(C) > 0.6\%$。

② 按钢的质量分。

普通碳素结构钢:$w(S) \leqslant 0.055\%$,$w(P) \leqslant 0.045\%$;优质碳素结构钢:$w(S) \leqslant 0.040\%$,$w(P) \leqslant 0.040\%$;高级优质碳素钢:$w(S) \leqslant 0.030\%$,$w(P) \leqslant 0.035\%$。

③ 按用途分。

碳素结构钢用于制造各种工程结构件和机器零件;碳素工具钢用于制造各种工具。

(2) 合金钢的分类。

合金钢是在碳钢中加入合金元素形成的钢种,常有以下 4 种分类方法。

① 按合金元素质量分数。

低合金钢(总质量分数低于 5%)、中合金钢(总质量分数为 5% ~ 10%)和高合金钢(总质量分数高于 10%)。

② 按主要合金元素分。

铬钢、铬镍钢、锰钢、硅锰钢等。

③ 按正火或铸造状态的组织分。

珠光体钢、马氏体钢、铁素体钢、奥氏体钢和莱氏体钢。

④ 按照用途分。

合金结构钢(专用于制造各种工程结构的钢种)、合金工具钢(专用于制造各种加工工具的钢种)和特殊性能钢(具有特殊物理、化学或力学性能的钢种)。

2. 金属材料热处理工艺引入的缺陷

不同种类的材料具有不同的微观组织结构和宏观力学性能。设计工程构件,首先要根据构件的性能指标来选定材料种类,然后再经过一系列的加工制造工艺,使之成型。设计工程构件的无损评价方案时,需要了解该构件制造流程以及相应的制造工艺可能引入的缺陷形式。

热处理是改善金属构件使用性能和工艺性能的一种非常重要的工艺方法。在机械工业中,绝大部分重要零件都必须经过热处理。热处理是将固态金属或合金在一定介质中加热、保温和冷却，通过改变整体或表面组织，来获得所需性能的工艺。按照应用特点，常用热处理工艺包括普通热处理（退火、正火、淬火和回火）和表面热处理（表面淬火热处理和化学热处理），不同热处理工艺会引入不同类型的工艺缺陷。

(1) 普通热处理。

热处理的第一道工序一般都是把钢加热到临界点以上，目的是获得奥氏体组织。珠光体、贝氏体、马氏体都是由奥氏体转变而成的，为了获得其中任何一种组织，都必须首先得到奥氏体。渗碳等热处理过程也都要在奥氏体状态下进行，这是因为奥氏体溶碳能力强，且在高温单相固溶体中原子扩散较快，所以奥氏体化加热是热处理工艺的第一步。

在加热阶段时常出现的缺陷有氧化、脱碳、欠热、过热、过烧及加热裂纹等。钢在氧化性介质中加热时，铁原子及合金原子会被氧化。钢的氧化分为两种：一种是表面氧化，在钢的表面生成氧化膜；另一种是内氧化，在一定深度的表面层中发生晶界氧化。表面氧化影响工件尺寸，内氧化影响工件性能。过热是加热温度过高或者加热时间过长，造成奥氏体晶粒过分粗大的缺陷。在淬火组织中，过热表现为马氏体粗大；在正火组织中，过热会造成魏氏组织。过热使钢的韧性降低，容易脆断。加热过程产生的裂纹，只有大型工件快速加热时才会出现。

热处理的第二道工序是将奥氏体化的材料在不同的冷却速度和冷却介质中冷却，获得室温需要的微观组织。根据冷却条件的不同，普通热处理分为退火、正火、淬火和回火等。

① 退火。

将组织偏离平衡态的钢加热到适当温度，保温一定时间，然后缓慢冷却（炉冷、坑冷、灰冷），以获得接近平衡状态组织的热处理工艺称为退火。退火的实质对共析钢、过共析钢来说，就是奥氏体化后进行珠光体转变；对亚共析钢来说，就是奥氏体化后先进行共析转变后进行珠光体转变。退火的种类很多，目的是降低硬度、提高塑性、消除组织缺陷、消除应力和稳定尺寸等。

② 正火。

钢加热到临界点以上，进行完全奥氏体化，然后在空气中冷却的热处理工艺，称为正火。正火过程的实质是完全奥氏体化加伪共析转变。正火是退火的一个特例，两者只是转变的过冷度不同，正火时的过冷度较大，因此组织中珠光体量较多，而且片层较细。正火只适用于碳素钢及低、中合金钢，不适用于高合金钢。因为高合金钢的奥氏体非常稳定，C 曲线非常靠右,空冷也能淬火。正火的目的是细化组织,消除过热缺陷,用于低碳钢提高硬度,改善切削加工性能;用于中碳钢代替调质处理,为高频淬火做组织准备,减少调质淬火造成的变形。

③ 淬火。

将钢加热到临界温度 A_{c3}(亚共析钢)或 A_{c1}(过共析钢)以上温度,保温一定时间,然后在水或油等冷却介质中快速冷却的热处理工艺,称为淬火。淬火的实质是奥氏体化后进行马氏体转变。淬火钢的组织主要有马氏体,还有少量残余奥氏体和未溶第二相。淬火的目的是得到马氏体,但因马氏体很脆,存在内应力,容易变形和开裂,而且不是热处理需要的最终组织;淬火马氏体和残余奥氏体都是不稳定组织,在工况中会发生分解,导致零件尺寸变化。淬火必须与回火相配合。

④ 回火。

将经过淬火的钢重新加热到 A_{c1}(加热时珠光体向奥氏体转变的开始温度)以下的某一温度保温一定时间,然后冷却到室温的热处理工艺,称为回火。回火能够促进不稳定的马氏体和残余奥氏体向稳定组织转变。按照回火温度和钢件所要求的性能,一般将回火分为低温回火、中温回火和高温回火。

低温回火的目的是降低淬火应力,提高工件韧性,保证淬火后的高硬度和高耐磨性。低温回火组织为回火马氏体。中温回火多用于各种弹簧的热处理,得到回火屈氏体,屈服强度比高,弹性好。高温回火得到回火索氏体,能够获得良好的综合机械性能,强度、塑性和韧性都比较好;其渗碳体为粒状,对阻止受交变载荷零件的裂纹扩展有利。高温回火多用于轴类、连杆、连接件等。淬火加高温回火又称为"调质"。

冷却过程最危险的缺陷包含淬火裂纹和非淬火裂纹两类。淬火裂纹主要发生在普通淬透性钢件中,随着零件尺寸的增加,最可能开裂的部位将由表面移至截面的中心处;另一种发生在高淬透性钢件中,只有尺寸足够大的零件才有开裂的危险,裂纹通常发生在表面。目前非淬火裂纹只在合金钢渗碳件中有发现。常见的磨削裂纹和采用局部感应加热连续喷水冷却处理回转类零件,在淬火起始端和终止端接头附近形成的交接裂纹,都是再热过程的开裂。

(2)表面热处理。

除普通热处理外,工程实践中也常用表面热处理工艺。表面热处理是指仅对钢表面加热、冷却而不改变其成分的热处理工艺。按照加热方式有感应加热、火焰加热、电接触加热和电解加热等表面热处理,最常用的是前两种。化学表面热处理是将钢件置于一定温度的活性介质中保温,使一种或几种元素渗入其表面,改变化学成分和组织,达到改进表面性能、满足技术要求的热处理工艺。按照表面渗入元素的不同,化学热处理分为渗碳、渗氮、碳氮共渗、渗硼和渗铝等。

渗碳产生的缺陷种类很多,经常出现在渗碳过程中或渗碳后,如渗碳层形成粗大碳化物或网状碳化物,使渗碳层表面脆性增加,韧性降低,在后续淬火或磨削加工时易产生网状裂纹。另一种是渗层深度或浓度不均匀,导致零件表面各部位的硬度、耐磨性和抗疲劳性不一致等问题出现。

3. 金属材料热加工成型产生缺陷

各种机械产品的制造过程从原材料到成品通常都要经过热加工和冷加工。热加工为后续的冷加工(机械加工)提供毛坯。热加工成型技术主要包括铸造、塑性成型、焊接等,它是机械制造业重要的加工工序,也是材料与制造两大行业的交叉和接口技术。材料经过热加工才能成为零件和毛坯,热加工不仅使材料获得一定的形状、尺寸,更重要的是赋予材料最终的成分、组织与性能。热加工过程是一个复杂的高温、动态、瞬时的过程,材料经液态流动充型、凝固结晶、固态流动变形、相变、再结晶和重结晶等多种微观组织变化及缺陷的产生与消失等一系列复杂的物理、化学、冶金变化而形成最后的毛坯或构件。热加工兼有成型和改性两个功能,因此与冷加工及单纯材料制备相比,更容易出现缺陷,其质量控制具有更大的难度。

(1) 铸造。

铸造是将熔融金属浇入铸型型腔,冷却凝固后使之成为具有一定形状和性能物体的成型过程。铸造适合制造形状复杂,特别是内腔复杂的铸件,其大小不受限制,使用材料范围广泛。

铸造方法按照铸型所用材料或造型工艺、浇铸方式的不同可分为砂型铸造、金属型铸造、熔模铸造、压力铸造、离心铸造、真空吸铸、顺序结晶铸造和定向凝固等。铸造的特点是使金属一次成型,工艺灵活性大,各种成分、形状和质量的物件几乎都能适应。

铸造过程中,由于工艺参数选择不当或操作不慎会产生铸造缺陷,常见缺陷有气孔、夹砂、浇不足等。液态金属在铸型的凝固过程中,液态收缩和凝固收缩会引起体积缩减,若得不到金属液的补充,会在铸件最后凝固部分形成气孔,由此造成的集中孔洞称为缩孔,细小分散的孔洞称为缩松。缩孔将削减铸件的有效截面积,大大降低铸件的承载能力。缩松细小分散,对铸件承载能力的影响比集中缩孔小,但它影响铸件的气密性,容易使铸件渗漏。

此外,铸件中的常见缺陷还有铸造裂纹。铸造裂纹是铸件在固态收缩时受到阻碍,在铸件内部产生铸造内应力,当内应力超过金属强度极限时,铸件便产生裂纹。铸造裂纹是一种严重的铸造缺陷,将导致铸件报废。根据产生原因,铸造裂纹分为热裂纹和冷裂纹两大类。热裂纹是铸件凝固后期,在接近固相线的高温下形成的。若高温下铸件的收缩受到阻碍,机械应力超过其高温强度,则产生热裂纹。热裂纹的特征是裂纹短、裂缝宽、形状曲折、裂纹内呈氧化色。冷裂纹是在较低温度下,由于热应力和收缩应力的综合作用,铸件内应力超过合金的强度极限而产生的。冷裂纹常出现在铸件受拉应力的地方,尤其是应力集中的地方。冷裂纹的特征是裂纹细小,呈连续直线状,裂纹内有金属光泽或轻微氧化色。气孔和铸造裂纹如图 2.5 所示。

(2) 塑性成型。

塑性成型是利用金属在外力作用下所产生的塑性变形来获得具有一定形状、尺寸和力学性能的原材料、毛坯或零件的成型工艺,称为塑性成型工艺。塑性成型工艺适用于具有一定韧性的材料,成型过程无切屑、金属损耗少,在取得所需形状的同时改善材料的组织和性能。常见的塑性成型工艺有轧制、挤压、拉拔、锻造和冲压等。

锻件中常见的缺陷有夹杂物和锻造裂纹。夹杂物的种类很多,如原材料冶炼时由炼钢炉、钢水包掉下来的耐火侵蚀生成物、炉渣和异质金属混入而形成的夹杂等。这一类夹杂缺陷大小不均,在锻件中的分布无规律。锻造裂纹是加热不均匀、加热冷却速度不适当或受载不当等引起的锻件金属局部破裂而形成的裂纹。锻件裂纹的种类很多,在工件中的分布位置不同,有皮下气泡锻造受力后引起的裂纹,亦有缩孔受压形成的裂纹,还存在非金属夹杂引起的裂纹及锻造变形造成的裂纹等(图 2.6)。

(3) 焊接成型。

焊接成型是通过加热或加压(或两者并用) 使材料两个分离表面的原子达到晶格距离,借助原子的结合与扩散获得不可拆卸的接头的工艺方法。焊接成型工艺主要用于金属材料及金属结构的连接,亦可用于塑料及其他非金属材料的连接。

焊接过程中焊缝区金属晶粒加热和冷却循环,其膨胀收缩受到周围冷金属的约束,不能自由进行,因此焊接结构容易产生残余应力和变形,且不可避免地产生一些焊接缺陷。常见的焊接缺陷主要有焊接裂纹、未焊透、夹渣、气孔缺陷和焊缝外观缺陷等。这些缺陷可减少焊缝截面,产生应力集中,使构件承载能力降低,易产生破裂甚至脆断,其中危害最大的是焊接

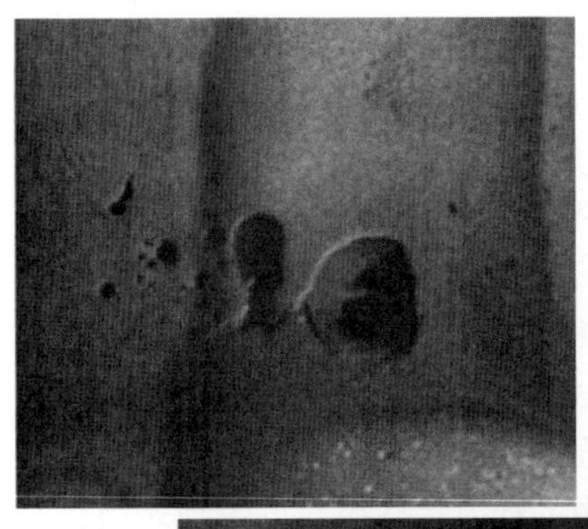

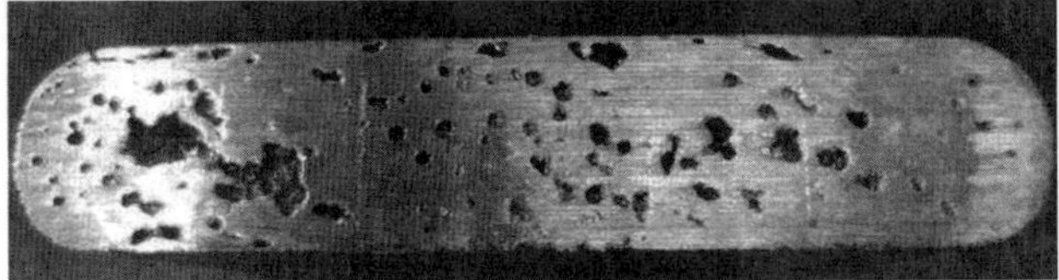

(a) 气孔

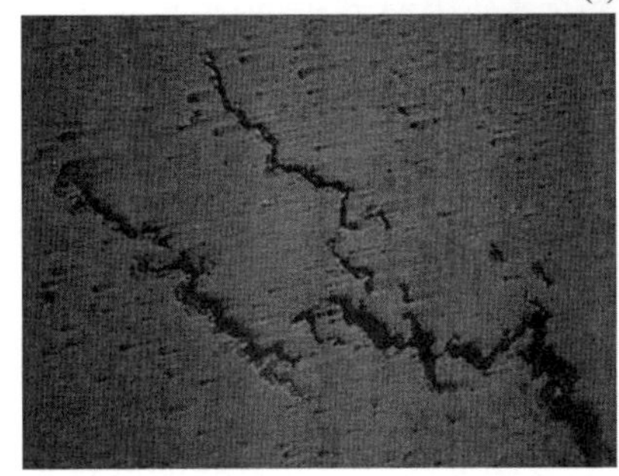
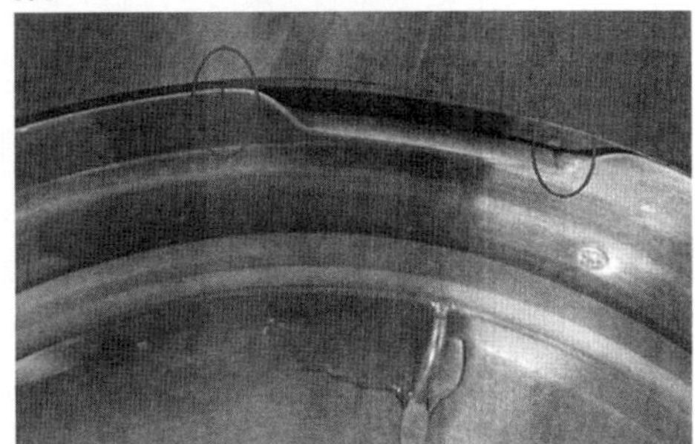

(b) 铸造裂纹

图 2.5　铸造缺陷

裂纹和气孔。焊接缺陷如图 2.7 所示。

焊接裂纹包括热裂纹和冷裂纹两类。根据产生机理的不同,热裂纹又分为以下几种。发生在焊缝上并在焊缝结晶过程中形成的热裂纹称为结晶裂纹;发生在热影响区并在加热到过热温度时因晶间低熔点杂质发生熔化并受焊接应力作用而产生的热裂纹称为液化裂纹。热裂纹沿晶界开裂,又称晶间裂纹。因热裂纹在高温下形成,故裂纹表面有氧化色彩。冷裂纹在焊缝和热影响区都可能产生,在焊道下热影响区形成的焊接冷裂纹,沿平行于熔合线的方向扩展;沿应力集中的焊趾部位形成的冷裂纹在热影响区扩展;焊根部位形成的焊接冷裂纹向焊缝或热影响区扩展。冷裂纹的特征是无分支,通常为穿晶型,表面无氧化色彩。最常见的冷裂纹是延迟裂纹,在焊后延迟一段时间发生。

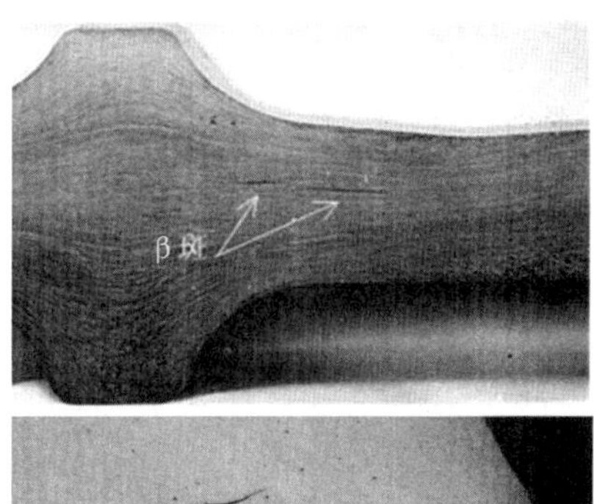

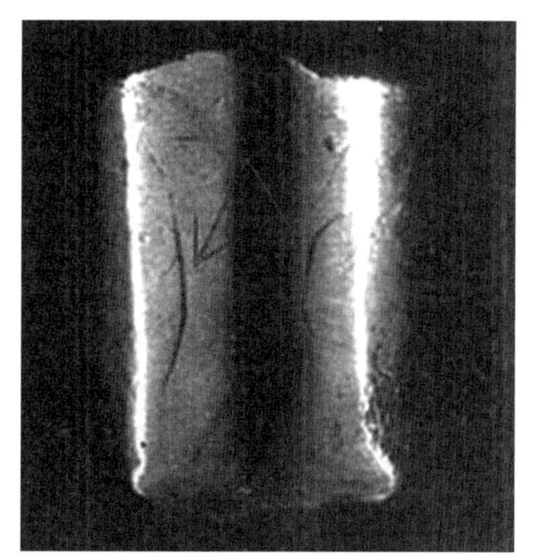

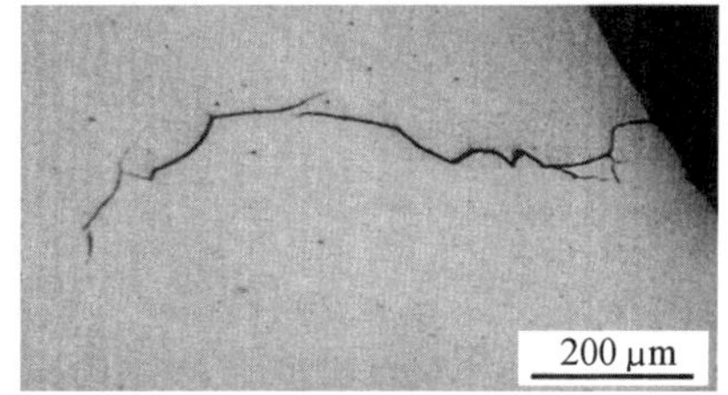

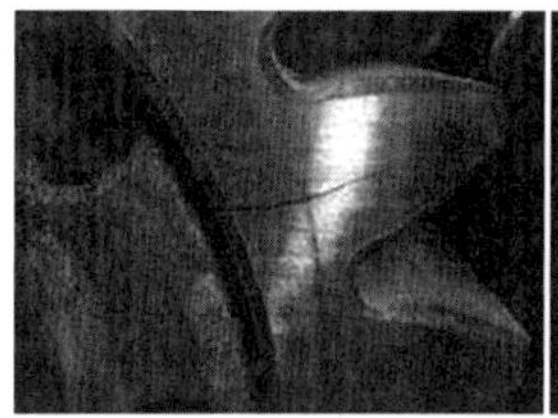

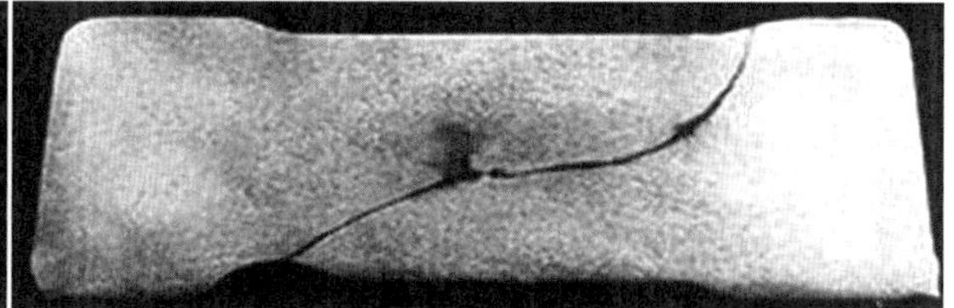

图 2.6　锻造裂纹

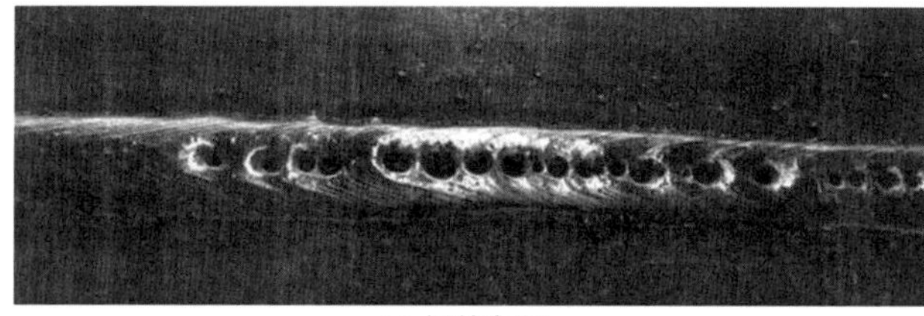

(a) 焊接气孔

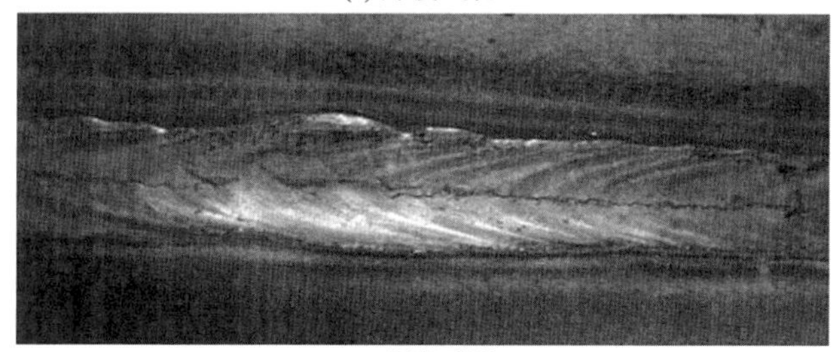

(b) 焊接裂纹

图 2.7　焊接缺陷

气孔是高温下溶解在焊缝液态金属中的大量气体，随着温度下降，其溶解度降低而析出，若来不及溢出熔池表面就会导致气孔的产生。若熔池保护不好，溶入熔池的气体就多，产生气孔的倾向就大。

综上所述，分析各种材料及生产工艺可能引入的缺陷类型，可以帮助检测评价人员更好地理解再制造毛坯的原型产品从材料到制造成型过程中引入的原生缺陷，帮助检测人员分析辨识再制造毛坯既往服役中由原生缺陷诱发的新缺陷的成因，从而选择适宜的无损检测方法。影响无损检测结果可靠性的因素非常多，必须经过综合分析，了解被检对象材质成分、制造工艺，以便预先评价应力变形状态及可能出现的缺陷，这是提高检测结果可靠性的前提条件。

2.2.1.4　服役过程产生的缺陷

毛坯具有服役历史，服役过程中受工况环境和载荷共同作用，将出现一些不同于制造阶段的新的质量问题。

1. 疲劳裂纹

疲劳裂纹导致的结构断裂是造成机械装备失效的最主要原因。疲劳破坏是在交变载荷循环作用下损伤不断累积，疲劳裂纹萌生、扩展直至断裂的动态渐进过程。疲劳裂纹通常起源于应力集中部位。材料中的原始缺陷、制造工艺带来的伴生缺陷，以及构件中的孔、切口、台阶等几何不连续处都将引起应力集中，称为裂纹源。疲劳裂纹在高应力区由持久滑移带形核，在剪应力作用下，由持久滑移带形成的微裂纹沿 45° 最大剪应力作用面继续扩展或相互连接。当少数几条微裂纹达到几十微米长度后，逐渐汇聚成一条主裂纹，并沿最大剪应力面扩展。而后沿最大拉应力面内扩展，疲劳裂纹稳定生长，达到足够的尺寸后，疲劳裂纹失稳扩展，导致结构瞬断。

疲劳破坏通常都是在远低于材料强度的载荷条件下发生的，宏观上无明显的塑性变形，在瞬断之前没有明显征兆，疲劳破坏具有很大的隐蔽性，因此疲劳裂纹是服役阶段最为危险的缺陷。疲劳是与时间有关的一种失效方式，具有多阶段性。疲劳失效的过程是累计损伤的过程，交变应力导致的疲劳损伤随载荷作用次数的增加而累积增强。

疲劳破坏的断口通常具有一些共同的特征，分析疲劳断口能够对结构的失效原因进行分析。典型的疲劳断口包括 3 个典型区域，即裂纹源、裂纹扩展区和瞬断区。

(1) 裂纹源。

裂纹源是裂纹萌生的位置，通常发生在材料表面应力集中部位，如微缺陷、夹杂物、腐蚀坑、机加刀痕及缺口键槽等位置。疲劳裂纹可能是从一个源甚至几个源同时萌生，特别是存在高应力集中或者多处缺陷时更易于在疲劳断口发现多源疲劳现象。当多源疲劳的微裂纹不在同一平面上时，微裂纹连接起来就在裂纹源区产生一些台阶，这些台阶呈辐射状扩展到断口内部，得到星芒状花样，如图 2.8 所示。当零件承受接触应力并具有复杂应力状态时，若次表面存在夹杂物或其他工艺缺陷，疲劳裂纹源就会在次表面产生；若表面具有强化层，如进行过表面渗氮或渗碳处理，则疲劳裂纹源一般出现在表面强化层和心部之间的交界处，这是由强化层产生的残余压应力急剧过渡到基体残余拉应力造成的。

图 2.8　疲劳裂纹萌生区

(2) 裂纹扩展区。

内部疲劳裂纹稳定扩展，在断面上留下不同时刻的裂纹形状，形成明暗相间的条带痕迹，即"海滩条带"，显示疲劳裂纹的开裂表面在扩展过程中不断张开、闭合，相互摩擦。该区域断口较为平整光滑，粗糙度较小。通常作用的疲劳应力越低，主裂纹扩展时间越长，扩展区面积越大，如图 2.9 所示。

(3) 疲劳断口。

疲劳断口的瞬断区是疲劳裂纹最后快速断裂产生的最终断裂面。瞬断区有些类似于静载断裂的单纯破断，但它不是一次加载产生的。瞬断区的形貌取决于断裂处材料的状态及其加载经历。脆性材料瞬断区呈颗粒状，塑性材料瞬断区则出现纤维组织，如图 2.10 所示。

2. 应力腐蚀裂纹

金属材料在一定的腐蚀环境中受拉应力作用，所产生的裂纹称为应力腐蚀裂纹。该裂纹只产生于金属部分区域，由内向外发展，一般与作用力

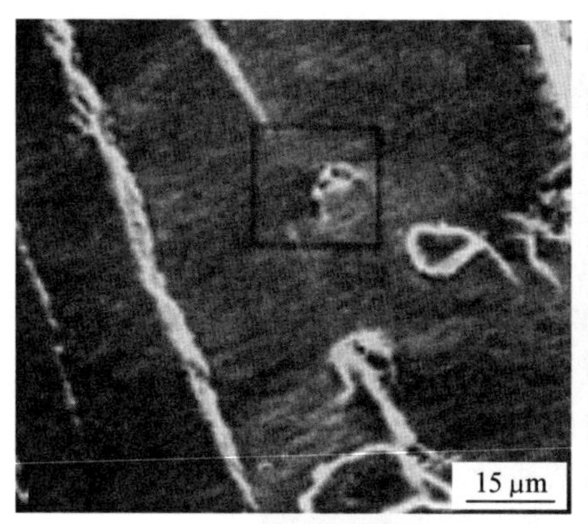

(a) 扩展区形貌

3.8 μm

(b) 疲劳辉纹

图 2.9　疲劳裂纹稳定扩展区

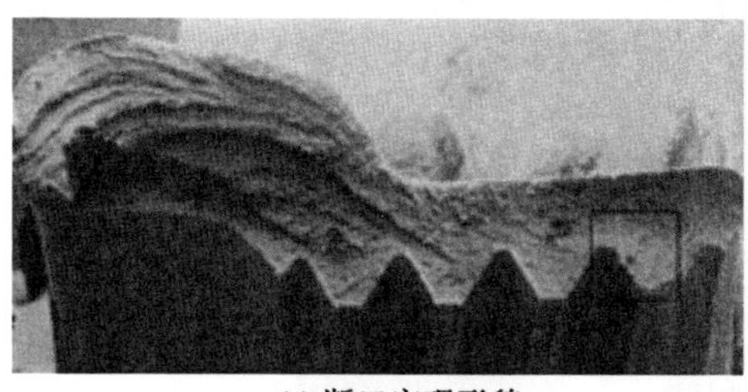

(a) 断口宏观形貌

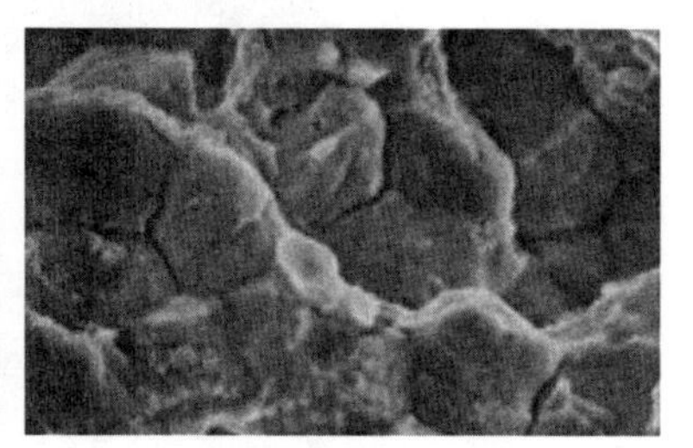

(b) 瞬断区微观形貌

图 2.10　瞬断区

保持垂直状态。应力腐蚀裂纹即使在腐蚀和应力都极其微弱的条件下也能发生,在严重腐蚀的环境下反而不易出现。发生应力腐蚀的拉应力可能来自于外加载荷,也可能是装配应力,或制造、热处理、焊接等工艺引入的残余应力。此外,腐蚀环境也需与材料相匹配,两者处于特定组合时才能产生应力腐蚀。不同材料产生应力腐蚀有不同的腐蚀介质和环境条件。

应力腐蚀断裂属于脆性断裂,断口平齐,没有明显的宏观裂纹,断裂方向与主应力方向垂直。其断口一般可分为裂纹扩展区和瞬时破断区两部分。裂纹扩展区颜色较深,存在腐蚀产物,瞬断区颜色较浅且洁净。不同材料发生的应力腐蚀裂纹微观形貌不同,有沿晶裂纹、穿晶裂纹或穿晶-沿晶共存的裂纹,如图 2. 11 所示。

3. 蠕变变形及断裂

在石油化工和能源动力等领域,许多金属构件长期服役在高温高压条件下,极易发生蠕变,造成塑性变形加剧导致蠕变断裂。蠕变是零件在长时间恒温、恒应力的作用下,应变随时间缓慢增加而产生塑性变形的现

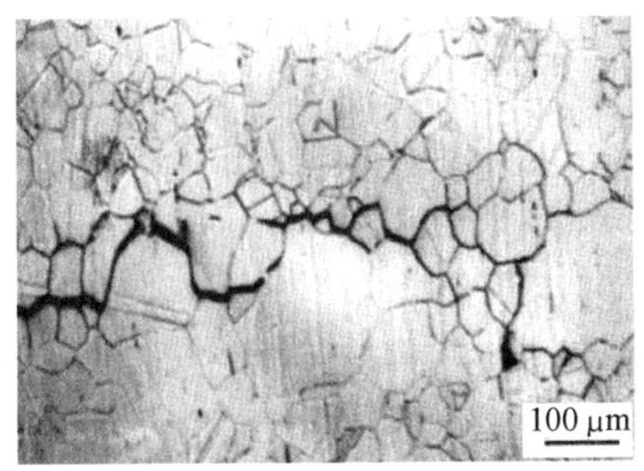

图 2.11　应力腐蚀裂纹

象。由这种变形导致的材料断裂称为蠕变断裂。温度对蠕变的过程影响十分明显,虽然在低温下蠕变也会发生,但当温度高于 $0.3T_m$ 时才比较显著,高温下必须考虑这种高温蠕变的影响。

蠕变随时间的发展分为 3 个阶段:第一个阶段为不稳定蠕变阶段,变形速度不断减小而趋于某定常速度;第二阶段为稳定蠕变阶段;第三阶段为蠕变破坏阶段,破坏前截面减小而蠕变加快,形成颈缩,最后发生脆性断裂。

蠕变断裂主要是沿晶断裂。在裂纹的扩展过程中,晶界滑动引起的应力集中和空位的扩散起着重要作用。由于应力和温度的不同,裂纹的成核有以下两种类型。

(1) 裂纹形核于二次晶粒的交会处。

在高应力和较低温度作用下由于晶界滑动造成应力集中而产生裂纹。

(2) 裂纹成核分散于晶界上。

在较低应力和较高温度的作用下,蠕变裂纹分散于晶界各处,特别是垂直于拉应力方向的晶界。这种裂纹的成核过程为:首先由于晶界的滑动在台阶处受阻而产生空洞,然后由于位错运动和交割而产生大量空位,减小了表面能,空洞向受拉伸应力作用的晶界大量迁移,当晶界上有空洞时,空洞吸收空位而形成裂纹。

2.2.2　力学理论基础

2.2.2.1　应力应变的基本概念

1. 应力的概念

以机械结构件为研究对象时,外界物体对结构件施加的作用力称为外力。按作用区域的不同,外力又分为体积力和表面力。体积力简称体力,分布在物体的体积内,作用在物体内的所有质点上,如重力、惯性力、电磁力等。物体各质点受到的体力,一般来说是不同的,体力是空间点位的函数,通常用体力矢量来表示。表面力是作用在物体表面上的外力,简称面力。例如,液体或气体的压力、固体间的接触力等,通常用面力矢量来表示。当面力的作用面积很小时,通常简化为集中力。

构件受到外力作用后将发生变形,其内部必然会因变形而产生内力。内力是构件各部分之间发生相互作用,物体内的一部分对另一部分的相互作用力。内力和假想的截面相对应,脱离开假想的截面将无从谈及内力。

为了研究内力,假想由一个过 P 点的截面将构件分为 A、B 两部分,假设 B 对 A 的作用力为 $\boldsymbol{p}_{\mathrm{A}}$,A 对 B 的作用力为 $\boldsymbol{p}_{\mathrm{B}}$。由力的反作用定律可知,它们应该大小相等、方向相反。$\boldsymbol{p}_{\mathrm{A}}$ 和 $\boldsymbol{p}_{\mathrm{B}}$ 即为所要研究的内力(图 2.12)。

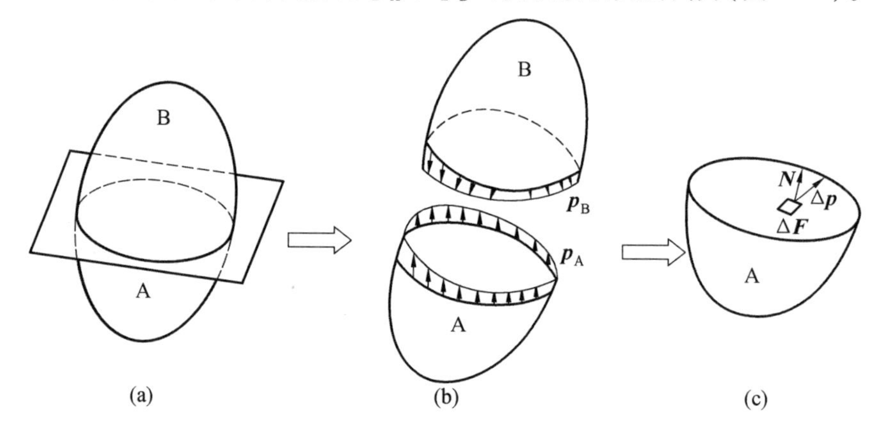

图 2.12　应力作用示意图

一般来说,内力沿整个截面不是均匀分布的,在实际运用时,仅仅知道截面上内力的总和是不够的,还必须知道内力在截面上各点的分布情况。设包含点 P 的面元 ΔS 上的内力合力为 ΔF,则两者之比表示该面元上的平均应力为

$$P = \frac{\Delta F}{\Delta S} \tag{2.1}$$

将式(2.1)取极限,得

$$P = \lim_{\Delta S \to 0} \frac{\Delta F}{\Delta S} \tag{2.2}$$

由式(2.2)定义的矢量 $\boldsymbol{p}$ 称为该无穷小有向面元上的应力,亦称为该点的应力。

根据上述的应力概念可知,应力的数值反映了截面上某点处内力的强烈程度,是该点处内力分布的集度。在同一截面上,不同的点具有不同的应力,即使是同一点,如果通过该点截面的方位不同,应力也不同。应力不仅与所考虑的点的位置有关系,还与所取截面的方位有关。

在实际使用中,为了方便起见,在研究应力状态时,常将应力分解为垂直于作用面的分量,通常称为正应力;作用在作用面内的切向分量,通常称为剪应力。研究某一点处的应力状态,可以在该点处沿坐标轴 x、y、z 方向取一个微小的正六面体,如图 2.13 所示。

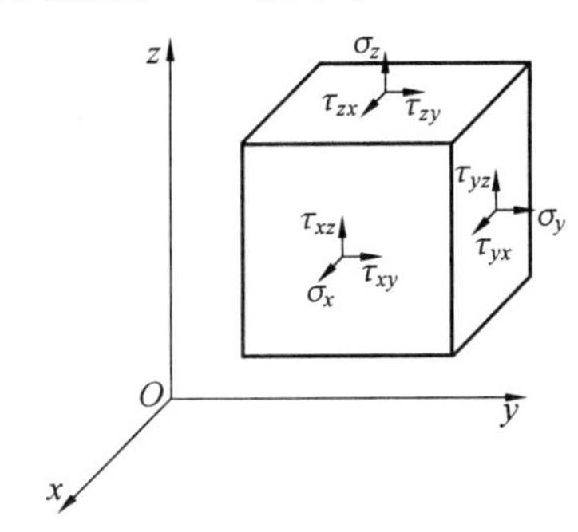

图 2.13　应力分量示意图

图2.13 中正六面体的6 个面的外法线方向分别与3 个坐标轴的正、负方向重合,各个面上的应力可进一步分解为1 个正应力和2 个剪应力。6个面上的应力分量共有 9 个,即 σ_x、σ_y、σ_z、τ_{xy}、τ_{xz}、τ_{yx}、τ_{yz}、τ_{zx}、τ_{zy}。其中,σ_x、σ_y、σ_z 是正应力分量,τ_{xy}、τ_{xz}、τ_{yx}、τ_{yz}、τ_{zx}、τ_{zy} 是剪应力分量。这里所用的应力分量的符号和弹性力学书中的符号是相同的,其正、负号的规定也是相同的。

通常,把这 9 个应力分量按一定规则排列。令其中每一行代表研究点在一个面上的 3 个应力分量,即

$$\begin{matrix} \sigma_x, & \tau_{xy}, & \tau_{xz} \\ \tau_{yx}, & \sigma_y, & \tau_{yz} \\ \tau_{zx}, & \tau_{zy}, & \sigma_z \end{matrix}$$

以上这 9 个应力分量定义了一个新的量 Σ,它描绘了一个点的应力状态。Σ 是对坐标系 $Oxyz$ 而言的,当坐标系变换时,它们按照一定的变换式变换成另一坐标系 $O'x'y'z'$ 中的 9 个分量,即

$$\begin{matrix} \sigma_{x'}, & \tau_{x'y'}, & \tau_{x'z'} \\ \tau_{y'x'}, & \sigma_{y'}, & \tau_{y'z'} \\ \tau_{z'x'}, & \tau_{z'y'}, & \sigma_{z'} \end{matrix}$$

这9个分量描绘出同一点的物理现象，所以定义的仍为 Σ。σ_x，σ_y，…，τ_{zx}，τ_{zy} 这9个量称为 Σ 的元素。数学上，对坐标变换时服从一定坐标变换式的9个数所定义的量称为二阶张量。根据这一定义，Σ 是一个二阶张量，称为应力张量。应力张量也是一个对称的二阶张量。应力张量通常表示为

$$\sigma_{ij}=\begin{bmatrix}\sigma_x & \tau_{xy} & \tau_{xz}\\ \tau_{yx} & \sigma_y & \tau_{yz}\\ \tau_{zx} & \tau_{zy} & \sigma_z\end{bmatrix}\quad (i,\ j=x,\ y,\ z) \tag{2.3}$$

当 i、j 任取 x、y、z 值时，便得到相应的分量。

物体内各点的应力状态，一般来说是呈非均匀分布的。应力张量 σ_{ij} 与给定的空间位置有关，各点的应力分量应为 x、y、z 的函数。通常说的应力张量总是针对物体中某一确定点而言的。应力张量 σ_{ij} 能够完全确定某一点处的应力状态。

2. 应变的概念

应力分析测试技术通常由测量应变来获得，为此需要了解应变的基本概念。

应力是由于构件变形而产生的。进行应力状态分析，需要了解构件的变形情况。变形是物体形状的改变，设想将构件分割成无数微小的正六面体，在外力作用下，这些微小的正六面体的边长将发生变形。如图2.14(a)所示，从受力构件的某一点 O 周围取出的微小正六面体，其 x 轴平行的棱边 ab 的原长为 Δx，受正应力作用后 ab 的边长变为 $(\Delta x+\Delta\mu)$，$\Delta\mu$ 称为线段 ab 的变形量(图2.14(b))。

$\Delta\mu$ 与线段原长 Δx 有关，比值为

$$\varepsilon=\frac{\Delta\mu}{\Delta x} \tag{2.4}$$

ε 表示线段 ab 内的平均线应变。

将式(2.4)取极限，即 ε 为 O 点处沿 x 轴方向的线应变：

$$\varepsilon=\lim_{\Delta x\to 0}\frac{\Delta\mu}{\Delta x}=\frac{\mathrm{d}\mu}{\mathrm{d}x} \tag{2.5}$$

线应变表明某一点处沿某一方向的相对伸长或压缩量。上述微小的正六面体，当其各边缩小为无穷小时，称为单元体。单元体每一棱边上的各点处的线应变认为是均匀的。线应变由正应力引起。沿 x、y、z 方向线元的正应变分别用 ε_x、ε_y 和 ε_z 表示，即

$$\varepsilon_x = \frac{dx' - dx}{dx}, \quad \varepsilon_y = \frac{dy' - dy}{dy}, \quad \varepsilon_z = \frac{dz' - dz}{dz} \tag{2.6}$$

构件任一点的变形除用线应变表示外，还可以通过过该点的两线元的夹角变化来表示。正交线元直角的变化称为剪应变，如图 2.14(c) 所示，沿 x、y、z 方向3个正交线元 dx、dy、dz 直角的变化分别用 γ_{xy}、γ_{yz} 和 γ_{zx} 表示，即

$$\gamma_{xy} = \frac{\pi}{2} - \alpha, \quad \gamma_{yz} = \frac{\pi}{2} - \beta, \quad \gamma_{zx} = \frac{\pi}{2} - \gamma \tag{2.7}$$

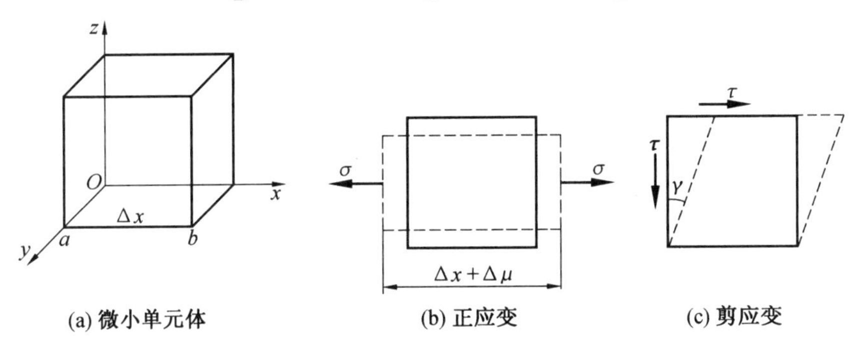

图 2.14 单元体的受力与变形分析

2.2.2.2 应力状态分析

物体在外载荷作用下产生应力场，描述物体内任意一点的应力状态可以用 6 个应力分量表示，但是这 6 个应力分量与所给坐标系下截得的微元体相关，当截面方向发生改变时，截面的外法线方向 N 也随之改变，因此截面上独立的 6 个应力分量的数值及方向也会发生改变。应力状态分析就是寻找各截面应力分量之间的相互关系。

1. 任意斜截面上的应力

物体内一点 P，其应力分量为 σ_x、σ_y、σ_z，$\tau_{xy}=\tau_{yx}$，$\tau_{yz}=\tau_{zy}$，$\tau_{xz}=\tau_{zx}$。P 点的某一斜截面 ABC 的法线方向为 N，方向余弦为

$$(l, m, n) = [\cos(x, N), \cos(y, N), \cos(z, N)] \tag{2.8}$$

截得的微元体为微四面体，如图 2.15 所示。

设斜截面 ABC 的面积为 Δ_{ABC}。根据几何关系，PBC、PAC、PAB 的微面积分别为

$$\Delta_{PBC} = l\Delta_{ABC}, \quad \Delta_{PAC} = m\Delta_{ABC}, \quad \Delta_{PAB} = n\Delta_{ABC} \tag{2.9}$$

斜截面上应力一方面可以用正应力 σ_N 和切应力 τ_N 表示，另一方面还可以用沿坐标轴方向的 3 个应力 X_N、Y_N、Z_N 表示，其全应力为 S_N，如图 2.15(b) 所示。

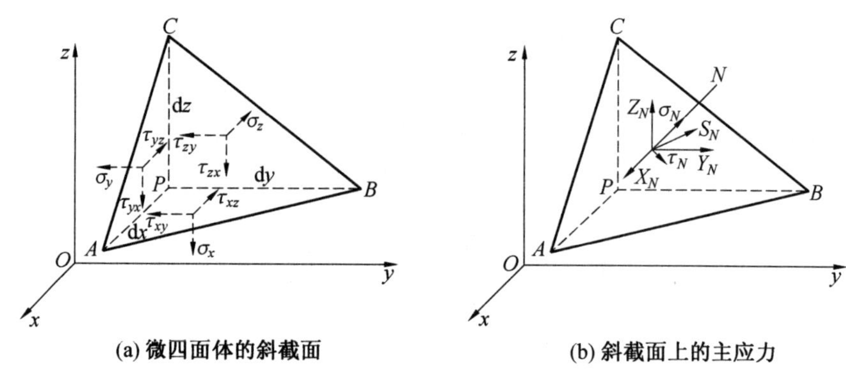

图 2.15　斜截面的应力

考查微四面体的平衡，由 $\sum F_x = 0$ 得

$$X_N\Delta_{ABC} - \sigma_x\Delta_{PBC} - \tau_{yx}\Delta_{PAB} + X\Delta V = 0 \tag{2.10}$$

整理后得

$$l\sigma_x + m\tau_{yx} + n\tau_{zx} = X_N + X\frac{\Delta V}{\Delta_{ABC}} \tag{2.11}$$

可以注意到微四面体的体积 ΔV 是比微面积 Δ_{ABC} 高一阶的微量，因此式(2.11) 右边的第二项略去。同时考虑 $\sum F_y = 0$，$\sum F_z = 0$，容易得到其他两个方向的表达式，连同式(2.11)，可以写成

$$\begin{cases} l\sigma_x + m\tau_{yz} + n\tau_{zx} = X_N \\ l\tau_{xy} + m\sigma_y + n\tau_{xy} = Y_N \\ l\tau_{xz} + m\tau_{yx} + n\tau_z = Z_N \end{cases} \tag{2.12}$$

张量形式表示为

$$\sigma_{ij}n_j = T_i \tag{2.13}$$

式中，$n_j = \cos(x_j, N)$；$T_i = X_N, Y_N, Z_N$；$i, j = x, y, z$。

斜面上的全应力 S_N 可由下式确定：

$$S_N^2 = X_N^2 + Y_N^2 + Z_N^2 \tag{2.14}$$

而正应力 σ_N 和切应力 τ_N 可以用沿坐标轴方向的3个应力 X_N、Y_N、Z_N 表示，它们是同一面上的应力，将后者投影到斜面的法线方向有

$$\sigma_N = X_N\cos(x,N) + Y_N\cos(y,N) + Z_N\cos(z,N) \tag{2.15}$$

将式(2.12) 代入式(2.15)，并考虑切应力互等，即有

$$\sigma_N = l^2\sigma_x + m^2\sigma_y + n^2\sigma_z + 2lm\tau_{xy} + 2mn\tau_{yz} + 2nl\tau_{zx} \tag{2.16}$$

斜面上的总切应力可通过全应力示出，全应力与正应力 σ_N 和切应力 τ_N 关系是

$$S_N^2 = \sigma_N^2 + \tau_N^2 \tag{2.17}$$

考虑式(2.14)则有

$$\tau_N^2 = X_N^2 + Y_N^2 + Z_N^2 - \sigma_N^2 \tag{2.18}$$

综上所述,当已知某一点的应力分量时,可以确定通过该点的任意一个斜截面上沿坐标轴方向的应力,也可以确定该斜面上的正应力 σ_N 和切应力 τ_N。换句话说,已知一点的6个应力分量,可以确定任意方向上的应力,该点的应力状态完全确定。

2. 主应力和主应变

通常来说,过一点的任意斜面上的应力都包括正应力和切应力,并且随着斜面的方向角的变化而变化。如果某一斜面上只有正应力,没有切应力,则该正应力称为主应力,正应力所在的斜面称为主平面。

设方向余弦为(l,m,n)的斜面为主平面,按照主应力的定义,令

$$\tau_N = 0, \quad \sigma_N = \sigma$$

则 x、y、z 方向上的应力等于主应力 σ 在各方向的投影,即

$$X_N = l\sigma, \quad Y_N = m\sigma, \quad Z_N = n\sigma$$

将 X_N、Y_N、Z_N 代入式(2.17),得

$$\begin{cases} l(\sigma_x - \sigma) + m\tau_{yx} + n\tau_{zx} = 0 \\ l\tau_{xy} + m(\sigma_y - \sigma) + n\tau_{zy} = 0 \\ l\tau_{xz} + m\tau_{yz} + n(\sigma_z - \sigma) = 0 \end{cases} \tag{2.19}$$

此外还有方向余弦必须满足的条件为

$$l^2 + m^2 + n^2 = 1 \tag{2.20}$$

将式(2.19)和式(2.20)联立,可以求得 l、m、n 及 σ。式(2.19)是一个齐次方程组,且方向余弦不能全为零。式(2.19)成立必须满足系数行列式为零,即

$$\begin{vmatrix} \sigma_x - \sigma & \tau_{yx} & \tau_{zx} \\ \tau_{xy} & \sigma_y - \sigma & \tau_{zy} \\ \tau_{xz} & \tau_{yz} & \sigma_z - \sigma \end{vmatrix} = 0 \tag{2.21}$$

将$\tau_{yz} = \tau_{zy}$,$\tau_{xz} = \tau_{zx}$,$\tau_{xy} = \tau_{yx}$ 代入式(2.21),展开稍做化简,得到关于 σ 的三次方程:

$$\sigma^3 - (\sigma_x + \sigma_y + \sigma_z)\sigma^2 + (\sigma_y\sigma_z + \sigma_z\sigma_x + \sigma_x\sigma_y - \tau_{yz}^2 - \tau_{zx}^2 - \tau_{xy}^2)\sigma - (\sigma_x\sigma_y\sigma_z + 2\tau_{xy}\tau_{yz}\tau_{zx} - \sigma_x\tau_{yz}^2 - \sigma_y\tau_{zx}^2 - \sigma_z\tau_{xy}^2) = 0 \tag{2.22a}$$

式(2.22a)称为应力状态特征方程,它有3个实根,记作 σ_1、σ_2、σ_3,则有

$$(\sigma - \sigma_1)(\sigma - \sigma_2)(\sigma - \sigma_3) = 0 \tag{2.22b}$$

这3个实根即3个主应力，通常按代数值大小排列，其中σ_1、σ_3分别称为最大主应力和最小主应力。

2.2.2.3　断裂力学应力分析的理论基础

断裂力学是近几十年来才建立起的学科。人们在生产实践中遇到了大量材料在远低于设计承载能力时发生突然断裂的事故，危害极大。这些断裂事故都与裂纹有关，而传统的材料力学和弹塑性力学强度准则并不考虑裂纹的存在，分析和解决这些断裂事故具有很大的局限性。研究裂纹体的力学行为促进了断裂力学学科的产生和发展。断裂力学是从宏观的连续介质力学角度研究含有裂纹型缺陷的材料或构件在外部载荷作用下裂纹的扩展规律。

按照研究内容，断裂力学分为宏观断裂力学、微观断裂力学和工程断裂力学3个领域。宏观断裂力学研究宏观裂纹扩展条件及规律，包括线弹性断裂力学、弹塑性断裂力学及概率断裂力学；微观断裂力学研究微观裂纹扩展条件及规律，主要应用金属学及位错理论，研究原子、位错及杂质和晶粒等微观范围内的断裂过程。工程断裂力学主要用于抗断裂设计计算、选材及指导工艺，估算结构疲劳寿命，另外还用于分析疲劳破坏、应力腐蚀、蠕变及静载下裂纹缓慢扩展等方面。裂纹是断裂力学研究的主要对象。

1. 裂纹的扩展形式

对含有裂纹的构件，当外加作用力不同时，裂纹扩展的方式有3种：张开型、滑开型和撕开型，如图2.16所示。

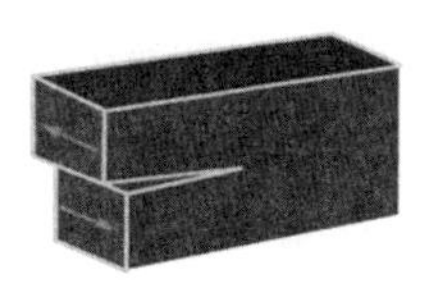

(a) 张开型（Ⅰ型）

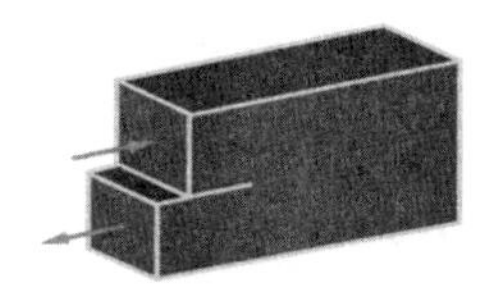

(b) 滑开型（Ⅱ型）

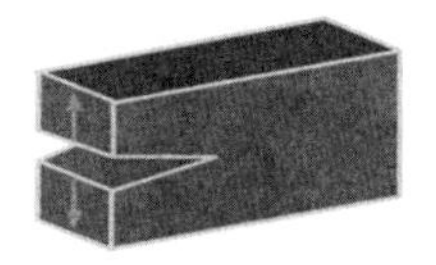

(c) 撕开型（Ⅲ型）

图2.16　裂纹扩展的3种类型

张开型（Ⅰ型）裂纹如图2.16(a)所示。其外加应力垂直裂纹面，即为正应力时，裂纹尖端张开，并在与外力垂直的方向扩展，外力沿y轴方向，裂纹扩展沿x轴方向。滑开型（Ⅱ型）裂纹如图2.16(b)所示。在剪切应力作用下，裂纹上、下两面平行滑开，此时裂纹体上、下两半滑动的方向与裂纹扩展的方向均沿x轴方向。撕开型（Ⅲ型）裂纹如图2.16(c)所示。在z方向剪切应力作用下，裂纹面上下错开，此时裂纹沿x轴方向扩展。

在工程实践中，Ⅰ型裂纹出现最多，且它是低应变脆性断裂的主因，最为危险，因此研究最深入。

2. 弹性能释放率

裂纹的断裂过程分析最早始于1921年，Griffith在从事玻璃工业的实际经验中，认识到微小裂纹对玻璃强度有很大的影响，材料中微裂纹的存在造成材料的实际强度远低于理论强度。他从能量平衡的角度出发，对玻璃、陶瓷等脆性材料做断裂强度分析。他认为裂纹的存在及扩展是造成断裂破坏的主要原因。裂纹扩展的动力是裂纹扩展时所释放出的弹性能，该弹性能使物体的能量降低；而裂纹扩展的阻力是裂纹扩展时新增加的表面能。裂纹的失稳扩展是一个自发过程，当裂纹体释放的弹性能多于创造新的裂纹表面所需的能量时，就会发生裂纹的失稳扩展。只要分析裂纹扩展时能量的变化，建立能量平衡方程，就可以获得裂纹失稳扩展的条件，这种方法能清楚地揭示断裂韧性的物理意义。

如图2.17所示，设厚度为一个单位的无限宽薄板上存在长度为$2a$的裂纹，该板受均匀单向应力σ作用而使裂纹伸长。

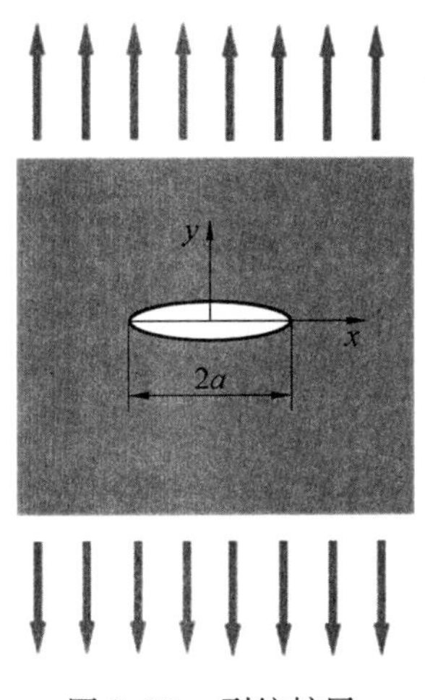

图2.17　裂纹扩展

按照Griffith弹性理论计算，裂纹伸长到$2a$时释放出来的弹性应变能为

$$W_2 = -\frac{\pi\sigma^2 a^2}{E} \tag{2.23}$$

式中，E为材料的弹性模量；负号表示物体的能量在减小。

另外,裂纹扩展时表面增大,表面能增加,令 γ 为单位表面上的表面能,则当形成 $2a$ 长度的裂纹时,由于裂纹有两个表面,故增加的表面能为

$$W_1 = 4a\gamma \tag{2.24}$$

此时,物体中总能量变化为

$$W_1 + W_2 = 4a\gamma - \frac{\pi\sigma^2 a^2}{E} \tag{2.25}$$

当裂纹达到临界长度 $2a_c$ 时,有

$$\frac{\partial}{\partial a}(W_1 + W_2) = \frac{\partial}{\partial a}\left(4a\gamma - \frac{\pi\sigma^2 a^2}{E}\right) = 0 \tag{2.26}$$

由此可求出裂纹达到临界长度 $2a_c$ 时,裂纹体的断裂强度 σ_c 为

$$\sigma_c = \left(\frac{2E\gamma}{\pi a}\right)^{\frac{1}{2}} \tag{2.27}$$

式(2.27)就是在平面应力条件下发生裂纹失稳扩展的条件。类似地,也可以导出在平面应变条件下,发生失稳扩展的条件是

$$\sigma_c = \left[\frac{2E\gamma}{\pi a(1 - \mu^2)}\right]^{\frac{1}{2}} \tag{2.28}$$

Griffith 公式建立在理想脆性材料基础上,脆性材料的塑性变形有限,表面能和断裂能的差别不大,Grifftih 公式有效。而对于金属和聚合物而言,裂纹扩展时,裂纹前端不可避免地发生塑性变形,Orowan 认识到这一事实,提出裂纹扩展除了要克服表面能以外,还要克服塑性变形做功 U_p 所造成的阻力,因此对这些材料的格里菲斯判据应写成

$$\sigma_c = \left[\frac{2E(\gamma + U_p)}{\pi a}\right]^{\frac{1}{2}} \quad (\text{平面应力状态}) \tag{2.29}$$

$$\sigma_c = \left[\frac{2E(\gamma + U_p)}{\pi a(1 - \mu^2)}\right]^{\frac{1}{2}} \quad (\text{平面应变状态}) \tag{2.30}$$

当裂纹扩展单位面积时系统所提供的弹性能 $\frac{\partial W_2}{\partial A}$ 是裂纹扩展的动力,称为裂纹扩展力或裂纹扩展时的能量释放率,以 G_{I} 表示。能量释放率与外加应力、试样尺寸和裂纹长度有关。在平面应力状态下,G_{I} 为

$$G_{\mathrm{I}} = -\frac{\partial W_2}{\partial A} = -\frac{\partial}{\partial(2a)}\left(-\frac{\pi a^2\sigma^2}{E}\right) = \frac{\pi\sigma^2 a}{E} \tag{2.31}$$

在临界状态下裂纹扩展的能量释放率记作 G_{Ic},即

$$G_{\mathrm{Ic}} = \frac{\pi\sigma^2 a}{E} = 2\gamma \tag{2.32}$$

式(2.32)表示的仍是平面应力状态下裂纹失稳扩展的能量释放率，它等于裂纹临界扩展的阻力。$G_{\mathrm{I}c}$越大，材料抵抗裂纹的能力越强，故$G_{\mathrm{I}c}$是材料抵抗裂纹失稳扩展的量度，也称材料的断裂韧性。

对于塑形材料，式(2.32)要考虑断裂过程的塑性变形能，故该公式中的γ要修正为$(\gamma + U_p)$，即

$$G_{\mathrm{I}c} = 2(\gamma + U_p) \tag{2.33}$$

3. 应力强度因子法

在线弹性断裂力学中，应力强度因子法无法接近裂纹顶端的力学状态。当构件中存在缺陷时，缺陷附近将产生应力集中。求得裂纹尖端附近区域的应力和位移分布，特别是接近裂纹尖端时应力变化的趋势，就能得到裂纹扩展的判据。仍以无限宽板中有长度为$2a$的贯穿裂纹情况为例，若远方受到与裂纹表面垂直的均匀拉应力σ的作用，以裂纹右端为极点和原点坐标，裂纹尖端O点附近极坐标为(r,θ)的一点A在板平面内的应力分量为σ_x、σ_y和τ_{xy}，裂纹尖端附近弹性应力、位移分布为

$$\begin{cases} \sigma_x = \dfrac{K_{\mathrm{I}}}{\sqrt{2\pi r}}\cos\dfrac{\theta}{2}\left(1 - \sin\dfrac{\theta}{2}\sin\dfrac{3\theta}{2}\right) \\ \sigma_y = \dfrac{K_{\mathrm{I}}}{\sqrt{2\pi r}}\cos\dfrac{\theta}{2}\left(1 + \sin\dfrac{\theta}{2}\sin\dfrac{3\theta}{2}\right) \\ \tau_{xy} = \dfrac{K_{\mathrm{I}}}{\sqrt{2\pi r}}\sin\dfrac{\theta}{2}\cos\dfrac{\theta}{2}\cos\dfrac{3\theta}{2} \\ u = \dfrac{K_{\mathrm{I}}}{4G}\sqrt{\dfrac{r}{2\pi}}\left[(2k-1)\cos\dfrac{\theta}{2} - \cos\dfrac{3\theta}{2}\right] \\ v = \dfrac{K_{\mathrm{I}}}{4G}\sqrt{\dfrac{r}{2\pi}}\left[(2k+1)\sin\dfrac{\theta}{2} - \sin\dfrac{3\theta}{2}\right] \end{cases} \tag{2.34}$$

式中，G为切变模量。

在式(2.34)的应力、位移分量表达式中，有一个共同的因子K_{I}(下标Ⅰ表示张开型裂纹)，各分量将随常数因子K_{I}按同一比例增减。常数因子K反映了裂纹尖端应力场强弱程度，是描述应力场强弱程度的重要力学参量，称为应力强度因子。式(2.34)在r很小的裂纹尖端附近才成立。在数学上，应力强度因子K可定义为

$$K = \lim_{r \to 0}\sqrt{2\pi r} \tag{2.35}$$

应力强度因子K是载荷类型和大小、受力物体形状尺寸、裂纹位置和长短等的函数，求得应力强度因子K，就可求得裂纹尖端任意点的应力和

位移分量，它是决定低应力作用下裂纹是否发生失稳扩展的一个物理量。应力强度因子的表达式可用力学分析方法、试验标定法、数值计算法来确定，也可以查找有关手册获得。Irwin 用 Westergard 方法分析表明，对于 I 型裂纹，应力强度因子具有如下表达式：

$$K_{\mathrm{I}} = \sigma\sqrt{\pi a} \tag{2.36}$$

式中，σ 为按无裂纹计算的外加名义应力；a 为裂纹半长。

应力强度因子随 σ、a 等因素而变化，当 K_{I} 增大到临界值 K_{Ic} 时，裂纹将产生突然的失稳扩展。K_{Ic} 是材料低应力脆断的判据，称为断裂韧性。断裂韧性反映材料抵抗裂纹失稳扩展的能力，根据裂纹尖端应力强度因子可判定裂纹是否发生，建立应力强度因子判据：

$$K_{\mathrm{I}} = K_{\mathrm{c}} \tag{2.37}$$

其次，还需测试所用材料的断裂韧度 K_{c}。由于 I 型加载是最危险的形式，一般测试时都用 I 型加载，这样得到的临界应力强度因子称为断裂韧度，用 K_{Ic} 表示。

4. 应力强度因子 K_{I} 和裂纹扩展力 G_{I} 的关系

按照能量率释放法和应力强度因子法，分别给出两个表征裂纹扩展的物理量，这两个参量的推导都在无限宽板上有一长为 $2a$ 的贯穿性裂纹，在裂纹远处受正应力 σ 作用的条件下推导出来。裂纹尖端的应力强度因子为

$$K_{\mathrm{I}} = \sigma \cdot (\pi a)^{\frac{1}{2}} \tag{2.38}$$

能量释放率为

$$G_{\mathrm{I}} = \frac{\pi\sigma^2 a}{E} \tag{2.39}$$

对比 K_{I} 和 G_{I} 的表达式，可知在平面应力情况下：

$$G_{\mathrm{I}} = \frac{K_{\mathrm{I}}^2}{E} \tag{2.40}$$

则在平面应变条件下：

$$G_{\mathrm{I}} = \frac{1-\mu^2}{E} \cdot K_{\mathrm{I}}^2 \tag{2.41}$$

式(2.40)和式(2.41)虽然是由带裂纹的无限宽板推导得出的，但对于一般含裂纹体也适用。

在临界失稳状态下，有

$$G_{\mathrm{Ic}} = \frac{K_{\mathrm{Ic}}^2}{E} \quad (\text{平面应力状态}) \tag{2.42}$$

$$G_{\mathrm{Ic}} = \frac{1-\mu^2}{E} \cdot K_{\mathrm{Ic}}^2 \quad \text{(平面应变状态)} \tag{2.43}$$

K_{Ic} 和 G_{Ic} 都是材料的固有属性。对一般金属材料来说,在裂纹扩展前,或多或少会在裂纹尖端形成塑性区。因此,一般的断裂条件满足式(2.44),式中这两种方法是可以等效的。

$$G_{\mathrm{I}} \geqslant G_{\mathrm{Ic}} \quad \text{或} \quad K_{\mathrm{I}} \geqslant K_{\mathrm{Ic}} \tag{2.44}$$

2.2.3 无损评价技术涉及的其他学科理论

2.2.3.1 热学

自然界中与冷热有关的现象随处可见,冷热不同的两个物体相互接触之后就会产生热量(能量)的传递,随着冷热程度的变化,物体的长度和体积都要变化,其变化受到约束使内部产生应力,即热应力。随着冷热程度的变化,物体的集聚状态也要变化。热学就是研究自然界中与温度变化有关的热现象的科学,它研究有关热现象的规律、应用及其微观本质。热学研究内容包括传热学和热力学两部分。

1. 传热学

传热学是研究热量传递规律的科学。在机械制造领域,由于工件在制造工艺中的加热、冷却、熔化和凝固都与热量传递紧密相关,因此传热学有它特殊的重要性。工件温度场的测算和控制,不同工作条件、不同材料性质及几何形状对工件温度场变化的影响,工艺中缺陷的分析和防止,无不受到热量传递规律的制约,传热学在保证工艺实施、提高产品质量和产量等方面起着关键作用。例如,铸造工艺中,分析金属与铸型在不同条件下热量传递的特点,铸件温度场的确定及其影响因素,讨论金属包括液态金属及砂型的热物理性质,研究温度分布在金属收缩规律中的作用以及热裂、热应力变形、冷裂等缺陷的成因与防止途径等,这些内容都构建在传热学基础之上。

在无损检测技术中,有一门类的热学方法是利用工件表面热量的变化来研究应力变形或进行缺陷生成分析。根据工件产生热量的途径不同,这类热学检测方法可以分为两种:一种是工件在工况环境下受力或热的负荷作用而自身生热;另一种则是外加激励使热量输入到工件中,根据热量在工件内部的分布特征来研究工件的缺陷位置及大小。无论工件主动生热还是被动生热,传热学都是这一门类检测方法的物理基础。

按物体温度是否随时间变化,热量传递过程可分为稳态过程(又称定常过程)与非稳态过程(又称非定常过程)两大类。凡是物体中各点温度不随时间改变的热传递过程均称为稳态热传递过程;反之,则称为非稳态热传递过程。各种物体在持续不变的运行工况下经历的热传递过程属于稳态过程,而物体在加热、冷却、熔化和凝固情况下经历的热传递过程则属于非稳态过程。

热传递有3种基本方式:导热、对流和热辐射。

(1) 导热。

物体各部分之间不发生相对位移时,依靠分子、原子及自由电子等微观粒子的热运动进行热量传递,称为导热。通过对实践经验的提炼,导热现象的规律已经总结为傅里叶定律。

考查图2.18所示的通过平板的一维导热。平板的两个表面均维持各自的均匀温度,这是个一维导热问题。对于x方向上任意一个厚度为dx的微元层,根据傅里叶定律,单位时间内通过该层的导热热量,与当地的温度变化率及平板截面面积A成正比,即

$$\Phi = qA = -\lambda A \frac{dt}{dx} \tag{2.45}$$

式中,Φ为热流量,是单位时间内通过某一给定面积的热量;单位时间内通过单位面积的热量称为热流密度,记为q;λ为导热系数(又称热导率),表示物体导热能力的大小,它代表每单位温度所传导的热流密度值,负号代表热量传递方向与温度升高方向相反。不同物质的λ值以金属为最大,非金属固体次之,液体更次之,气体为最小。

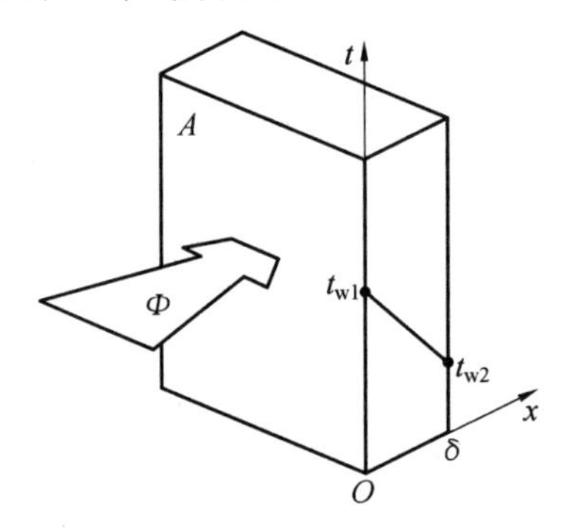

图2.18　通过平板的一维导热

傅里叶定律按热流密度形式表示为

$$q = \frac{\Phi}{A} = -\lambda \frac{dt}{dx} \frac{W}{m^2} \tag{2.46}$$

式(2.45)和式(2.46)是一维稳态导热时傅里叶定律的数学表达式。

傅里叶定律用文字表述是:在导热现象中,单位时间内通过给定截面的热量,正比于垂直于该截面方向上的温度变化率和截面面积。它是导热现象规律性的经验总结。

傅里叶定律表明,导热热量与温度梯度有关,所以研究导热必然涉及物体的温度分布。一般来讲,物体的温度分布是坐标和时间的函数,即

$$t = f(x, y, z, \tau) \tag{2.47}$$

式中,x、y、z 为空间直角坐标;τ 为时间坐标。

导热现象的产生是由于物体各处存在温度差。两个状态点的温度差越大,传导的热量越多。理解物体各处的导热,需要了解物体各处的温度场分布。与重力场、速度场一样,温度场是存在于物体中时间和空间上的温度分布,它是各个瞬间物体中各点温度分布的总称。当物体各点的温度随时间改变时,称为非稳态温度场(或非定常温度场)。工件在加热或冷却过程中都具有非稳态温度场。当物体各点的温度不随时间变动时,温度场的表达式简化为

$$t = f(x, y, z) \tag{2.48}$$

这种温度场称为稳态温度场(或定常温度场),具有稳定温度场的导热称为稳定导热;反之,具有不稳定温度场的导热称为不稳定导热。当空间的温度随着空间的3个坐标变化时,称为三维温度场,此时沿着3个方向(x, y, z)进行热量传递,称为三维导热过程。

温度场有不同的表示方法。物体中同一瞬间由所有相同温度的点连接所构成的面称为等温面。等温面与某一平面的交线称为等温线。两条不同温度的等温线永远不能相交。热量是沿着等温面的法线方向来传导的。在等温面的法向方向上,距离相同时,温度相差越大,传导的热量越多。沿等温面法线方向温度变化的大小,可以用单位法线距离上的温度差来表示。两个非常接近的等温面的温度变化率称为温度梯度。温度梯度是一个向量,正向朝着温度增加方向。

对于一维稳态导热问题,直接对傅里叶定律的表达式进行积分就可获得解答。其他导热问题的情况则较为复杂,虽然傅里叶定律仍然适用,但是还必须解决不同坐标方向间导热关系的相互联系问题。这时,导热问题的数学描述必须针对从物体中分割出来的微元平行六面体做分析才能得到。这种数学描述称为导热微分方程式。它的建立,除了依靠傅里叶定律之外,还以能量守恒定律为基础。

导热微分方程式是描述导热过程共性的数学表达式,对于任何导热过程,不论是稳态的还是非稳态的,一维的还是多维的,导热微分方程都是适

用的。可以说导热微分方程式是求解一切导热问题的出发点。

在一般情况下,按照能量守恒定律,微元体的热平衡式可以表示为下列形式:导入微元体的总热流量 + 微元体内热源的生成热 = 微元体内能的增量 + 导出微元体的总热流量。

导入及导出微元体的总热流量,可从傅里叶定律推出。导热微分方程式的一般形式为

$$\frac{\partial t}{\partial \tau} = \frac{\lambda}{\rho c}\left(\frac{\partial^2 t}{\partial x^2} + \frac{\partial^2 t}{\partial y^2} + \frac{\partial^2 t}{\partial z^2}\right) + \frac{\Phi}{\rho c} \tag{2.49}$$

式中,$\frac{\lambda}{\rho c}$ 为热扩散率(又称导温系数)。

式(2.49)是导热微分方程的一般形式,对稳态、非稳态问题及有无内热源的问题都可适用。稳态问题及无内热源的问题都是上述微分方程式的特例。

(2)对流。

对流是指流体各部分之间发生相对位移,冷热流体相互掺混所引起的热量传递方式。对流只能发生在流体中,且必然伴随着导热。工程上常遇到的不是单纯的对流方式,而是流体流过另一物体表面时对流和导热联合起来作用的方式,称为对流换热,以区别于单纯对流。

对流换热的基本计算公式是牛顿冷却公式,即

$$\begin{aligned} q &= h(t_w - t_f) \quad (\text{流体被加热时}) \\ q &= h(t_f - t_w) \quad (\text{流体被冷却时}) \end{aligned} \tag{2.50}$$

式中,q 为热流密度;t_w、t_f 分别为壁面温度和流体温度;h 为表面传热系数,又称换热系数。

牛顿冷却公式只是表面传热系数 h 的定义式,它没有揭示出表面传热系数与影响它的物理量之间的内在联系。要揭示这种内在联系就需要求解表面传热系数 h 的表达式。

求解表面传热系数 h 的表达式有两个基本途径:一是分析解法;二是应用相似原理或量纲分析法,将为数众多的影响因素归并成为数不多的几个无量纲准则,再通过试验确定 h 的准则关联式。

对流换热是流动着的流体与固体壁面间的热量交换。因此,影响流动的因素以及影响流体导热的因素都是影响对流换热的因素。具体包括:流动的动力;被流体冲刷的换热面的几何形状和布置;流体的流动状态以及流体的物理性质,即动力黏度 μ、比热容 c、密度 ρ 及热导率 λ 等。

对流换热微分方程组一般包括:换热微分方程,能量微分方程,x、y、z

方向的动量微分方程及连续性微分方程，共计 6 个方程。

① 换热微分方程。

以贴壁处热量传递的机理来阐述换热微分方程式的实质。当黏性流体在壁面上流动时，受其黏性作用，在靠近壁面的地方流速逐渐减小，而在贴壁处流体将被滞止而处于无滑移状态。换句话说，在贴壁处流体没有相对于壁面的流动，在流体力学中称为贴壁处的无滑移边界条件。贴壁处这一极薄的贴壁流体层相对于壁面是不流动的，壁面与流体间的热量传递必须穿过这个流体层，而穿过不流动流体的热量传递方式只能是导热。因此，对流换热量就等于穿过贴壁流体层的导热量。将傅里叶定律应用于贴壁流体层可得

$$Q = -\lambda A \frac{\partial t}{\partial y} \tag{2.51}$$

式中，$\frac{\partial t}{\partial y}$为贴壁处流体的法向温度变化率；$\lambda$ 为流体的热导率；A 为换热面积。将牛顿冷却公式(2.50) 与式(2.51) 联立求解，即得换热微分方程：

$$h = -\frac{\lambda}{\Delta t}\frac{\partial t}{\partial y} \tag{2.52}$$

换热微分方程把表面传热系数 h 与流体的温度场联系起来。式(2.52) 表明，表面传热系数 h 的求解有赖于流体温度场的求解。

② 能量微分方程。

将导热微分方程的过程引申到流体有流动的问题。仍以微元体为分析对象并假定流体是常物性的。将非稳态的无内热源问题，引申到有流动的场合，经过推导获得能量微分方程：

$$\frac{\partial t}{\partial \tau} + u\frac{\partial t}{\partial x} + v\frac{\partial t}{\partial y} + w\frac{\partial t}{\partial z} = \frac{\lambda}{\rho c}\left(\frac{\partial^2 t}{\partial x^2} + \frac{\partial^2 t}{\partial y^2} + \frac{\partial^2 t}{\partial z^2}\right) \tag{2.53}$$

当流体不流动时，$u = v = w = 0$，式(2.53) 退化成为无内热源的导热微分方程。能量微分方程中包括对流项 $u(\partial t/\partial x)$、$v(\partial t/\partial y)$、$w(\partial t/\partial z)$，有助于理解对流换热是对流与导热两种基本热量传递方式的联合作用。流动着的流体除导热外，还能依靠流体的宏观位移来传递热量。

③x、y、z 方向的动量微分方程。

依据牛顿第二定律推导动量微分方程，即作用于微元体上所有外力之和等于惯性力(即质量乘以加速度)。对于不可压缩黏性流体，在稳态、常物性场合，动量微分方程推导为

$$\begin{cases} x\text{ 方向}:\rho\left(u\dfrac{\partial u}{\partial x}+v\dfrac{\partial u}{\partial y}+w\dfrac{\partial u}{\partial z}\right)=-\rho g_x\alpha_v\Delta t+\mu\nabla^2u \\ y\text{ 方向}:\rho\left(u\dfrac{\partial v}{\partial x}+v\dfrac{\partial v}{\partial y}+w\dfrac{\partial v}{\partial z}\right)=-\rho g_y\alpha_v\Delta t+\mu\nabla^2v \\ z\text{ 方向}:\rho\left(u\dfrac{\partial w}{\partial x}+v\dfrac{\partial w}{\partial y}+w\dfrac{\partial w}{\partial z}\right)=-\rho g_z\alpha_v\Delta t+\mu\nabla^2w \end{cases} \tag{2.54}$$

式中，等号左边的因式代表惯性力；等号右边第一项因式代表浮升力；g_x、g_y、g_z 分别为 x、y、z 方向的重力加速度；α_v 为体胀系数；等号右边第二项因式代表黏滞力；μ 为动力黏度。

④ 连续性微分方程。

推导连续性微分方程的依据是质量守恒定律，即在单位时间内，净流入微元体的质量等于微元体内质量的增量。对于不可压缩黏性流体在稳态、常物性场合下，连续性微分方程为

$$\frac{\partial u}{\partial x}+\frac{\partial v}{\partial y}+\frac{\partial w}{\partial z}=0 \tag{2.55}$$

（3）热辐射。

物体通过电磁波传递能量的方式称为辐射。物体会因各种原因发出辐射能，其中由热的原因发出辐射能的现象称为热辐射。自然界中各个物体都不停地向空间发出热辐射，同时又不断地吸收其他物体发出的热辐射。发出与吸收过程的综合效果造成了物体间以辐射方式进行的热量传递，即辐射换热。当物体与周围环境处于热平衡时，辐射换热量等于零，但这是动态平衡，发出与吸收辐射的过程仍在不停地进行。

热辐射可以在真空中传播，而导热及对流两种传递热量的方式只有在物质存在的前提下才能实现。这是热辐射区别于导热及对流，是另一种独立的基本热量传递方式的证明。当两个物体被真空隔开时，导热与对流都不会发生，只能进行辐射换热。辐射换热区别于导热及对流的另一个特点是，它不仅产生能量的转移，而且还伴随着能量形式的转化，即发射时热能转换为辐射能，而被吸收时又将辐射能转换为热能。

热辐射的基本定律包含普朗克定律、斯忒藩 - 玻耳兹曼定律和基尔霍夫定律。

① 普朗克定律。

普朗克定律揭示了黑体辐射能量按波长的分布规律，即黑体单色辐射力的具体函数为$E_{b\lambda}=f(\lambda,T)$。根据量子理论推导的普朗克定律有如下数学表达式：

$$E_{b\lambda}=\frac{C_1\lambda^{-5}}{e^{\frac{C_2}{\lambda T}}-1} \tag{2.56}$$

式中,λ 为波长,m;T 为黑体的热力学温度,K;e 为自然对数的底;C_1 为常数,其值为 $3.741\ 77\times10^{-16}$ W·m²;C_2 为常数,其值为 $1.438\ 77\times10^{-2}$ m·K;E 为辐射力;E_b 为黑体辐射力;E_λ 为光谱辐射力;$E_{b\lambda}$ 为普朗克定律适用黑体和光谱两种辐射力。

按照普朗克定律,在热辐射有实际意义的区段内,单色辐射力先随着波长的增加而增大,过峰值后则随波长的增加而减小。

② 斯忒藩 - 玻耳兹曼定律。

在热辐射的分析计算中,确定黑体的辐射力是至关重要的。斯忒藩 - 玻耳兹曼定律揭示了黑体辐射力正比于其热力学温度的四次方的规律,故又称四次方定律,它是将普朗克定律代入辐射力与辐射关系式中进行积分而获得。黑体辐射力表达式为

$$E_b=\sigma_b T^4 \tag{2.57}$$

式中,σ_b 为黑体辐射常数,其值为 5.67×10^{-8} W/(m²·K⁴)。

为了高温时计算方便,通常把式(2.57)改写成如下形式:

$$E_b=\sigma_b\left(\frac{T}{100}\right)^4 \tag{2.58}$$

③ 基尔霍夫定律。

在辐射换热计算中,不仅要计算物体表面向外辐射的能量,还要计算物体对投来辐射的吸收。基尔霍夫定律就是回答物体的辐射和吸收之间内在联系的问题,它揭示了物体的辐射力与吸收比之间的理论关系。

$$\frac{E_1}{\alpha_1}=\frac{E_2}{\alpha_2}=\frac{E_3}{\alpha_3}=\cdots=\frac{E}{\alpha}=E_b \tag{2.59}$$

基尔霍夫定律的数学表达式可表述为:任何物体的辐射力与它对来自同温度黑体辐射的吸收比的比值,该比值仅取决于温度。从基尔霍夫定律可以得出如下重要推论:

a. 在相同温度下,一切物体的辐射力以黑体的辐射力为最大。

b. 物体的辐射力越大,其吸收比也越大。换句话说,善于辐射的物体必善于吸收。

需要指出,上述基尔霍夫定律推导中的两个约束条件,即只在热平衡状态下适用和投入辐射限于黑体辐射,不能满足换热计算的要求。在大量换热计算中涉及的恰恰是热不平衡状态以及非黑体的投入辐射。

2. 热力学

热力学是由物理学中的热学发展而成的学科，是研究热能与其他形式能量（如机械能、化学能、电能）等互相转换规律的科学。它不考虑物质的微观结构，而是以从大量的实践中总结出来的有关热现象的最普遍的宏观规律为基础，由能量转化与守恒的观点出发，研究物质的状态以及在状态变化过程中一些有关的宏观物理量之间的关系。这种方法建立起来的有关热现象的理论称为热力学。热力学是热现象的宏观理论。

工程热力学是热力学的一个分支，它研究热能与机械能互相转化的规律。工程热力学的理论基础就是两个基本定律，即热力学第一定律和热力学第二定律。再结合热力机械常用的工质的热力学性质，分析计算各种热力过程和循环的热量、功量，分析研究提高热力机械效率的方式方法。热力学定律是人类从大量生产实践中总结出来的。

（1）热力学第一定律。

系统从一个平衡状态达到另一个平衡状态的过程中，热力学能的增量等于系统从外界吸收的热量与外界对系统所做的功之和，这一结论称为热力学第一定律。

$$\Delta U = Q + W \tag{2.60}$$

热力学第一定律只规定了系统的初态和末态是平衡态，变化过程中所经历的各态并不要求是平衡态。即式(2.60)对准静态过程或非准静态过程都成立。如果系统经过一个无限小的过程从某一平衡态过渡到另一邻近的平衡态，则热力学第一定律可写成微分形式，即

$$\mathrm{d}U = \partial Q + \partial W \tag{2.61}$$

因为功 W 和热量 Q 都是与过程性质有关的量，而不是系统的静态函数，所以式(2.61)中 ∂Q 和 ∂W 不代表全微分，而只是表示在此无限小过程中系统从外界吸收的无限小的热量和外界对系统所做的微量功。

热力学第一定律是能量转化与守恒定律的最普遍形式，在工程热力学中，热力学第一定律可以表述为：热可以变为功，功也可以变为热。一定热量的消失，必产生与之数量相当的功；消耗一定量的功时，也必出现相应数量的热。在自然界中，只有遵守能量守恒定律的变化过程才可能发生；相反，一切不遵守能量守恒的过程不可能发生。

（2）热力学第二定律。

自然界中一切自发过程的单向性反映了事物发展的另一条规律，而这条规律不是热力学第一定律所能概括的，这就需要引入热力学第二定律。热力学第二定律有两种表述方式，一种是开尔文表述：不可能从单一热源

吸收热量将它全部转变成有用功而不产生其他影响。另一种是克劳修斯表述:不可能把热量从低温物体传递到高温物体而不产生其他影响,或热量不可能自动从低温物体传递到高温物体。

热力学第二定律虽然有上述两种表述,但揭露的本质是相同的,彼此间等效。使用时根据需要来选择。热力学第二定律指出了自然界中哪些过程会自发进行,哪些过程不会自发进行,过程发生后将向哪个方向变化以及变化的限度。热力学第二定律是探讨过程进行方向问题的,独立于热力学第一定律,它是自然界的普遍规律之一,与热力学第一定律一起构成整个热力学理论的基础。

2.2.3.2　电磁学

现代电磁学的发展与现代基础科学理论和新兴尖端技术都有着极为密切的联系。当前正在全世界范围内兴起的新技术革命浪潮,既需要电磁学提供新的理论基础,又要为电磁学开拓新的广阔领域。

电磁学研究的是磁现象。磁现象的发现、应用和研究都有悠久的历史,同时,新的磁现象、磁应用和磁学理论还在不断涌现。磁现象的早期应用仅限于永磁材料,用来确定方向(指南针)、产生磁力和磁场。在电磁感应现象发现和应用以后,制造发电机、电动机和变压器,开始采用导磁的软磁材料。电子学和高频无线电技术的发展,推动了非金属磁性材料,特别是铁氧体的研究和应用。随着雷达、导航和微波通信的出现,促进了微波磁性材料的发展,而计算机技术的发展,促进了磁存储材料,包括磁矩材料、磁记录材料和磁泡材料等的发展。激光和光电子学的发展,对磁光材料提出了挑战。从某种意义上说,许多新兴技术的开拓和发展,都伴随着磁学研究和应用领域的扩大,磁学是现代文明的基础。

传统磁现象主要是宏观磁现象和性能的研究,大都属于唯象的探讨。通过对大量物质磁性的测量,发现了抗磁、顺磁和铁磁 3 类磁性,顺磁物质的居里定律和铁磁物质的磁滞现象。对铁磁现象的解释也仅限于唯象的分子场和磁畴假说。随着原子结构、量子力学理论和微观结构分析方法的发展,已能逐渐把宏观磁现象建立在微观结构的试验和理论分析基础上,阐明宏观磁性与微观结构的关系。

1. 材料与磁场相互作用的效应

物质的宏观磁性来自它内部电子的磁性,按照不同物质磁化率 x 的不同,可将物质分为 5 种不同的类型:抗磁性物质、顺磁性物质、铁磁性物质、反铁磁性物质和亚铁磁性物质等。

（1）抗磁性物质。

抗磁性物质是19世纪后半叶发现并进行研究的一类弱磁性物质。该类物质磁化率$x < 0$，它在外磁场中产生的磁化强度与磁场的方向反向。其次，这类物质的磁化率绝对值非常小，仅为$10^{-7} \sim 10^{-6}$。典型抗磁物质的磁化率x不随温度的变化而变化。

惰性气体（He、Ne、Ar、Kr、Xe）、某些金属（如Bi、Zn、Ag、Mg）、某些非金属（如Si、P、S）、水以及许多有机化合物都属于抗磁性物质。

（2）顺磁性物质。

顺磁性物质的主要特点是$x > 0$，并且x的数值很小（一般为$10^{-6} \sim 10^{-5}$）。多数顺磁性物质的磁化率x随温度升高而下降。

某些铁族金属（如Sc、Ti、Ba、Cr）、某些稀土金属（如La、Ce、Pr、Nd、Sm）、某些过渡元素的化合物（如$MnSO_4 \cdot 4H_2O$）、金属Pa、Pt以及某些气体（如O_2、NO、NO_2）都属于顺磁性物质。

一些碱金属（如Li、Na、K）等也属于顺磁性物质，但其x值比一般顺磁性物质小，且基本与温度无关。它们产生顺磁性的机理和前者不同。

（3）铁磁性物质。

铁磁性物质是最早研究并得到应用的一类强磁性物质。金属Fe、Co、Ni、Gd以及这些金属与其他元素的合金（如Fe－Si合金）、少数铁族元素的化合物（如CrO_2、$CrBr_3$）、少数稀土元素的化合物（如EuO、$GdCl_3$等）均属于铁磁性物质。

（4）反铁磁性物质。

反铁磁性物质也是一类弱磁性物质。在宏观磁性上，$x > 0$，x的数值为$10^{-5} \sim 10^{-3}$，有些类似顺磁性。与顺磁性最主要的区别在于：在$x - T$关系曲线上x出现极大值。极大值所对应的温度为一临界温度（奈尔温度）。当温度低于奈尔温度时，为反铁磁性的磁有序结构（晶格中，近邻离子磁矩反平行）。当温度高于奈尔温度时，变为顺磁性。

过渡金属的氧化物、卤化物和硫化物（如MnO、FeO、CoO、NiO、Cr_2O_3、MnF_2、FeF_2、$FeCl_2$、$CoCl_2$、$NiCl_2$、MnS等）均属于反铁磁物质。

（5）亚铁磁性物质。

亚铁磁性物质是在1930～1940年被集中研究并加以应用的一类强磁性物质。在宏观磁性上，它类似于铁磁性：①$x > 0$，且x数值较大（$10^{-1} \sim 10^{4}$）；②x是$\boldsymbol{H}$和T的函数并与磁化历史有关；③存在着临界温度——居里温度（T_c），当$T < T_c$时为亚铁磁性；当$T > T_c$时为顺磁性。其在亚铁性磁结构又类似于反铁磁性：近邻离子的磁矩反向。所不同的是，近邻离子的磁矩大小不同。各种类型的铁氧体材料均属于亚铁磁性物质，其中常见的有尖晶石型铁氧体、磁铅石型铁氧体、石榴石型铁氧体和钙钛石型铁氧体等。

2. 铁磁材料的基本特征

电磁无损检测技术最适用的材料就是铁磁性材料,在电磁学基础中有必要介绍铁磁材料所具有的基本特征。铁磁性物质最基本的特征是临近原子内的磁矩由于内部相互作用而具有相同的方向。即使没有外磁场,在铁磁物质内部也形成了若干原子磁矩取向相同的区域(磁畴),只是由于各个磁畴的磁矩取向紊乱,因此不显示磁性。在宏观磁性上,铁磁性物质具有以下特征。

(1) 具有高的饱和磁化强度。

具有高的饱和磁化强度是一切铁磁性物质的共同特点。铁的饱和磁化强度为 1.707×10^6 A/m,钴的饱和磁化强度为 1.430×10^6 A/m,饱和磁化强度高,当其磁化饱和后能在内部形成非常高的磁通量密度。大多数铁磁材料在不太强的磁场中($10^3 \sim 10^4$ A/m) 就可以磁化到饱和状态。

(2) 存在铁磁性消失的温度 —— 居里温度。

所有铁磁性材料都存在铁磁性消失的温度,称为居里温度。当温度低于居里温度时,材料呈现铁磁性;当温度高于居里温度时,材料呈现顺磁性。居里温度是铁磁性物质由铁磁性转变为顺磁性的临界温度。并且当温度通过居里点时,材料的物理量表现出反常行为,如比热突变、热膨胀系数突变、电阻的温度系数突变等。

(3) 存在磁滞现象。

在反磁化过程中,磁化强度的变化总是落后于磁场的变化,这种现象称为磁滞现象。铁磁质的磁化规律(研究 $\boldsymbol{M}$ 和 $\boldsymbol{H}$ 或 $\boldsymbol{B}$ 和 $\boldsymbol{H}$ 之间的依赖关系) 具有以下共同特点(图 2.19)。

① 起始磁化曲线。

如图2.19(a) 所示,假设磁介质在磁化场 $\boldsymbol{H} = 0$ 时处于未磁化状态,在 $\boldsymbol{M} - \boldsymbol{H}$ 的曲线上该状态相当于坐标原点 O,在逐渐增加磁化场 $\boldsymbol{H}$ 的过程中,$\boldsymbol{M}$ 随之增加。开始 $\boldsymbol{M}$ 增加的较缓慢(OA 段),然后经过一段急剧增加的过程(AB 段),又缓慢下来(BC 段)。再继续增大磁场时,$\boldsymbol{M}$ 几乎不再变了(CS 段)。这时介质的磁化已趋近饱和。从未磁化到饱和磁化的这段磁化曲线 OS 称为铁磁质的起始磁化曲线。

② 磁滞回线。

当铁磁质的磁化达到饱和以后,如果将磁化场去掉,介质的磁化状态并不恢复到原来的起点 O,而是保留一定的磁性,反映在图 2.19(b) 的 SR

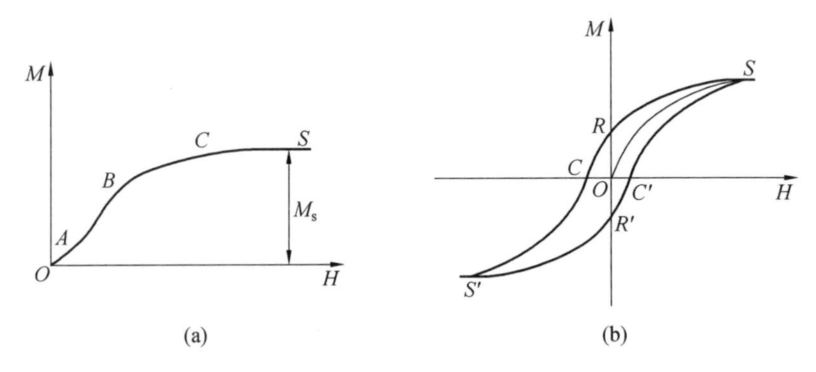

图2.19　铁磁质的起始磁化曲线和磁滞回线

段。这时的磁化强度$\boldsymbol{M}$称为剩余磁化强度(OR)。如果要使介质的磁化强度减小到零,必须加一个反方向的磁场且大到一定程度,介质才完全退磁($\boldsymbol{M}=0$的状态)。使介质完全退磁所需要的反向磁化场的大小,称为这种铁磁质的矫顽力(图中OC)。从具有剩磁状态到完全退磁状态的这一段曲线RC,称为退磁曲线。介质退磁后,如果反方向的磁化场的数值继续增大,介质将沿相反的方向磁化($\boldsymbol{M}<0$),直到饱和(曲线的CS'段)。一般来说,反向的饱和磁化强度的数值与正向磁化一样。此后若使反方向的磁化场数值减小到0,然后又沿正方向增加,介质的磁化状态将沿$S'R'C'S$回到正向饱和磁化状态S。曲线$S'R'C'S$和$SRCS'$对于坐标点O是对称的。由此可以看出,当磁化场在正负两个方向上往复变化时,介质的磁化过程经历着一个循环。闭合曲线$SRCS'R'C'S$称为铁磁质的磁滞回线,上述现象称为磁滞现象。

(4)大多数铁磁性物质具有一定的晶体结构并存在磁晶各向异性。

当磁场加在不同的晶轴方向时磁化曲线的形状不同,在某些晶轴方向晶体容易磁化,在另一些晶轴方向不容易磁化,这种现象称为磁晶各向异性。磁晶各向异性的强弱由磁晶各向异性的常数决定,磁晶各向异性常数是影响磁性材料磁导率、剩余磁化强度和矫顽力的重要因素,也是表征铁磁性材料的重要参量。

(5)存在磁致伸缩。

铁磁性物质在磁化过程中伴随着磁化状态的变化而产生的长度和体积的变化称之为磁致伸缩。它的逆效应称为压磁效应。压磁效应是磁记忆现象的物理基础。体积的磁致伸缩是很小的,通常指的是线磁致伸缩。线磁致伸缩的大小由伸缩系数来表示,它被定义为磁化前后长度的相对变化$(L-L_0)/L_0$。研究表明,平行于磁场方向的(纵向)和垂直于磁场方向

(横向)的 λ 值明显不同,铁的纵向 λ 为正值(在较低磁场范围内),镍的纵向 λ 为负值,各种铁磁性合金的 λ 值随成分而变化。

线磁致伸缩系数是表征铁磁性物质的一个重要参数,它不但对材料的磁性能有重要影响,特别是对起始磁导率和矫顽力有影响。而且这一效应本身也有重要应用,如利用在交变磁场中的磁致伸缩效应可以制作超声波发生器和接收器,利用这一效应制成力、速度、加速度的传感器等。

表征铁磁材料的磁学参量可分为两类:一类用于表征铁磁性物质的固有特性,这些特性与是否存在外磁场无关,如居里温度 T_c、饱和磁化强度 $\boldsymbol{M}_s$、磁晶各向异性常数 K、饱和磁致伸缩系数 λ_s 等,称这类参量为内禀磁性参量。这类参量完全由物质的成分和晶格结构决定,基本上不受其中杂质、缺陷、晶粒大小以及机械加工、热处理工艺等结构因素的影响。另一类则用于表征铁磁性物质在外磁场中的磁性能,如磁导率 μ、磁化率 x、剩余磁化强度 $\boldsymbol{M}_r$、矫顽力 $\boldsymbol{H}_c$ 等,这类参量又称技术磁性参量。这些参量是由磁化曲线或磁滞回线决定的,而磁化曲线和磁滞回线又与材料中的杂质、缺陷、晶粒排列以及机械加工、热处理条件等结构因素有关,因此这类参量又称结构灵敏参量。

3. 电磁场基本规律

电磁场的基本规律反映了电磁场的基本属性和运动规律,以及与其他物质的相互作用,本质上可由 4 个矢量间的相互作用以及矢量与物质间的相互关系来概括。这 4 个与时间有关的矢量归诸为电磁场,包括电场强度、电通量密度、磁场强度和磁通量密度。

库仑定律是电磁场基本规律的开端,它指出两个静电荷之间的相互作用力与电荷的大小成正比,与它们之间距离的平方成反比。高斯定律和安培定律提供了描述一切静电的、静磁的及感应现象的一套完整关系式,但不包括波的传播。为了在电磁场方程组中增加波的传播内容,人们把位移电流(连续方程)加到了安培定律中,从而获得麦克斯韦方程组。

麦克斯韦方程组是一组非线性的、耦合的、二阶的,并和事件有关的偏微分方程,它构成了一整套描述所有电磁学现象的公式,其他相关的关系式可以由麦克斯韦方程组推导出来,因此它可作为基本公理。麦克斯韦方程组没有把运动考虑在内,不包括由于运动而引起的电流感应。增加这一内容,必须增加洛伦兹力作用力方程和相关的状态关系式。在低频情况下,麦克斯韦方程组和库仑、法拉第、高斯、安培等方程式是一致的。

(1) 场源的守恒性。

电磁场的场源归结为电荷和电流,二者满足如下电荷守恒方程:

$$\oiint j \cdot \mathrm{d}S = -\frac{\mathrm{d}q}{\mathrm{d}t} \quad 或 \quad \nabla \cdot j = -\frac{\partial \rho}{\partial t} \tag{2.62}$$

式中，q 为电荷量；j 为电流密度；ρ 为电荷密度。

场源的另一个性质是它们之间相互作用的规律，这些规律包括点电荷相互作用的库仑定律、电流元相互作用的安培定律以及这两种相互作用所满足的叠加原理。电磁场的概念正是在场源相互作用规律的基础上引进的，场的基本属性也是场源相互作用规律的反映。

(2) 静电场的基本属性。

$$F = q\boldsymbol{E} \tag{2.63}$$

$$\oiint_{\varepsilon} \boldsymbol{E}\mathrm{d}S = \frac{1}{\varepsilon_0}\sum_{(\varepsilon内)} q \quad 或 \quad \nabla \cdot \boldsymbol{E} = \frac{1}{\varepsilon_0}\rho \tag{2.64}$$

$$\oint \boldsymbol{E} \cdot \mathrm{d}l = 0 \quad 或 \quad \nabla \times \boldsymbol{E} = 0 \tag{2.65}$$

式中，ε_0 为真空介电常数，$\varepsilon_0 = \frac{1}{36\pi} \times 10^{-9}$ F/m。

式(2.63)既是电场 E 的定义式，又反映了电场对电荷具有作用力 F 的重要性质，是研究电场和各类型物质相互作用的出发点。

(3) 静磁场的基本属性。

$$\mathrm{d}F = I\mathrm{d}l \times \boldsymbol{B} \tag{2.66}$$

$$\oiint \boldsymbol{B} \cdot \mathrm{d}S = 0 \quad 或 \quad \nabla \cdot \boldsymbol{B} = 0 \tag{2.67}$$

$$\oiint_{L} \boldsymbol{B} \cdot \mathrm{d}l = \mu_0 \sum_{(L内)} I \quad 或 \quad \nabla \times \boldsymbol{B} = \mu_0 j \tag{2.68}$$

式中，I 为电流强度；μ_0 为真空磁导率，$\mu_0 = 4\pi \times 10^{-7}$ H/m。

式(2.66)既是磁场 $\boldsymbol{B}$ 的定义式，也反映了磁场对电流具有作用力的重要性质，是分析磁场和各类物质之间相互作用的出发点。

(4) 静场和物质的相互作用。

式(2.63)和式(2.66)是分析电磁场与物质相互作用的基础，但具体分析时，还需要了解物质的微观结构，由此得出电磁场和物质相互作用的宏观规律。

① 欧姆定律和焦耳定律。

对各向同性导体成立如下耦合定律和焦耳定律：

$$j = \sigma(\boldsymbol{E} + K) \tag{2.69}$$

$$p = \frac{j^2}{\sigma} \tag{2.70}$$

式中，σ 为电导率；K 为作用在单位电荷上的非静电力；p 为热功率密度。对$K=0$ 的理想导体（$\sigma\to\infty$）和静电平衡导体（$j=0$），导体内部均有 $\boldsymbol{E}=0$。

② 极化规律。

对于各向同性电介质，可得

$$P=\frac{\sum P_{\text{分子}}}{\nabla V}=\chi\,\varepsilon_0\boldsymbol{E} \tag{2.71}$$

式中，P 为单位体积极化介质的宏观电偶极矩，称为极化强度；χ 为极化率。将极化介质引入新的场源，它与 P 的关系如下：

$$\oiint_{\varepsilon} P\cdot \mathrm{d}S=-\sum_{(\varepsilon\text{内})} q' \quad \text{或} \quad \nabla\cdot P=-\rho' \tag{2.72}$$

式中，q' 为极化电荷或束缚电荷；ρ' 为电荷密度。新场源 q' 或 ρ' 按式（2.69）反作用于电场。

引入电位移矢量 $\boldsymbol{D}$：

$$\boldsymbol{D}=\varepsilon_0\boldsymbol{E}+P \tag{2.73}$$

$\boldsymbol{D}$ 作为辅助矢量，于是静电场的高斯定理式（2.63）和极化规律式（2.71）可改写为

$$\oiint_{H} \boldsymbol{D}\mathrm{d}S=\sum_{\varepsilon\text{内}} q_0 \quad \text{或} \quad \nabla\cdot\boldsymbol{D}=\rho_0 \tag{2.74}$$

$$\boldsymbol{D}=(1+\chi_e)\,\varepsilon_0\boldsymbol{E} \tag{2.75}$$

式中，q_0 为自由电荷，$q_0=q-q'$；ρ_0 为自由电荷密度，$\rho_0=\rho-\rho'$；ε_0 为介电常数。

③ 磁化规律。

对各向同性磁介质，可得

$$\boldsymbol{M}=\frac{\sum m_{\text{分子}}}{\Delta V}=\chi_{\mathrm{m}}\boldsymbol{H} \tag{2.76}$$

式中，$\boldsymbol{M}$ 为单位体积磁化介质的宏观磁矩，称为磁化强度；χ_{m} 为磁化率。

式（2.76）中的 $\boldsymbol{H}$ 称为磁场强度，它是一个辅助矢量，是由于历史原因造成的磁感应强度 $\boldsymbol{B}$ 的辅助量，即

$$\boldsymbol{H}=\frac{\boldsymbol{B}}{\mu_0}-\boldsymbol{M} \tag{2.77}$$

$$\oint_{L} \boldsymbol{M}\cdot \mathrm{d}l=\sum_{(L\text{内})} I' \quad \text{或} \quad \nabla\times\boldsymbol{M}=j' \tag{2.78}$$

式中，I' 为磁化（束缚）电流强度；j' 为磁化（束缚）电流密度。

由式(2.77)和式(2.78),可将安培环路定理(式(2.68))和磁化规律(式(2.76))改写为

$$\oint_L \boldsymbol{H}\cdot \mathrm{d}l=\sum_{(L内)} I_0 \quad 或 \quad \nabla\times \boldsymbol{H}=j_0 \tag{2.79}$$

$$\boldsymbol{B}=\mu\mu_0\boldsymbol{H},\quad \mu=1+\chi_m \tag{2.80}$$

式中,I_0 为传导电流强度,$I_0=I-I'$;j_0 为传导电流密度,$j_0=j-j'$;μ 为相对磁导率,简称磁导率。

式(2.72)、式(2.74)和式(2.80)均属试验规律,一方面反映了各向同性物质在电磁场作用下电磁性质的变化;另一方面也反映了这种变化带来新的场源而反作用于电磁场。这些试验规律统称为电磁性能方程。对各向异性物质(如晶体),电磁性能方程具有同一形式,只是 σ、ε 和 μ 为张量,在强电磁场中,σ、ε 和 μ 与场强有关,不再是常数。

上述讨论限于静场和静止物质的相互作用。对于运动物质,有关电磁性能的方程需要修改。对于随时间变化的电磁场和某些特殊物质,物质中微观带电粒子的惯性和运动规律对物质的电磁性质有重要影响。这种情况下,一般要从微观带电粒子的运动方程出发,经过统计分析求得物质的宏观电磁性质与变化电磁场之间的关系,这种关系通常是一种复杂的微分积分关系,而不是简单的比例关系。

(5)电磁场的相互作用。

电磁场的相互作用是麦克斯韦首次以假说形式明确的。

①电磁感应定律。

当穿过一闭合回路的磁通量发生变化时,回路中的感应电动势为

$$\varepsilon=-\frac{\mathrm{d}\boldsymbol{\Phi}}{\mathrm{d}t} \tag{2.81}$$

式(2.81)称为法拉第电磁感应定律。按照磁通量 $\boldsymbol{\Phi}$ 变化的原因,可将感应电动势分为由回路运动引起的动生电动势和由磁场变化引起的感生电动势两部分,即

$$\varepsilon=\oint(v\times\boldsymbol{B})\cdot\mathrm{d}l-\iint\frac{\partial\boldsymbol{B}}{\partial t}\cdot\mathrm{d}S \tag{2.82}$$

式中,v 为回路各部分的速度。

动生电动势可用磁场的洛伦兹力来解释,但感生电动势在静场范围内得不到合理解释。麦克斯韦首次提出涡旋电场假说,将感生电动势解释为电场的路积分,从而将电磁感应定律(回路静止)从形式上修改为

$$\oint\boldsymbol{E}\cdot\mathrm{d}l=-\iint\frac{\partial\boldsymbol{B}}{\partial t}\cdot\mathrm{d}S \tag{2.83}$$

式(2.83)从内容上体现了变化的磁场会激发电场的物理思想,是静电场环路定理式(2.65)向变化场的推广。

② 位移电流假说。

在涡旋电场假说的基础上,麦克斯韦进一步预言变化的电场也会激发磁场,提出位移电流假说,即

$$j_c = \frac{\partial \boldsymbol{D}}{\partial t} \tag{2.84}$$

该位移电流和传导电流 j_c 一起激发磁场,从而静磁场的安培环路定理式(2.79)被推广为

$$\oint \boldsymbol{H} \cdot \mathrm{d}l = \iint \left(j_0 + \frac{\partial \boldsymbol{D}}{\partial t} \right) \cdot \mathrm{d}S \tag{2.85}$$

③ 麦克斯韦方程。

把静场的两个高斯定理(式(2.74)和式(2.67))推广到变化场,加上两个已被推广的环路定理(式(2.83)和式(2.85)),就得到麦克斯韦方程组,其微分形式如下:

$$\begin{cases} \nabla \cdot \boldsymbol{D} = \rho \\ \nabla \times \boldsymbol{E} = -\dfrac{\partial \boldsymbol{B}}{\partial t} \\ \nabla \cdot \boldsymbol{B} = 0 \\ \nabla \times \boldsymbol{H} = j + \dfrac{\partial \boldsymbol{D}}{\partial t} \end{cases} \tag{2.86}$$

式中,ρ、j 分别为自由电荷密度和传导电流密度。注意,电荷守恒定律式(2.62)由上述方程导出,故不必计入;以上方程组必须加入电磁性能方程才能封闭。电磁学中常用的近似是将式(2.69)、式(2.74)和式(2.80)推广到变化场的情况:

$$j = \sigma(\boldsymbol{E} + K), \quad \boldsymbol{D} = \varepsilon\,\varepsilon_0 \boldsymbol{E}, \quad \boldsymbol{B} = \mu\,\mu_0 \boldsymbol{H} \tag{2.87}$$

使式(2.87)闭合,如不能做这种推广,则必须代之以更复杂的电磁性能方程。

由于电磁场(通过电磁力)不仅会改变物质的电磁性质,而且还会影响物质的其他形式的运动状态,如机械运动状态和热运动状态等。这些运动状态的变化各自满足特定的运动方程且对物质的电磁性质有重要影响。因此,要分析物质中的电磁场问题,必须联立麦克斯韦方程和物质本身运动方程,同时确定电磁场和物质的运动状态,而这已属于连续介质电动力学及其分支学科的研究范围。只有给定物质的运动状态并假定它不

受电磁场的影响,电磁场和物质的相互作用规律才能简单地表述为电磁性能方程,从而问题归结为联立麦克斯韦方程和电磁性能方程求解电磁场。电磁学所讨论的问题,一般都属于这个范畴。

4. 电磁学单位制

由于历史的原因,各国通行的单位制有所不同,有些甚至混乱复杂;不同行业采用的单位也不尽相同。例如,法国曾通用米 - 吨 - 秒单位制,英国、美国曾通用英尺 - 磅 - 秒单位制;工程技术领域采用工程单位制,即米 - 千克力 - 秒单位制;而物理学则习惯于厘米 - 克 - 秒单位制。

电磁学理论中,由于计量时所用的单位制不同,也会引起一些混乱现象。电磁学体系常用的单位制为厘米 - 克 - 秒电磁单位制和米 - 千克 - 秒 - 安培单位制。但是其他诸如绝对磁系、绝对电系及正交系的单位制也在使用。

更混乱的是不同的单位常常被混合使用。例如,对电学量使用安培这样的SI单位,对磁学量使用高斯这样的单位等。另一个单位制混用的常见问题是磁场强度($\boldsymbol{H}$)(有时也称场强)和磁通量密度($\boldsymbol{B}$)之间的混淆。磁场强度经常用$\boldsymbol{H}$或$\boldsymbol{B}$或二者共同表示,视情况而定。为避免混淆,物理量$\boldsymbol{B}$自始至终用作磁通量密度,而$\boldsymbol{H}$则为磁场强度。同样$\boldsymbol{E}$为电场强度,而$\boldsymbol{D}$为电通量密度。

本章参考文献

[1] 张元良，张洪潮，赵嘉旭，等. 高端机械装备再制造无损检测综述[J]. 机械工程学报，2013，49(7)：80-87.

[2] 刘贵民，马丽丽，郑铁军. 无损检测技术在再制造工程领域的应用[J]. 中国表面工程,2006,19(5)：118-120.

[3] 中国机械工程学会. 中国机械工程技术路线图[M]. 北京:中国科学技术出版社，2011.

[4] 孙盛玉. 热处理裂纹若干问题的初步探讨[J]. 金属热处理，2009，34(10)：109-114.

[5] 王建运. 工业管道应力腐蚀裂纹的检验[J]. 化工设备与管道，2011，48(3):62-64.

[6] 王振成，张文，刘爱荣. 机械零件在持久高温工作条件下的蠕变[J]. 河南科技，2010，28(9)：1130-1133.

[7] 张天孙，卢改林，赫丽芬，等. 传热学[M]. 北京：中国电力出版社，2006.

第3章　射线检测技术

3.1　射线检测的物理基础

3.1.1　射线

3.1.1.1　射线的概念

1895年，物理学家伦琴（1845—1923，德国）在实验室中发现利用气体放电管可以产生一种可以穿透物体使胶片感光的辐射线，当时人们对这种辐射线的本质和性质完全不了解，所以将其命名为X射线。后来，为了纪念X射线的首位发现者，这种射线又被称为伦琴射线。1896年，亨利·贝克勒尔（1852—1908，法国）发现铀盐能够发射一种类似于X射线的辐射线使感光板感光，之后又发现纯铀金属板也能产生这种辐射线，后续研究表明，某些特定的元素会以一定的速率衰变成新的原子并产生上述辐射线，这种辐射就是γ射线。

射线检测中常用的两种射线就是X射线和γ射线。这两种射线与无线电波、红外线、可见光、紫外线等同属于电磁波，其区别只是两种射线的波长更短。因此，X射线和γ射线具有电磁波的共性，同时，由于其波长更短，又具有不同于可见光和无线电波等其他电磁辐射的特性。

图3.1中展示了电磁波谱中各种电磁辐射所占据的波长和频率范围。电磁波在物理学上通常用波速c、波长λ和频率f这几个参量描述，即它们之间的关系为：$c = \lambda f$。

各种电磁波在真空中的传播速度相同，在空气中传播速度近似相同，根据频率和波长的差异，各种电磁波便有了不同的性质和用途。

一般而言，人们把波长$\lambda \leqslant 50$ nm、频率$f \geqslant 3 \times 10^{16}$ Hz的电磁波称为射线。射线是由波动着的微粒组成，微粒称为射线光子，每个光子的能量计算方法为

$$E = hf \tag{3.1}$$

式中，E为光子的能量，eV，1 eV $= 1.6 \times 10^{-19}$ J；h为普朗克常数，$h =$

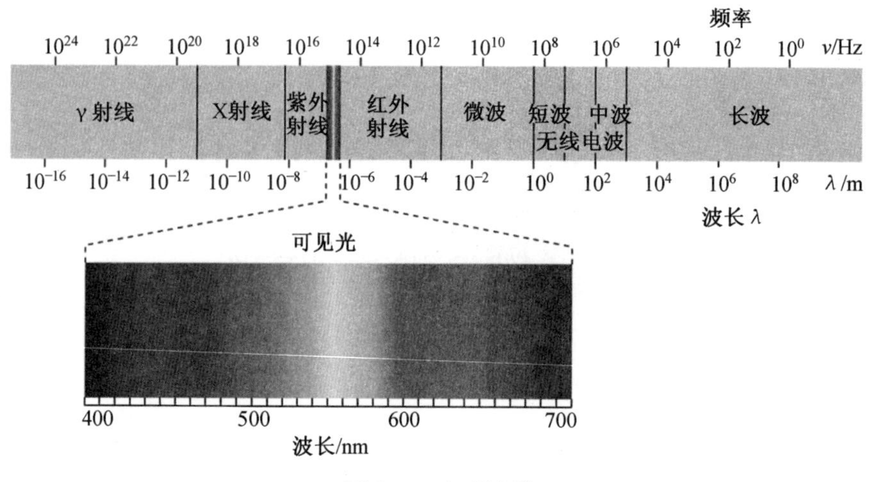

图3.1　电磁波谱

6 624 $\times 10^{-34}$ J·s;f 为频率,Hz。

3.1.1.2　射线的产生

1. X射线的产生

人工X射线的产生主要依靠X射线管实现,X射线管主要由阴极灯丝、阳极靶材和真空管(一般为玻璃管或陶瓷管)3部分组成,如图3.2所示。在阴极热灯丝中通以电流将其加热至白炽状态时,灯丝周围形成电子云,聚集大量的自由电子。此时在阳极靶材与阴极灯丝间施加高压电场,灯丝周围聚集的电子在电场作用下会加速穿过真空管,从阴极向阳极运动,高速运动的电子集中轰击阳极靶上的一个微小区域(约为几平方毫米),并被阳极靶材阻挡减速,其部分动能(小于1%)以释放光子的形式衰减,释放的高能光子就是X射线,其余99%的能量在阳极变成热能使靶材温度升高。电子到达阳极靶材时的速度越高,碰撞后释放的光子能量越高,产生的X射线波长越短,能量也越大。

通常,在X射线检测中,使用X射线的波长用下式计算:

$$\lambda = 12.35/V \tag{3.2}$$

式中,λ 为波长,10^{-10} m;V 为管电压,kV。

产生X射线必须具备3个条件:① 发射电子的负极灯丝;② 加速电子的磁场;③ 接受电子碰撞并释放射线的靶。

人工射线管产生的X射线谱通常包含两个部分:一部分波长连续变化,称为连续谱;另一部分波长是独立的,与靶的材料有关,成为某种材料的标识,称为标识谱,又称特征谱,它叠加在连续谱上。

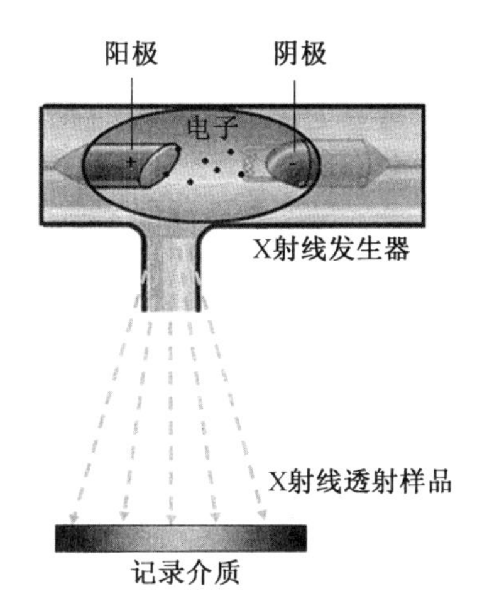

图3.2　X 射线管发射 X 射线示意图

(1) 连续 X 射线。

连续 X 射线的波长在 0.002 ~ 0.01 nm 连续变化,射线检测采用的就是连续 X 射线。研究发现,当电子撞击阳极时,通常是多次撞击。第一次撞击后,电子能量处于中级状态,其失去的能量转化为一定波长的光子;第二次撞击后,失去的能量又会转化为一定波长的光子;以此类推,若干次的撞击,每次都会产生一定波长的 X 射线。

像这样大量的电子撞击阳极靶,每种光子的波长就会是任意值,从而使得 X 射线的波长显示为连续数值,用数学公式表示为

$$\varepsilon_{\max} = eV = hc/\lambda^1 + hc/\lambda^2 + hc/\lambda^3 + \cdots + hc/\lambda^n \tag{3.3}$$

式中,$\varepsilon_{\max}$ 为阴极射出粒子带有的最高能量;e 为粒子带有的电荷;c 为光速度;V 为管电压。

关于式(3.3)有:① 不同的管电压,辐射的 X 射线谱线不同;管电压越大,谱线的位置越高,说明其强度越大;② 同一管电压时,强度按照波长的大小连续分布,并有一个极大值;当波长较小时,强度较高。

对于连续 X 射线的总强度,可以用下式描述:

$$J = KZiV^2 \tag{3.4}$$

式中,J 为连续 X 射线的总强度;K 为由试验确定的常数;Z 为阳极靶材料的元素序数;i 为管电流;V 为管电压。

由上述半经验公式可见,对于一个特定的 X 射线管,连续 X 射线的总强度与管电压平方、管电流成正比。

（2）标识X射线。

X射线的波谱中有几个特殊的波长，其强度明显大于连续谱在该波长位置的强度，而且这些特殊的波长数值与管电压大小无关，只与阳极靶的元素种类有关，称为靶材元素的标识X射线。标识X射线是由于靶材的内层低能级电子受高速电子撞击后跃迁到外层高能级，之后又回到原来层级时释放的射线，所以，根据标识X射线的特征可以鉴别阳极材料的元素。该方法是一种重要的材料成分分析手段。

图3.3是Mo的标识X射线和连续X射线的波长与强度的关系图。作此图时，管电压是35 kV，其中波长分别为6.3 nm和7.1 nm，分别是MoK_α和MoK_β线系，由于每种元素的核外电子可以在多个能级之间跃迁，因此每种靶材元素都有多条标识X射线。

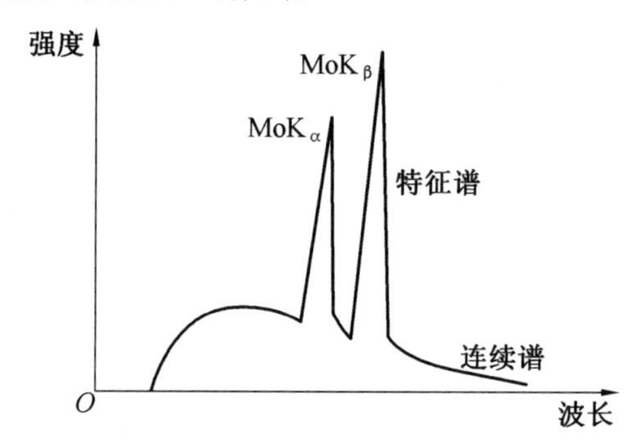

图3.3　Mo的标识X射线和连续X射线的波长与强度的关系图

工业射线照相检测中使用低能量X射线机，主要由4个部分组成：X射线管、高压发生器、冷却系统和控制系统。

①X射线管。

在工业X射线管中，阳极又由阳极体、阳极靶和阳极罩3部分组成。阳极体的作用是支撑阳极靶，并将阳极靶产生的热量传导出去，一般由无氧铜制成；阳极靶与阳极体紧密相连，主要作用是直接承受高速电子束撞击，并产生X射线，通常由钨制成；阳极罩的主要作用是吸收高速电子束撞击阳极靶产生的二次电子，一般由铜制成。阴极的主要作用是发射电子，由灯丝和聚焦杯组成。阴极灯丝发射电子的能力随灯丝温度而改变，温度越高，发射电子的能力越强。由于钨熔点高，蒸发率低，所以工业用X射线管的阴极灯丝通常由钨制作。

② 高压发生器。

高压发生器由高压变压器、整流管、灯丝变压器和整流电路4个部分组成,并封装在机壳中,内部浸泡绝缘介质(如变压器油)。高压发生器提供阴极和阳极之间的加速电压,使两极之间形成高压电场,另外还为阴极灯丝提供电流,将灯丝加热产生大量电子。

③ 冷却系统。

工业常用的低能量X射线机只能将小于1%的电能转换为X射线,剩余大部分电能在阳极靶上转换为热量,因此,在射线机工作过程中阳极靶和阳极体的温度很高,需要有良好的冷却系统为阳极靶降温,避免零件高温损坏。

常见的阳极靶冷却方式有3种:① 油循环冷却,主要用在固定式X射线机上。采用油循环系统带走热量,为阳极降温。② 水循环冷却,主要用于移动式和便携式X射线机上。采用循环水直接进入X射线管的阳极空腔,水流出时带走热量为阳极降温。③ 辐射散热冷却,主要用于便携式X射线机。

对于气绝缘的便携式X射线机,在射线发生器的阳极端装上散热器和风扇,通过散热器辐射和射线发生器外壳散热冷却;对于油绝缘的便携式X射线机,依靠射线发生器内部温度差和搅拌油泵使绝缘油内部产生对流换热,热量到达机壳后通过机壳辐射散热把热量传出。

④ 控制系统。

X射线机的控制和保护系统主要包括基本电路、电压和电流调整部分、冷却和时间控制电路、保护装置等。

2. γ射线的产生

γ射线是由放射性原子核在发生衰变形成新的原子核过程中产生的,放射性原子核在发生α衰变、β衰变后产生的新核常处于高能级,要向低能级跃迁,跃迁同时会辐射出γ光子。这种射线首先由法国科学家维拉德发现,是继α、β射线后发现的第三种原子核射线。另外,原子核的裂变反应也会产生γ射线,但是核裂变反应释放的γ射线强度极高,不适用于工业检测环境。

γ射线的穿透能力比普通X射线强,可以透过几厘米厚的铅板,这是因为γ射线的波长比普通X射线短。但需要注意的是,γ射线与X射线的区别并不在于两者的波长差异,而在于两者的产生方式,X射线是原子的内层电子受激辐射产生的,γ射线是原子核受激辐射产生的。就波长而言,通过粒子加速器产生的高能X射线波长与γ射线相当,甚至比γ射线更短。

射线检测中最常用的γ射线源是Co的放射性同位素^{60}Co，为了保证操作人员的安全，射线源一般封装在特定的屏蔽装置中，如图3.4所示，需要对零件进行射线照射时，将其从封装部位移出，照射完毕立刻放回。

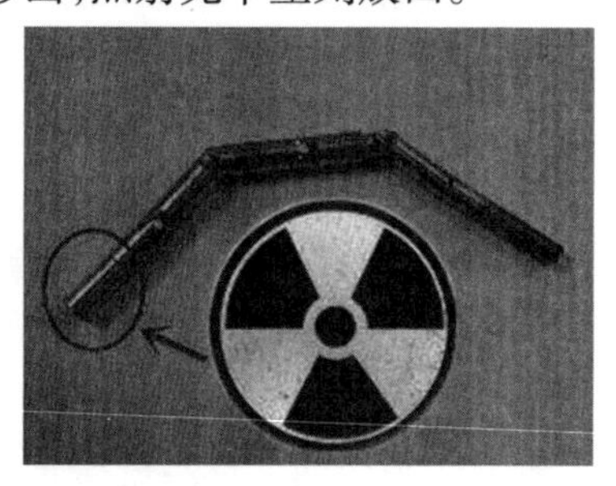

图3.4　γ射线源^{60}Co及其保护装置

3. 射线的性质

无论是X射线还是γ射线，甚至其他种类的射线，都有如下性质：

（1）人眼不可见，在真空中以光速沿直线传播，并遵守反平方法则。

（2）自身不带电荷，不受电场和磁场影响。

（3）传播中遇到物质界面可以发生反射、折射现象，也可以发生干涉、衍射现象，但由于其波长很短，干涉或衍射现象只对很小的孔或很窄的狭缝才能产生。

（4）射线入射物体时，与物体内的原子发生复杂的物理和化学作用。例如，使某些感光材料感光，使某些物质发生荧光效应。

（5）能穿透可见光不能穿透的不透明物质，并能导致其强度的减弱。

（6）具有辐射生物效应，生物体受射线辐射，细胞和正常的生物组织会受损，进而影响生物器官的正常功能，且在遗传过程中会发生变异。

3.1.2　射线与物质的作用

3.1.2.1　光电效应

射线从金属导体表面入射，射线光子会和金属元素的核外电子碰撞进行能量传递，如果射线光子的能量大于原子核对核外电子的束缚能，则光子与电子碰撞，核外电子获得光子全部能量后会脱离原子核的束缚成为自由电子，入射光子消失，如图3.5所示，这一过程称为射线的光电效应。在光电效应中，脱离原子核束缚的核外电子称为光电子。

光电效应会导致原子的核外电子层中产生空位，使核外电子层处于不稳定状态。因此，外层电子会向存在空位的电子层跃迁，使核外电子层回

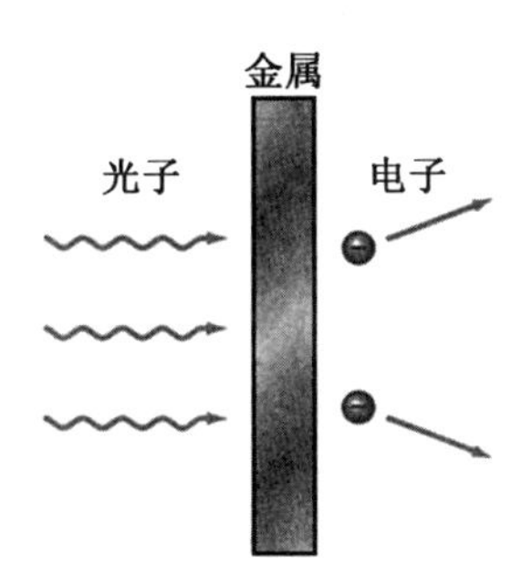

图3.5 光电效应示意图

到稳定状态。外层电子向内层跃迁的过程中，由于电子能量降低，将向外辐射光子，产生跃迁辐射，并发射标识X射线，这一现象称为荧光辐射。产生荧光辐射、伴随发射标识X射线是光电效应的重要特征。

值得注意的是，只有入射光子与核外轨道电子相互作用才会发生光电效应，入射光子与金属中自由电子相互作用不会产生光电效应。而且光电效应的发生概率随着射线光子能量的增大而降低，随着金属元素的原子序数的增大而增大。

光电效应的数学表达式为

$$T = h_f - B_e \tag{3.5}$$

式中，T 为光电子的能量；h_f 为X射线光子的能量；B_e 为物质中轨道电子的结合能。

关于射线的光电效应一般有如下规律：

(1) 光电子的发射方向与入射光子的能量 h_f 有关；当入射光子的能量较小时，光电子发射方向与光子入射方向呈一定角度；随着入射光子能量增大，光电子发射方向与光子入射方向趋于一致。

(2) 入射光子的吸收率和物质的原子序数 Z 有关，Z 越大，入射光子被吸收的概率 τ 越高。其定量表达式为

$$\tau = \rho Z^4 \lambda^3 n/A \tag{3.6}$$

式中，τ 为入射光子被吸收的概率；ρ 为物质的密度；Z 为物质的原子序数；λ 为光子的波长；A 为物质的原子质量；n 为常数，当 $Z=5\sim6$ 时，$n=3.05$，当 $Z=11\sim26$ 时，$n=2.85$。

(3) 光电效应的强弱与 Z^2/h_f^3 成比例，即原子序数 Z 越大，X射线光子的能量越小，光电效应越强，X射线被吸收的就越多。

3.1.2.2 电子对效应

如果入射射线光子的能量足够大（大于1.02 MeV），光子与物质的原

子核相互作用,在原子核库仑场作用下,光子转化成一个正电子和一个负电子同时从物质中飞出,称为射线的电子对效应。电子对效应的特点在于,产生的正、负电子朝相反的方向飞出,且射线光子消失,如图3.6所示。

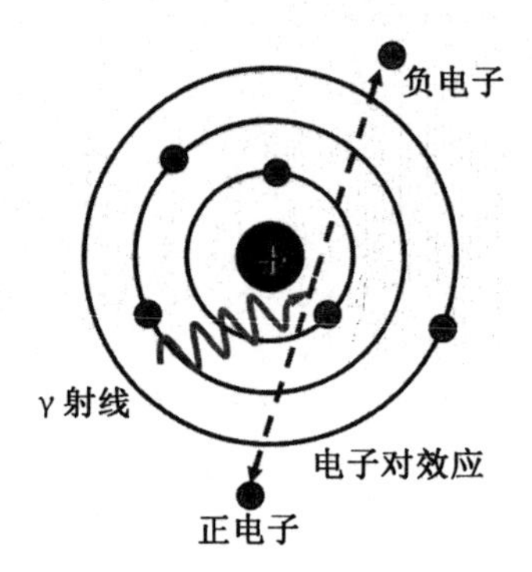

图3.6　电子对效应示意图

电子对效应产生的条件如下:

(1) 入射的射线光子能量足够大,即能量大于1.02 MeV。这是由于单个电子的静止质量相当于0.51 MeV能量,因此,一对电子的静止质量相当于1.02 MeV能量,根据能量守恒定律,入射射线光子要在库仑场作用下转化为一对正、负电子,至少需要1.02 MeV的能量,其余的能量将转换为正负电子的动能。

(2) 电子对出现在原子核附近,因为原子核的库仑场也是电子对产生的必要条件。

(3) 电子对效应产生的概率与物质的原子序数成正比,原子序数越大,电子对效应越显著。

需要指出的是,在普通X射线检测中不会形成电子对效应,因为普通X射线光子能力小于1.02 MeV,高能X射线和γ射线的光子能量大于1.02 MeV,与物质作用更易产生电子对效应。

3.1.2.3　射线的散射

入射射线的光子与物质的核外电子发生碰撞后,光子运动方向发生改变的现象,称为散射。根据碰撞作用方式的不同,散射又分为康普顿散射、瑞利散射和汤姆孙散射。

1. 康普顿散射

入射光子与物质原子外层电子碰撞后,光子的部分能量传递给电子,由于外层电子受原子核束缚较小,使得电子从原来轨道飞出,同时入射光子的能量减少，并偏离入射光子的传播方向，变成散射光子，这一现象称为康普顿散射。图 3.7 为康普顿散射示意图，碰撞后脱离原子核束缚飞出的电子称为反冲电子。康普顿散射效应首先由美国物理学家康普顿于 1932 年发现，我国物理学家吴有训在这一效应的证实以及散射规律的研究方面做出了重要贡献。

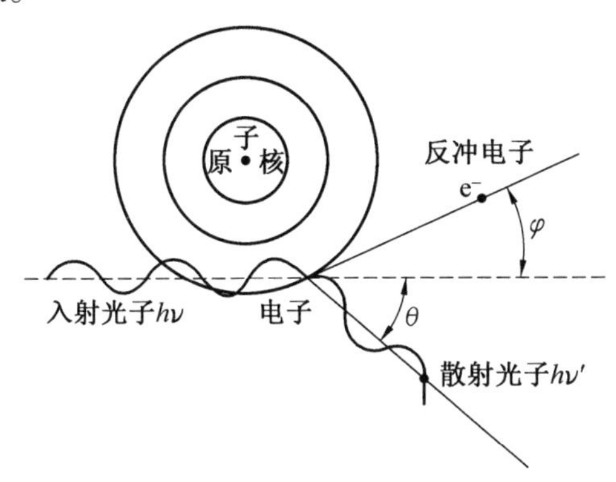

图 3.7　康普顿散射示意图

康普顿散射的发生与光子能量大小和物质原子序数有关。具有中等能量的入射光子与各种元素的核外电子相互作用，主要发生康普顿散射。因此，人们基于康普顿散射效应，采用康普顿散射光子成像，发明了康普顿散射检测方法，使射线检测技术能够用在一些无法通过透射光子成像的场合。

2．瑞利散射

瑞利散射是入射射线光子与原子内层轨道电子碰撞产生散射的现象。由于原子核对内层电子的束缚力较强，光子的撞击不足以使内层电子脱离原子核束缚，只会跃迁到高能级的轨道，在电子跃迁振动过程中会释放出与入射光子能量相当的散射光子，但其散射方向与入射方向不同。由于散射光子能量的损失可以不计，因此，瑞利散射可以认为是光子与原子发生弹性碰撞的过程。研究发现，在入射光子能量较低（0.5 ~ 200 keV）时，瑞利散射的发生概率较高，应当加以重视。

3．汤姆孙散射

波长较短、能量较高的射线入射物质后，物质内的核外电子以及自由电子在射线的电磁场作用下会产生受迫振动，根据经典电磁学理论，受迫振动的电子会辐射次级电磁波，也称次级 X 射线或散射 X 射线，这种散射现象称为汤姆孙散射。汤姆孙散射发生时，入射光子可能与任意轨道电子发生作用，所以散射概率与原子序数 Z 成正比，而且散射射线波长与入射射线波长相同,各电子散射的电磁波以及入射射线之间会发生干涉,故又称相干散射。

3.1.2.4　射线的衰减

射线通过物质时,会和物质发生相互作用,导致射线能量降低,称为射线的衰减。射线的衰减机制十分复杂,包括上述的光电效应、电子对效应及散射等。如果发生光电效应或电子对效应,则射线光子消失,可理解为被物质吸收,吸收造成射线强度的减弱;如果光子与物质相互作用发生康普顿散射,则光子的能量和传播方向发生改变,即被散射,且散射光子可能从其他方向穿过物质。透过物质的射线一般由两部分组成:一部分是未与物质发生任何作用的射线,其能量和方向均未改变,称为透射射线;另一部分是射线与物质相互作用发生散射效应释放的射线,其能量和方向都发生了改变,称为散射射线,由于散射过程存在能量损耗,因此,散射也会导致入射射线的强度减弱。

为定量表征射线通过物质后强度的减弱规律,假设入射射线是窄束单色射线。"单色"指所有入射光子的波长相同、能量相同,"窄束"则是指假设射线穿透物质过程中未产生散射效应,透过物质的射线束仅包含未与物质发生任何作用的入射光子。

单色窄束射线的衰减规律称为衰减律,计算公式为

$$I = I_0 e^{-\mu T} \tag{3.7}$$

式中,I_0 为入射射线强度;I 为穿过厚度为 T 的物质后,一次透射射线强度;T 为透过物质的厚度;μ 为线衰减系数,$\mu = \tau + \delta$,其中 τ 为吸收系数,δ 为散射系数。

为了方便使用和计算,通常用物质半衰减层(亦称半价层)表示入射射线的衰减程度,半衰减层是指能使射线强度衰减一半时物质的厚度。表3.1为常见金属的半衰减层与其对应的光子能量。由表3.1可见,对同一种材料而言,入射光子能量越高,半衰减层数值越高。不同物质,密度越大,半衰减层密度越小。

表3.1　常见金属的半衰减层其对应的光子能量

光子能量 /keV	半衰减层 /mm		
	Al	Fe	Cu
40	4.6	0.24	0.16
80	12.8	1.47	1.02
300	24.7	8.0	7.0
500	30.4	10.5	9.3

3.2　射线成像检测技术

3.2.1　射线成像检测概述

射线成像检测是利用 X 射线和 γ 射线等在穿透物体过程中发生衰减的性质,在记录介质(如感光材料)上获得穿透物质后射线的强度分布图,根据图像对材料内部结构和缺陷种类、大小、分布状况进行分析判断,并做出评价的一种无损检测方法。射线成像检测原理如图 3.8 所示。

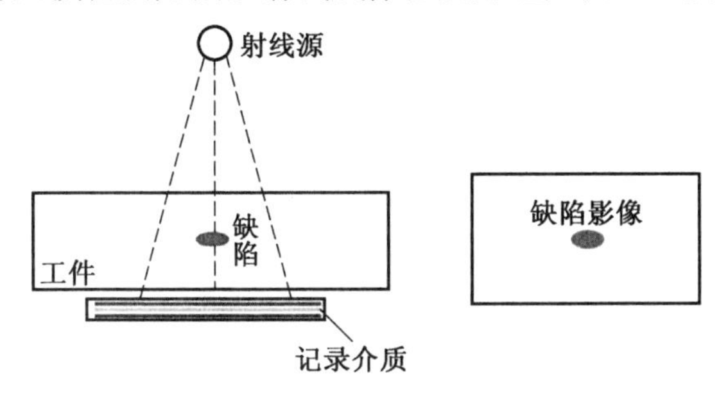

图 3.8　射线成像检测原理

射线成像检测技术几乎适用于所有材料,能直观地显示缺陷影像,便于对缺陷进行定性、定量分析。其特点是对体积型缺陷比较灵敏,如焊缝和铸件中存在的气孔、夹渣、密集气孔、冷隔和未焊透、未熔合等缺陷,但难以发现垂直射线方向的薄层缺陷。射线检测过程中不存在污染,但辐射对人体和其他生物体有害,在操作过程中需做特殊防护。在现代工业中射线成像检测已成为一种十分重要的无损检测方法。

人们在射线成像检测基本原理的基础上根据不同检测需求对成像方法不断进行改进,到目前为止,根据成像方式不同可以将射线成像检测分为两类:一类是以获得单张射线照片为目的的射线照相检测技术,经历了胶片成像和成像板成像两个阶段;另一类是以获得射线实时图像为目的的射线实时成像检测技术,其成像元器件经历了荧光板实时成像、图像增强器实时成像和射线传感器实时成像 3 个阶段。射线照相检测技术与实时成像检测技术几乎同时发展,早期荧光板实时成像效果远不如胶片成像好。20 世纪 90 年代以后,随着射线传感器的应用和数字技术的快速发展,射线实时成像技术的成像质量和效率都大幅提高,可以同时获得较高的分辨率和较大的动态范围,因此能够检测厚度差或密度差很大的物体,与射线照相技术相比更加具有优势。目前,以 DR (Digital Radiography) 技术为代表的实时成像技术正在逐步取代照相检测技术。

计算机技术的发展使数字化图像容易存储、传输方便、调阅快捷等优点逐渐显现,对射线透射成像结果实现图像数据电子存档、远程传输与评价的需求越来越迫切,因此,无论是射线照相还是实时成像,都在追求图像的数字化,数字化射线成像技术就成为射线检测领域发展的必然趋势。照相检测中的胶片成像可以通过数字化扫描仪扫描胶片形成数字化图像;成像板成像后,可以通过转换器将其转换成数字化图像存储。在实时成像方面,图像增强器产生的实时图像可以通过模数转换器将模拟信号变为数字信号,实现数字成像;DR 技术中,平板探测器接收射线并转换为电信号,再由转换电路将电信号转换为数字图像。

3.2.2　射线照相检测技术

射线照相检测是最早获得广泛应用的射线检测技术。照相检测是指采用感光介质将投射结果以单幅照片的形式进行记录并保存,根据采用的记录介质不同,可以分为胶片成像法和成像板成像法,即 CR (Computed Radiography) 技术。

3.2.2.1　胶片成像法

射线穿透不同厚度和不同密度的物质时衰减程度不同,当射线穿过工件达到胶片上时,引起的胶片的感光度不同,经暗室显影、定影等处理后,在胶片上产生不同的黑度,形成有缺陷的透视投影影像。通过对透射影像中不同的黑度来判断被检物体内部缺陷。

射线检测技术应用早期,胶片成像法广泛用于各种承载结构件熔化焊焊接接头的缺陷评价,特别是在锅炉、压力容器焊缝的制造检验和在役检查中大量使用。该法对工件内部形成局部厚度差的体积型缺陷,如气孔、夹渣等检测效果最好,而裂纹类缺陷的检出率则受到射线透照角度的影响,当射线垂直照射到裂纹面上时,沿射线透射方向裂纹部位与无裂纹部位的厚度差非常小,对射线的衰减差异小,导致底片的黑度差很小,容易造成裂纹缺陷的漏检。

1. 感光胶片

射线感光胶片的结构如图 3.9 所示,包括片基、感光乳剂层、防光晕层和表面保护膜等部分。片基常采用透明塑料,它是感光乳剂层的支撑,厚度为0.175 ~ 0.3 mm。感光乳剂层是决定胶片感光性能的核心部分,其主要成分是卤化银,均匀分散在明胶中,双面涂布在射线胶片上。为了能够吸收更多的射线能量，感光乳剂层厚度应远大于普通可见光胶片的感光乳剂层厚度。防光晕层的作用是防止射线在片基表面反射发生光晕现象。表面保护膜一般是厚度为 1 ～ 2 μm 的明胶层，涂覆在感光乳剂层上，保护感光乳剂层，避免乳剂直接与外界接触损坏胶片的感光性能。

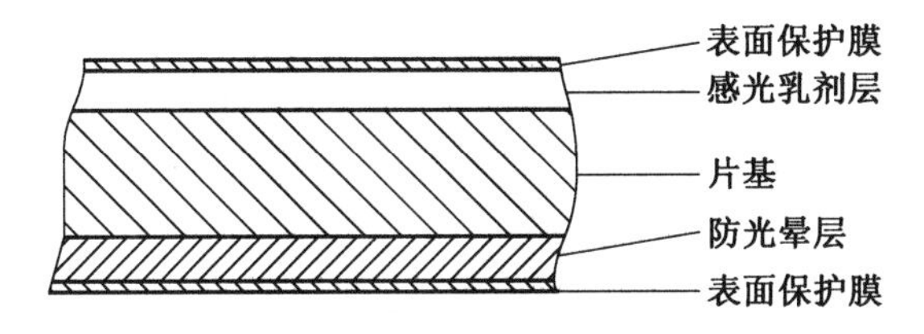

图 3.9　射线感光胶片的结构

2. 射线胶片感光原理

当胶片受到射线照射时，感光乳剂层中的感光物质卤化银会与入射的射线光子发生相互作用，产生一定的化学反应，在胶片上留下眼睛看不到的影像，称为潜影。射线光子与卤化银中的银离子作用产生潜影的过程，如图 3.10 所示。图中虚线表示可逆过程，在银离子生成稳定的双原子银之前，其与光子的作用都是可逆的。胶片潜影形成后，应该及时显影、定影并冲洗，因为潜影胶片在放置过程中，银被空气中的氧气氧化重新生成银离子，导致潜影影像变淡，这一过程称为潜影的衰退。胶片所处的环境温度越高，湿度越大，银的氧化作用越剧烈，潜影的衰退也越显著。

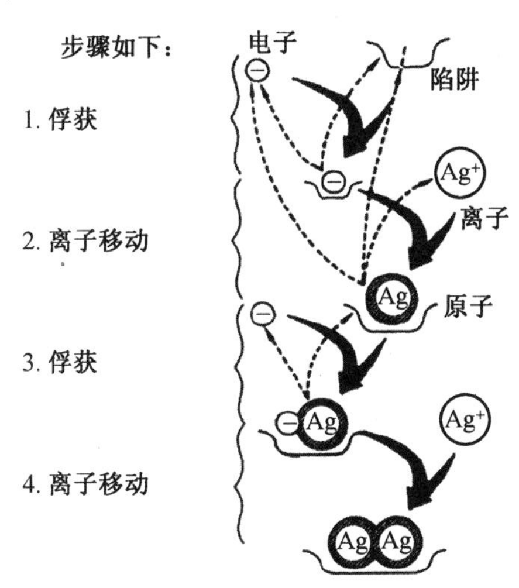

图 3.10　射线胶片潜影形成原理

胶片上的潜影经过显影、定影等化学处理后,变成可以永久保存的人眼可见图像,此时胶片称为射线底片。底片上的影像本质由许多微小的黑色金属银微粒组成,影像各部位黑化程度与该部位含银量多少有关。含银量越高,该位置底片的黑化程度也越高,底片的不同位置的黑化程度通常用黑度 D 表示。

3. 黑度计

黑度计是用来测量射线照相底片黑度的专用仪器。目前使用最为广泛的是数显式黑度计,又可以分为台式和便携式两种。图 3.11 所示为台式数显黑度计。其工作原理是将射线底片放在激光发射端和接收端之间的区域,发射端发射一束激光,激光透过底片后被接收器接收,不同黑度的底片透光率不同,因此接收器接收到的激光强度也不同,将接收到的模拟光信号转换成数字电信号,进行一定计算后在显示器上显示出底片的黑度值。

图 3.11　台式数显黑度计

4. 增感屏

射线照射到胶片上,尽管胶片采用了双面药膜和较厚的乳剂层,但是仍然只有不到1% 的能量较低的射线被胶片所吸收,99% 以上的能量较高的射线会直接透过胶片而被浪费。为了提高射线对胶片的感光率,缩短曝光时间,可以在胶片前放置增感屏。工业实际中常见的增感屏有 3 种:金属增感屏、荧光增感屏和金属荧光增感屏。其中又以金属增感屏的增感效果最好,应用最为广泛。

金属增感屏是将铁、铜、钨、铅、钼、钽等金属箔黏合在纸质基片或胶片片基上制成,铅箔最为常见,它由含 5% 左右的锑和锡元素的铅合金制成。金属增感屏的作用有两个:一是与入射的高能量射线相互作用激发产生能量较低的二次电子和二次射线,提高射线中能被胶片吸收的低能量光子比例;二是吸收入射射线中波长较长的散射光子,由于散射线的方向发生了改变,在胶片上感光的散射线会导致检测图像模糊,影响成像质量,增感屏对散射线的吸收作用能间接提高胶片成像质量。金属增感屏的结构和实物如图 3.12 所示。

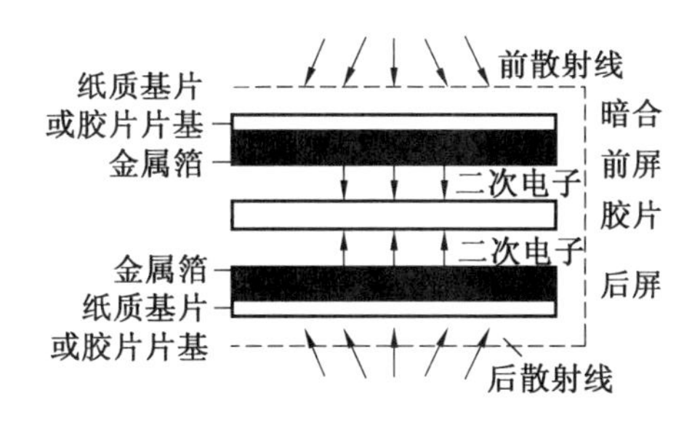

图 3.12　金属增感屏的结构和实物

用来表征增感屏增感性能的参数称为增感系数,亦称增感因子或增感率,用符号 Q 表示。增感系数的计算方法是在所使用胶片和暗室处理条件一定的情况下,得到相同黑度的底片,不使用增感屏时的射线曝光量 E_0 与使用增感屏时的射线曝光量 E 之间的比值;另一种计算方法是不用增感屏时的曝光时间 t_0 与使用增感屏时的曝光时间 t 的比值,两者计算结果相同,如下式所示:

$$Q = \frac{E_0}{E} \quad 或 \quad Q = \frac{t_0}{t} \tag{3.8}$$

5. 像质计

像质计是检验和测定射线照相灵敏度的一种标准器件,根据底片上显示的像质计的影响质量,评价底片的整体影响质量,进而定量评价缺陷的检测能力。像质计一般采用被检对象的同质材料制作,在其内部设计特定的厚度不同的结构,如金属丝、孔、槽等。根据其内部结构,常用像质计可以分为丝型、孔型和槽型 3 种,如图 3.13 所示,另外还有平板孔型、阶梯孔型等。其中金属丝型像质计应用最为广泛,中国、美国、德国、日本、英国等国的国家标准,以及国际标准中均采用丝型像质计。需要指出的是,即使透照工艺相同,若像质计不同,评价结论也会不同。因此,像质计的评价数值并不表示该工艺下可以发现的缺陷实际尺寸。

3.2.2.2　CR 技术

CR 技术是一种非胶片射线照相技术,它是一种间接的数字化成像方法。它利用可反复使用的成像器(即射线图像板,也称 IP 荧光成像板)作为成像介质,IP 荧光成像板是一种涂有特殊荧光物质的柔性板,主要由保护层、荧光体层、胶黏涂层、支持体层和背衬保护层构成,其结构及图像读取原理如图 3.14 所示。在射线照射下曝光,可以捕获电子、空穴等形成潜

(a) 丝型

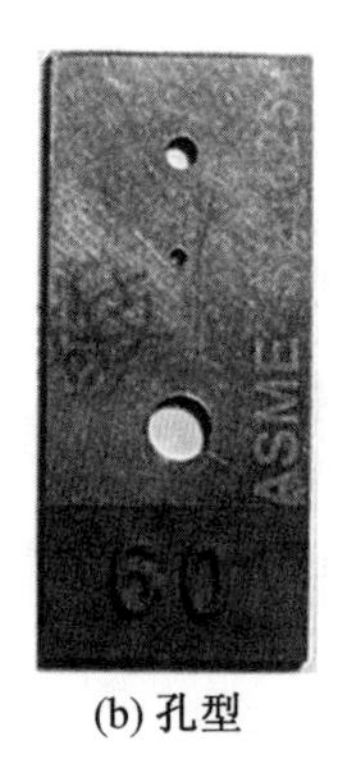

(b) 孔型

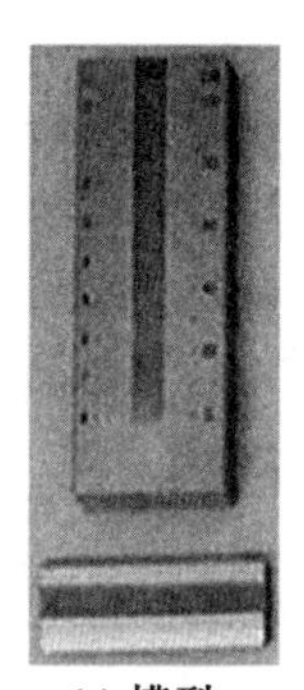

(c) 槽型

图 3.13　像质计

像。而后用扫描激光束照射 IP 荧光成像板，电子、空穴从陷阱中被释放，相互复合发射荧光，再由光导收集荧光送入光电倍增管放大，经模数转换后形成数字图像信号存储使用。最后用均匀强光照射 IP 荧光成像板，释放所有陷阱中的电子、空穴，擦除潜像，IP 荧光成像板恢复原始状态，可进行下一次成像。

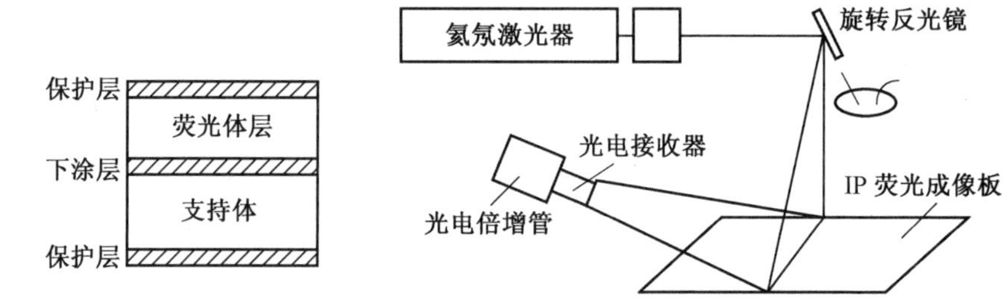

图 3.14　IP 荧光成像板结构及图像读取原理

与胶片成像设备相比，CR 设备的成像板和图像读取设备分离，更加方便携带，目前，IP 荧光成像板成像质量已经完全能够达到传统胶片成像的水平，而且 IP 荧光成像板可重复使用，其动态特性和线性度均优于胶片，所需要的曝光时间更短，非常适用于外场快速检测。

世界上第一台 CR 成像系统是 20 世纪由日本开发的，该系统改变了那种将记录介质分为传统医用和工业用射线胶片的方法，而是将记录介质改换为荧光成像板，这些荧光成像板可以记录射线影像，并且激光还可以将射线影像信息读出来。首先，利用射线对其进行曝光，然后由扫描器来进行扫描，将信息读出来，最后，计算机来处理扫描信息，从而形成一个平面图像。荧光成像层是 IP 荧光成像板的关键涂层，在使用成像板的过程中，经过射线摄影成为潜影，然后用激光来进行扫描，就会形成一个荧光影像。在 CR 扫描器中，当 IP 荧光成像板被激光逐行扫描读出时，光电倍增管就会逐行导入这些荧光影像，然后将其转换为电信号，经过相关的转换器进行必要的转换，读出时呈现为数字信号的形式。可以在计算机光盘内存储这些读出后的数字化影像信息，在显示时可以借助于 CR 系统，也可以进行打印。CR 扫描器可以分为很多类别，如柜式、台式、筒式等。图 3.15 为富士公司生产的 CR 成像系统。

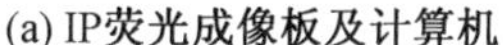

(a) IP荧光成像板及计算机

(b) IP荧光成像板读取器

图 3.15　富士公司生产的 CR 成像系统

CR 成像系统仅在射线照相记录介质方面做出了提升，将原来的传统工业射线胶片替换为柔性荧光成像板，这样只需要稍微改造一下原有的检测用工业射线装置即可使用。由于荧光成像板有着较大的曝光宽容度，因此，相关的工作人员更容易熟练地掌握荧光成像板的使用方法。经过射线照相后，用 CR 扫描器扫描带有潜影的成像板，这样就可以有效地读出数字化影像信息，从而实现数字射线照相的目的。实践研究表明，虽然普通荧光成像板相较于射线胶片，没有那么高的像质计灵敏度，但曝光时间要短很多。此外，使用荧光成像板，省略了很多冲洗射线胶片的步骤，也不需要使用化学药品，这样有利于保护环境。

CR 技术的优点是便携，读出设备与成像板分离，代替胶片的成像板可重复使用，动态特性线性度比胶片好，需要的曝光时间短，适用于野外环境。不足之处在于 CR 成像板亦属于日常耗材，重复拍摄一定数量（通常 1 000 ~ 2 000 张）后会报废；并且使用时要求和胶片照相法一样紧贴待检部位，磨损往往很大，现场检测时由于既要拍照又要扫描，一般需要多张 IP 荧光成像板，耗材投入也较大。它与胶片成像一样不能实时检测，且图像板价格较高，存在光学散射和射线散射。胶片图像和 IP 荧光成像板图像对比如图 3.16 所示。

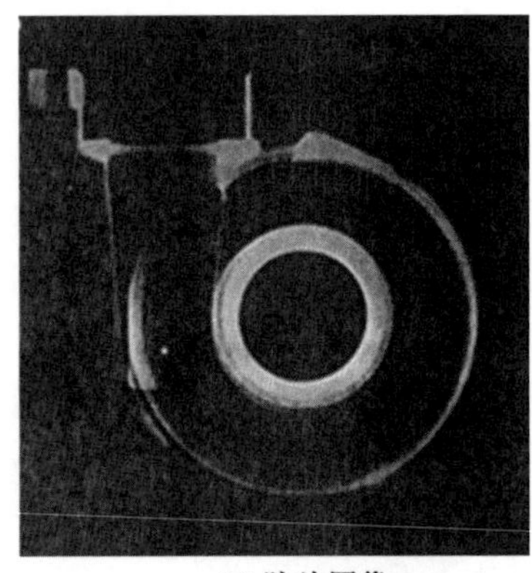

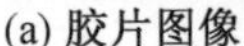
(a) 胶片图像

(b) IP荧光成像板图像

图 3.16　胶片图像和 IP 荧光成像板图像对比

3.2.2.3　射线照相检测的影响因素

射线照相法进行透照布置时,需要考虑如下几方面因素,如射线源、工件、胶片的相对位置、射线中心束的方向以及有效透照区域等,以使透照区的透照厚度小,能更有效地对缺陷进行检验。

针对具体的工件进行射线照相法检验时,首先要考虑可能出现的缺陷类型和特点。工件加工制造过程要经历多道工艺,不同的工艺产生不同的缺陷,如磨削产生的磨削裂纹,焊接产生的未焊透、未熔合,淬火的变形和开裂等。不同类型的缺陷产生位置、形状尺寸和扩展方向不同,进行透照布置时必须考虑可能出现的缺陷类型和特点。其次应考虑被检工件形状尺寸制定适宜的评价标准。射线的透照厚度越大,所能检测的最小缺陷尺寸也越大;反之,透照厚度越小,才可以检测更小尺寸的缺陷。因此,对于某一具体的零件,在进行射线照相检测时,应选择透照厚度最小的布置方式,以提高检测的灵敏度。

影响射线照相检测效果的基本参数有射线能量、焦距、曝光量等。一般而言,采用低能量射线、较大的焦距和大曝光量,有利于获得高质量的成像效果。

射线能量是最基本的透照参数,波长越短,射线能量越高,高能量的射线穿透能力强,衰减系数小,在胶片上的感光率降低,成像质量也会下降。因此,一般在保证穿透能力的前提下,尽量选择低能量射线进行检测。

焦距是指射线源与胶片之间的距离,通常以符号 F 来表示,焦距是射线照相的另一个基本透照参数。焦距的选取应综合考虑透照区域的大小、射线强度分布以及检测标准对射线照相几何不清晰度的规定,其中最后一条最为重要。

曝光量是指透照时间与射线强度的乘积,可理解为单次照相使用的射线总量,通常以符号 E 表示。曝光量直接影响底片的整体黑度和对比度。需要注意的是,由于射线强度的测定较复杂,在工程实际中,为了计算方便,一般采用与强度相关的其他物理量替代射线强度来计算曝光量,如X射线检测中,采用透照时间与管电流的乘积表示曝光量;γ射线检测中,采用透照时间与射线源的放射性活度的乘积表示曝光量。

3.2.3 射线实时成像检测技术

射线实时成像技术是指将透过物体的射线转化为实时动态图像显示,射线实时成像与射线照相法基本同时发展。实时成像的主要优点是可以动态快速检测,实时进行质量评定。为了将穿透物体的射线转化为实时模拟图像或数字图像,其成像元器件先后经历了荧光屏实时成像、图像增强器实时成像及射线探测器实时成像(DR 技术)3 个阶段。

3.2.3.1 荧光屏实时成像

荧光屏实时成像是最早的射线实时成像技术,其原理是将透过物质的射线投射到涂有荧光物质的荧光屏上,不同强度的射线与荧光物质作用会激发出不同强度的荧光,在荧光屏上显示亮度也不同,根据图像的明暗对比判断物体内部的结构和缺陷。实际检测时,为了保护检测人员免受射线辐射,通过平面镜将荧光屏的图像反射至安全距离外的一块铅玻璃观察屏上,供检测人员直接观察。荧光屏实时成像方法的灵敏度和精度较差,只适用于检测结构较为简单的薄壁工件,对于材料内部的微小缺陷的识别效果不佳。因此,在工程实际中应用时间不长,当精度更高的图像增强器出现后,荧光屏实时成像方法很快被替代。目前,荧光屏实时成像法在工程实际中已经不再使用。

3.2.3.2 图像增强器实时成像

为了改善荧光成像系统的图像质量,20 世纪 40 年代出现了基于图像增强器的射线实时成像方法,其基于电子学原理进行成像,并迅速进入工业应用,直至 20 世纪 90 年代末一直是非胶片实时成像的最主要方法。

X 线图像增强器主要由影像增强管、管套和电源 3 部分组成。影像增强管是影像增强器的核心部件,其结构是在高真空玻璃壳内封装输入屏、聚焦电极、阳极、输出屏和离子泵等元件。真空管两端分别是射线输入屏和荧光输出屏,射线输入屏一般由较薄的铝合金或钛合金制成,输入屏的基板表面涂有闪烁体(CsI/Na),能将输入的射线信号转换为较弱的光学图像,再通过光电阴极板将光学图像转换为电子束,电子束在电子加速聚焦栅的作用下加速并到达荧光输出屏,与输出屏表面的荧光物质(ZnCdS/Ag 闪烁体材料)作用形成强度更高的可见光图像(图 3.17)。

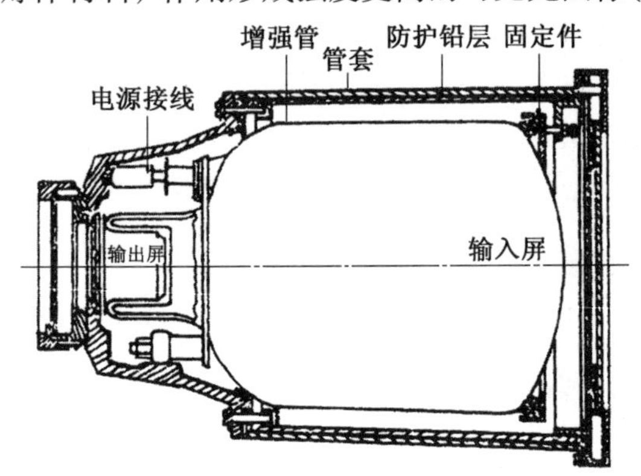

图 3.17　X 射线图像增强器结构示意图

影像增强管的主要作用是提高影像亮度,一般用亮度增益来表示影像增强管的性能。亮度增益定义为荧光输出屏影像亮度与射线输入屏影像亮度之比。亮度增益主要与以下两个因素有关。

(1) 缩小增益。

由于影响增强管的输入屏面积大,输出屏面积小,输入屏上光电阴极发射的电子束经电子透镜聚焦后集中投射到面积较小的输出屏上,导致输出屏单位面积接收的电子数量大幅增加,因此,输出屏亮度提高,由于输出屏面积缩小而导致的图像亮度增加,称为缩小增益。例如,某影像增强管输入屏有效直径为 23 cm,输出屏有效直径为 2.54 cm,则缩小增益计算方法为:缩小增益 $= 23^2/2.54^2 = 81$,即缩小增益使得输出屏的亮度是输入屏荧光图像亮度的 81 倍。

(2) 流量增益。

在增强管内,由于高压电场的加速作用,使电子束获得较高能量,撞击到输出屏荧光层时,电子束能激发更多的光子,激发出的光子越多,荧光图像亮度越强,这种增益称为流量增益或能量增益。影像增强管的流量增益一般为 50 ~ 100。

影响增强管的总亮度增益等于缩小增益与流量增益的乘积。早期影像增强管的亮度增益为 1 200 ~ 1 500,现代的影像增强管亮度增益可达 10 000 以上,并具有较好的分辨力。在它的输出屏上,图像的亮度可达 $0.3 \times 10^3\ cd/m^2$,因此,图像增强器的出现极大地促进了射线实时成像检测技术的工业应用。

一般用图像增强器作为图像传感器时,需通过摄像管和模数转换器将实时图像信号变为数字信号,而后在计算机上显示和处理,以便达到检测所需的像质计灵敏度和系统分辨率,但这样增加了检测系统的复杂度,不仅提高了检测成本,而且图像质量的提高也有限。由于采用图像增强器的射线实时成像存在的主要问题是其图像质量,特别是图像的分辨率较低,与胶片成像和 IP 荧光成像板成像的质量还存在一定差距,其工业应用也受到了限制,目前一些发达国家已逐步淘汰基于图像增强器的数字成像技术,我国目前在石油、电力、船舶等领域还在大量使用,未来该技术最终会逐渐被射线数字成像技术所取代。

3.2.3.3　DR 技术

就图像质量而言,胶片成像分辨率高但灵敏度低,IP 荧光成像板成像灵敏度提高了,但由于转化过程增多,分辨率变差。和 CR 相比,DR 采用探测器代替 IP 荧光成像板,通过 A/D 转换器直接获取数字信号,实现实时数字化成像。DR 和工业 CT 是这类方法的典型代表,但工业 CT 价格昂贵,大型设备达上千万元,如检测小型零件,选择 DR 设备更为适宜。

DR 成像系统和 CR 系统有较大的差异,其基本原理是将 CR 系统中的 IP 荧光成像板替换成影像探测器,这样可以对 X 射线影像进行很好的捕获,并且可以将其直接转化为实时动态图像,由计算机进行处理和储存。DR 成像系统的工作流程非常简单,可以分为以下几个步骤:X 射线曝光、数字影像直接产生、用计算机来处理及储存这些影像、监视器显示屏的观察和评定等。

工业 DR 扫描成像检测系统的原理如图 3.18 所示,可以简单地表述为:射线源 - 受检工件 - 射线成像探测器 - 图像数字化系统 - 数字图像处理系统 - 记录系统(包括显示、存储、打印、传输等)。在一般情况下,工业检测时射线源、受检工件所在转台和成像探测器都安装在一个巨大的减振平台上,射线源和成像探测器可以同时上下运动,也可以各自分别运动。工装转台可以带着受检工件做旋转运动,也可以前后移动,复杂一些的转台还可以做倾斜运动。

DR 检测系统的主要硬件包括射线源、平板探测器、工控计算机等。射线源发出射线光子,穿透工件后被平板探测器接收并转换为电信号,再由 A/D 转换电路转换为数字化信息,传输至计算机生成数字化图像。

根据能量转换方式的不同,平板探测器(Flat Panel Detector,FPD)可以分为直接转换型和间接转换型两种。直接转换型 FPD 使用光导体材料,

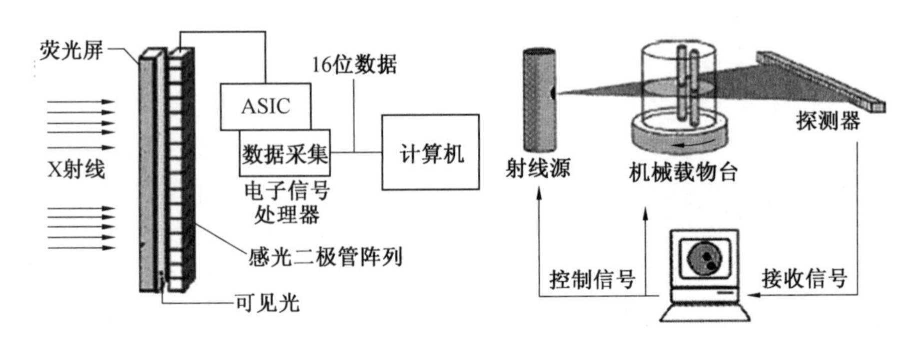

图 3.18 DR 扫描成像系统原理

经射线曝光后转换为电信号,通过薄膜半导体阵列存储,再经过 A/D 转换得到数字图像。间接转换型 FPD 使用闪烁晶体,经射线曝光后将射线转换为可见光,再由光电二极管阵列转换为电信号并逐行提取出转换为数字图像。

DR 探测器分为线阵列探测器和面阵列探测器两类。线阵列探测器由闪烁体(碘化铯 CsI)或荧光体(硫氧化钆 Gd_2O_2S) + 光电二极管 + 非晶硅层(TFT 阵列)组成,它使用一个闪烁体或荧光体,首先将射线转换为可见光,之后通过光电二极管或 TFT 阵列将可见光转换为电荷,再经 A/D 转换成数字信号,其工作流程如下所示:

入射的射线光子 → 可见光 → 电信号(模拟) → A/D 转换 → 数字信号

面阵列探测器是一种直接数字图像转换系统,包括非晶硒(一种光电导材料) + 薄膜半导体(TFT 阵列),它使用光电导器件,将射线光子直接转换为电荷储存起来,再经过 A/D 转换产生数字图像,其工作流程如下所示:

入射的射线光子 → 电导率 → 电信号(模拟) → A/D 转换 → 数字信号

平板探测器成像质量的性能指标主要从 3 个方面评价:量子检测效率(DQE)、空间分辨率(SR)及调制传递函数(MTF)。DQE 表示探测器探测到的光子量与入射量子数之比,数值越高,量子利用率越高,其取决于空间频率。SR 取决了图像对最小物体空间几何尺寸的分辨能力。MTF 由探测器的物理结构决定,可反映成像系统对图像细节的分辨能力,决定了对比度的损失程度,其数值范围为 0 ~ 1,数值越高,则表明成像越真实。

DR 可实时成像,所有检测图像被自动记录在计算机上;成像时间一般只有几秒钟;整个操作过程只需要一人即可完成;DR 系统所需射线剂量很低(以脉冲源为例,10 mm 厚钢板只要 60 个 60 ns 宽度的脉冲),故防护的成本较低,使用脉冲射线源时,人员只需站在脉冲源后 3 m 的位置就可以避免辐射。DR 系统一般还配备几十米长的轻型电缆,可以选择无线操作模式,野外检测时不需要彻底清场。

DR 技术的局限在于:针对三维尺度的缺陷,只能二维显示,分辨型腔类工件或复杂结构类工件中的缺陷比较困难,且视场尺寸较小。目前这类检测需求只有工业 CT 能够较好满足。便携式 DR 数字射线检测设备如图 3.19 所示。图 3.20 为 DR 检测汽车结构件铸造缺陷。

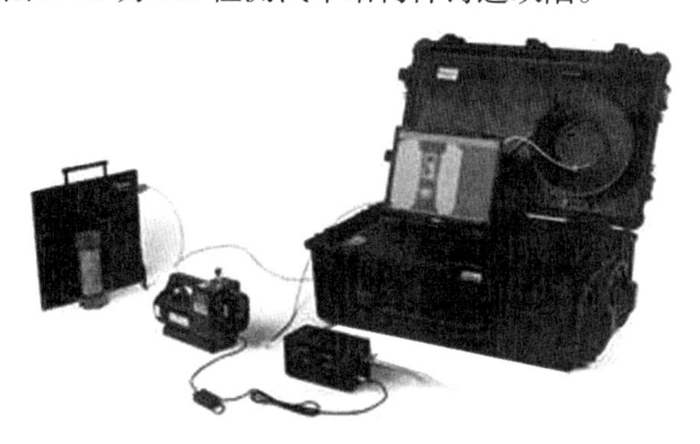

图 3.19　便携式 DR 数字射线检测设备

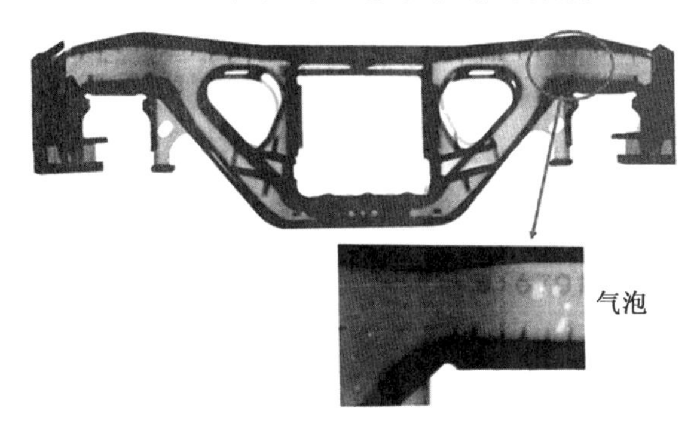

图 3.20　DR 检测汽车结构件铸造缺陷

3.3　工业 CT

3.3.1　工业 CT 基本原理

工业 CT(Computer Tomography),即工业用计算机辅助层析成像技术,也称射线计算机断层扫描技术,其实质是一种利用计算机进行的被检对象横断面虚拟解剖成像技术。

工业CT是在射线照相检测的基础上发展起来的。其基本原理是：当一束扇形X射线从侧面穿过被检物体时，从物体另一侧接收的透射射线信号强度包含了物体的成分、密度、尺寸等信息，如果从不同角度的侧面对物体进行透照并采集多个角度的透射照片，采用一定的重建算法（如直接傅里叶法、代数法、卷积反投影法等），计算出射线在物体内部横截面不同位置吸收系数的分布情况，并将其重构成为一幅二维截面图像。射线工业CT原理图如图3.21所示。改变扇形射线术的透射位置，重复上述图像采集和处理过程即可获得其他位置的断层扫描图像，按一定间隔测量一定数量的二维断层扫描图像就可以重建出物体内部的三维断层扫描图像。

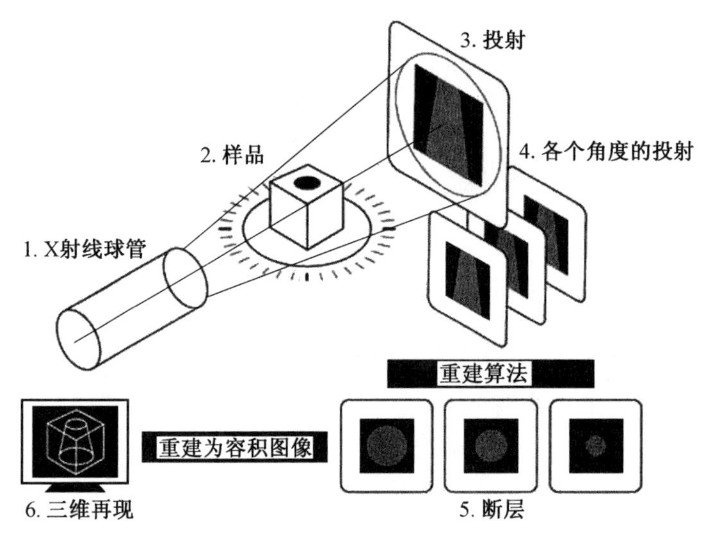

图3.21　射线工业CT原理图

单能射线束穿过非均匀物质后，其衰减遵从比尔定律：

$$I = I_0 \mathrm{e} - \alpha \sum_{i=1}^{n} \mu_i \tag{3.9}$$

即

$$\frac{\ln \dfrac{I_0}{I}}{\alpha} = \mu_1 + \mu_2 + \cdots + \mu_i \tag{3.10}$$

式中，α为吸收系数；I、I_0为已知量；μ为未知量。一幅大小为$m \times n$像素的图像，需有$m \times n$个独立的方程才能求出衰减系数矩阵内每一像素点的μ值。当射线从不同方向对物体进行透照，通过射线探测器可得到$m \times n$个计数值，根据一定的算法，即可重建出由$m \times n$个μ值组成的二维断层扫描图像。

工业 CT 断层扫描图像是经计算获得的数据矩阵,矩阵中每个元素对应图像上的一个像素点。某一像素点的值(CT 值)与物体内对应位置微小单元体的衰减系数平均值有关。物体内的缺陷能否被检测到,取决于该缺陷是否能够导致对应位置重建图像中像素值的变化。缺陷在 CT 图像上的灰度值反差大小与缺陷对射线的衰减系数、缺陷本身大小有关,另外,还与射线源焦点大小、探测器、检测系统精度、图像重建算法、透照参数、扫描人员操作水平等因素有关。像素尺寸是 CT 测量的最小量度,它与物体尺寸和重建矩阵有关。

工业 CT 设备主要包括射线源、探测器、旋转机构、控制模块、成像模块和射线防护模块等。20 世纪 70 年代初,世界上首台医学 CT 设备在英国研制成功,医学 CT 在临床诊断上获得广泛应用,带来医学诊断史上的革命。20 世纪 80 年代初,受医学 CT 启发,美国等发达国家率先开展工业 CT 的研发工作,并于 1983 年研制出第一台工业 CT 设备用于火箭固体发动机的无损检测,带来工业无损检测史上的革命。

3.3.2 工业 CT 的特点和应用领域

从本质上讲,工业 CT 也是射线检测技术的一种,与射线照相及实时成像相同,检测时首先需要射线能够穿透被检物体,采用透射射线进行成像。同时,工业 CT 又与射线照相和实时成像方法有所区别,具有其自身的特点:

(1) 工业 CT 不是直接以透过物体的射线进行成像,而是采用一定算法对同一部位不同角度的多张投射图像进行分析后,对物体的横截面进行成像,即成像的面与射线透照方向相同。而射线照相和实时成像获得的射线成像都是与射线透照方向垂直的,而且是对被检物体整体进行成像。

(2) 工业 CT 可以通过图像重建算法获得被检物体某一截面的二维图像或工件整体的内部三维图像,感兴趣的目标区域不会受其他区域遮挡的影响。通过断层图像的三维重建,可以直接从图像中获得准确的缺陷尺寸和位置信息,不受图像叠加的影响,其检测精度较高。而射线照相和实时成像方法由于是将三维物体的内部结构投影到二维平面上,存在图像叠加,难以分析缺陷的深度信息。

(3) 与另外两种射线透照检测方法相比,工业 CT 具有更高的密度分辨能力,高分辨工业 CT 获得的图像密度分辨率可以达到 0.3%,比射线照相和实时成像检测高出一个数量级。

(4) 采用高性能探测器的高分辨工业 CT,其探测器的动态响应可达 10^6 以上,远高于胶片、普通 IP 荧光成像板和图像增强器。

(5) 工业 CT 获得的是数字化图像,与 CR、DR 相同,数字图像便于存储、处理和传输。

与其他无损检测技术类似,工业 CT 也有其局限性。首先,工业 CT 设备本身价值较高,是普通 CR 和 DR 设备的几倍甚至几十倍,导致工业 CT 检测成本较高,不适合大规模工业流水线和廉价产品中的应用,应用范围受到限制;其次,工业 CT 设备往往针对不同对象进行专门的结构、参数,甚至射线源的设计和配置,导致设备专用性较强,一台设备往往只适用于某类材料或物体的检测,对其他材料或形状的物体检测灵敏度以及精度较低,因此其设备通用性较差。

工业 CT 可用于对金属、非金属、复合材料及多种材料复合体零部件中的多种缺陷进行无损检测和无损质量评价,对产品内部结构尺寸、材质组成密度等进行无损测量,以及用于辅助工艺改进、逆向设计等。

工业 CT 已经广泛应用在汽车、材料、铁路、航空航天、军工、国防等产业领域,为航天运载火箭及飞船与太空飞行器的成功发射、航空发动机的研制、大型武器系统检验与试验、地质结构分析、铁道车辆提速重载安全、石油储量预测、机械产品质量判定等提供了的重要技术手段。

(1) 无损检测方面。

可对各种零部件和产品的内部缺陷(如裂纹、气泡、孔隙、夹杂、疏松、脱黏、分层、气孔、缩孔、不均匀性、结构异常和装配缺陷等) 进行无损检测和无损质量评价。由于工业 CT 获得的断层扫描图像可以直观反映物体的材料组分、几何结构和密度特性等信息,不仅能直接获得缺陷的形状、位置和尺寸信息,而且结合密度分析技术,还可以对缺陷的性质进行判定,使得长期以来困扰无损检测技术人员的缺陷三维定位、深度精确定量及内部性质分析等问题有了更加直接的解决方法。工业 CT 适合于金属、陶瓷、聚合物以及各种复合材料内部多种类型的缺陷检测。

(2) 无损测量方面。

可精确测量各种零部件和产品的内部结构尺寸和缺陷(包括微细缺陷) 尺寸,可精确测量材质内部的密度;三维工业 CT 图像可验证产品尺寸和装配情况是否符合设计要求,对复杂结构件检测及关键部件装配质量分析有实际意义。

(3) 工艺分析方面。

在无损检测和无损测量的基础上,对设计、加工、制造的工艺方法进行分析、研究和改进。

(4) 逆向设计方面。

在无损测量的基础上,完成产品结构的虚拟解剖,建立产品的三维数字化模型,进行逆向设计和逆向制造。

西方发达国家对工业 CT 的研究和应用较早,20 世纪 80 年代中期,美国军方就将工业 CT 用于中小型固体火箭发动机,对其绝热层与壳体的黏结质量、药柱内部的裂纹、气孔、夹杂及药柱与绝热层之间的黏结等质量进行检测(100% 检测或关键界面检测),发现了许多常规无损检测方法难以检出的质量问题,从而使故障率从 40% 降到了 8%,大大提高了固体火箭发动机的安全性能。随后,俄罗斯、英、法、日等国也先后将工业 CT 应用于固体火箭发动机的质量检测。

在我国,工业 CT 从 20 世纪 90 年代后期开始引进和发展。作为一种先进的无损检测技术,由于工业 CT 不受检测对象的材料种类、形状结构限制,而且成像结果更加直观、分辨率更高,尤其是在检测复杂形状的零件方面展示了特有的优势。因此,国内的研究和应用发展很快,目前已经在航空航天、兵器、汽车制造、电子、材料、安全、考古等领域得到十分广泛的应用。检测对象涵盖了尺寸为毫米级电子结构到直径数米、重达几十吨的大型航海、航空和航天产品。

3.4　其他射线检测技术

3.4.1　康普顿散射成像检测技术

3.4.1.1　康普顿散射原理

数字射线成像技术和工业 CT 都是射线穿过物质后采用透射射线进行成像,但在某些情况下由于工件的形状限制或空间限制无法将射线源和探测器布置在工件两侧。因此,一种新的射线成像思路被提出:X 射线或 γ 射线在穿透被测物质的同时,X 光子和 γ 光子与被测物质中核外电子间相互作用,产生康普顿散射效应,采集散射光信号,经过一定的数据处理或“重建”得到三维密度分布图像,从而对工件的内部信息进行表征。这就是康普顿散射成像(Compton Scattering Tomography,CST)检测技术,该技术是在 20 世纪 80 年代末发展起来的一种射线检测新手段。

在康普顿散射效应中,入射的射线光子与自由电子或物质的外层电子发生非弹性碰撞,光子的一部分能量转移给电子,使其成为反冲电子脱离原子核束缚飞出,入射光子的能量和运动方向也发生变化成为散射光子。康普顿散射效应示意图如图 3.22 所示。

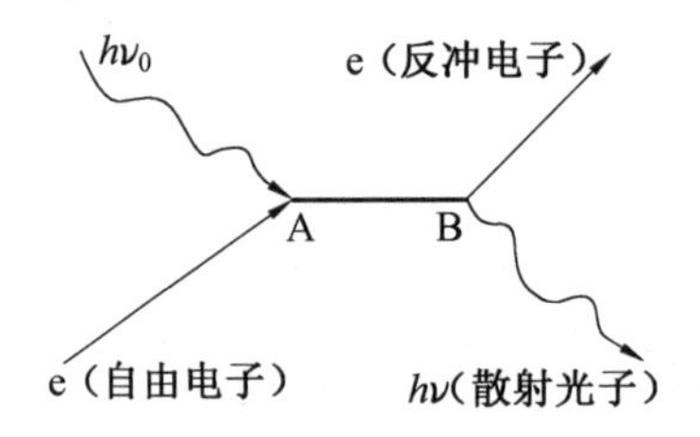

图 3.22　康普顿散射效应示意图

康普顿散射效应一般发生在入射光子与自由电子或受原子核束缚较弱的外层电子碰撞过程中,碰撞后,入射光子的能量分配给反冲电子和散射光子。康普顿散射效应的发生概率和物质的原子序数大致成正比,与光子的能量成反比。一般而言,散射角越大,散射光子分配的能量越小,散射角为 180° 时,散射光子的能量最小。由动量守恒定律和能量守恒定律可以推导获得散射光子及反冲电子的能量与散射角之间的关系。设入射光子能量为 E,波长为 λ,频率为 ν,散射光子能量为 E',波长为 λ',频率为 ν',反冲电子的能量为 E_e,有关计算式如下:

$$E_e = h\nu - h\nu' \tag{3.11}$$

$$E' = \frac{E}{1 + \frac{E}{m_0 c^2}(1 - \cos\theta)} \tag{3.12}$$

$$\cot\theta = \left(1 + \frac{E}{m_0 c^2}\right)\tan\frac{\theta}{2} \tag{3.13}$$

$$\Delta\lambda = \lambda' - \lambda = \frac{h}{m_0 c}(1 - \cos\theta) = 0.024\,2(1 - \cos\theta) \tag{3.14}$$

式中,h 为普朗克常量;c 为光速;m_0 为电子静止质量,其值为 9.11×10^{-31} kg。

3.4.1.2　康普顿散射成像检测的特点

康普顿散射成像检测具有以下技术特点:

(1) 单侧非接触,不受被检测对象几何尺寸的限制。利用 CST 设备,只需在构件的单侧放置射线源和探测器,即可对构件进行检测,因此可检测大型构件。

(2) 灵敏度高,尤其是检测 X 射线吸收系数低的材料。

(3) 具有层析功能,一次可获得深度方向多个截面图像,因此一次扫描即可得到物体内部三维图像。

1976 年苏联完成了 γ 射线康普顿散射成像检测金属表面缺陷的试验；1982 年西德进行了铝铸件康普顿散射成像检测；1987 年美国将康普顿散射成像检测用于非金属多层结构检验。

需要指出的是，康普顿散射成像检测适合于检测轻合金、聚合物等原子序数和密度较低的材料，对该类材料采用康普顿散射成像可以获得比透射方法成像更高的对比度。特别是当检测对象为表层形状复杂的工件时该技术比一般的射线照相技术有更好的检测效果，而且此种技术对大型物体的检测还具有其独特作用。

根据康普顿散射成像原理，可以总结该技术的难点如下：

（1）不同于射线透射成像方法，探测器接收到的射线只经历了一次衰减，在康普顿散射成像中，不仅入射光受到被测物质的衰减，探测器接收到的散射光线同样受到被测物质的衰减作用，这使得散射信号是被测物质电子密度的非线性函数，因此通过散射信号重建物质电子密度成为一个非线性逆问题，其重建算法复杂度增加，误差也增大。

（2）多次散射的光子进入探测器成为影响密度图像的重建算法精度的一个因素，在散射光从物质内部向外传播的过程中，会产生二次散射甚至多次散射，经过多次散射的光子也可能进入探测器，在图像重建算法中需要考虑并尽量去除多次散射光子的影响。

（3）通过散射线成像，因此主要适用于低原子序数的物质，而且散射光的强度随物体深度的增加而急剧减弱；适用于近表面区域的检测，其检测深度受到限制。

3.4.2　中子射线检测技术

3.4.2.1 中子射线的产生

原子核由中子和质子组成，中子和质子几乎具有相同的质量，且都不带电荷。1932 年，Chadw Ick 使用钋（Po）放射源发出的 α 射线照射铍（Be）元素，产生了一种穿透力很强，且不带电荷的射线，即中子射线。中子射线的本质是原子核衰变、裂变或受高速电子撞击时从原子核中逸出的高速中子流。因此，中子射线由中性粒子构成，不带电，其穿透能力极强。而且，中子射线与γ 射线一样均可通过与物质的相互作用产生次级粒子，间接地使物质发生电离。按其能量由低到高可将中子射线分为：热中子射线（能量小于 0.5 eV）、慢中子射线、中能中子射线、快中子射线和高能中子射线（能量大于10 MeV）。

目前工业常用的中子源有三大类：同位素中子源、加速器中子源和反应堆中子源。

(1) 同位素中子源。

同位素中子源利用原子核的自发放射性，如大多数超铀元素的原子核在自然衰变的过程中会放出中子射线。最常用的同位素中子源为锎(252Cf)，其半衰期为2.65年。

(2) 加速器中子源。

加速器中子源利用质子与重质子轰击超重氢产生中子。目前应用最为广泛的是100 ~ 300 keV电压加速重氢离子的中子发生器。

(3) 反应堆中子源。

反应堆中子源是3种中子源中最强的，其产生的中子射线强度远高于前两种中子源。一般采用铀(U)与钋(Po)作为燃料，通过剧烈的核裂变反应产生快中子或高能中子，为将其安全应用在材料检测中，需使用对快中子和高能中子起减速作用的水、石墨等材料，降低中子能量，使其成为热中子。

3.4.2.2　中子射线检测的特点和应用

中子射线可以穿透物质，也可以在物质中发生散射和衍射，利用中子与物质的相互作用可进行中子射线无损检测。如：① 通过中子射线照相技术检查缺陷；② 测定保温材料中的含水量；③ 测定钢材中的含氢量；④ 测定钢材内部间隙；⑤ 根据放射性进行元素含量的定量分析；⑥ 通过中子解析分析测定残余应力。

中子射线穿透物质的过程中，其衰减主要与元素的原子序数有关，不同元素对中子的吸收系数差异很大，中子射线难以穿透的元素有：氢(H)、锂(Li)、硼(B)、镉(Cd)、钆(Gd)等，因此水、塑料等含氢的轻物质可以阻挡中子射线；而铝(Al)、铁(Fe)、锆(Zr)、铅(Pb)等金属则很容易被中子射线穿透。中子射线与X射线、γ射线的穿透能力正好相反。

中子射线照相检测技术广泛应用于飞机、火箭、飞船等航空航天器的质量检查方面，如飞机发动机涡轮叶片的冷却气孔通畅性检查，各种火箭、起爆管、发动机喷嘴、电气部件的试验检查，燃料输送管内燃料输送状况检查等。

在建筑工程领域，为了提高钢筋混凝土的强度，有时需在混凝土中卷入钢板，在其间隙要充填砂浆，此时，钢板与混凝土的间隙大小是影响整体结构强度的关键因素。对此，可用中子散射法进行检测，即用^{252}Cf中子源，从钢板外照射，穿透钢板的中子从混凝土表面或表面附近向后方散射，若钢板厚度及混凝土中的含水量等条件相同，那么向后方散射的中子数只与钢板和混凝土间的距离有关，间隙越大，散射中子数就越少，通过计测中子数，即可测定混凝土与钢板之间的间隙。

另外，中子射线检测技术在冶金、考古、医学、农业、生物研究等领域也有广泛应用。

3.4.3 高能 X 射线检测

3.4.3.1 高能 X 射线的产生

能量在1 MeV以上的X射线被称为高能X射线。其产生原理和普通X射线产生原理相似，差异在于产生高能 X 射线的电子发射源不是热灯丝，而采用电子枪，电子枪发射的电子数量远高于热灯丝；为电子加速提供电场的装置不是射线管，而是加速器，加速器可以使电子的运动速度提高几个数量级。因此，经加速器加速后的电子运动速度很高，轰击阳极靶材后产生的高能 X 射线能量比一般 X 射线大很多，穿透能力也比一般 X 射线强得多。

工业实际中高能 X 射线检测领域常用的电子加速器有两种，分别是电子回旋加速器和直线加速器。

电子回旋加速器利用电磁感应效应使电子加速，将电子流置于环形磁场中，沿环形空腔不断加速，达到所需速度后，通过电场将其导出。电子回旋加速器结构图如图 3.23 所示。电子回旋加速器本质上是一个变压器，变压器的一次绕组与交流电源连接，其二次绕组是一个真空环形管，也称为环形真空室。环形管通常由陶瓷材料制成，内侧涂有导电材料作为靶层并接地，环形管除了作为二次绕组，另一个作用是作为容纳电子流的空腔。

电子枪发射的电子进入回旋加速器的环形真空室中，由于磁场作用将在环形通道中被加速，电子在撞击靶材前，一般要绕环形轨道加速几十万圈，以获得足够的能量。经回旋加速器加速后的电子流焦点很小，因此，采用其产生的高能 X 射线照相时，固有的几何不清晰度很小，可以获得高分辨率的照片，其不足在于回旋加速器体积巨大、设备复杂、造价高，使用范围受到很大的限制。

直线加速器由一系列直线空腔加速管组成，每段加速管内部采用射频(RF) 电磁场对电子进行加速，两端有可以供电子通过的孔，加速过程中电子从一个空腔进入到下一个空腔，在每段空腔内都被电场加到更高的速度，直到获得足够的能量。直线加速器的加速效率同样很高，经直线加速

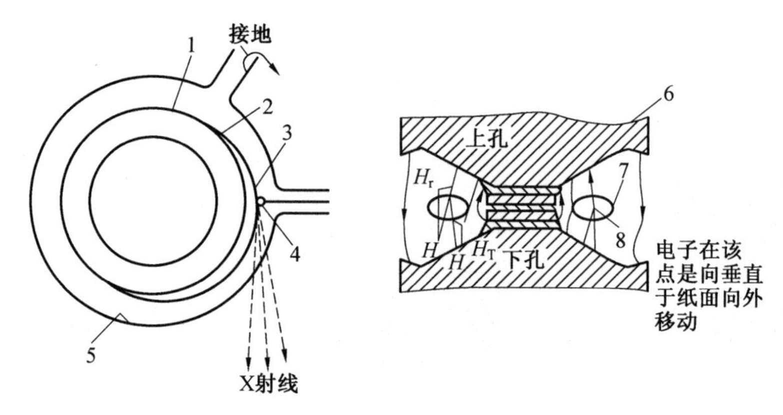

图3.23　电子回旋加速器结构图

1—平衡轨道;2—盘形轨道;3—靶结构;4—发射器;

5—内部深靶;6—钢片;7—环形室;8—电子轨道

器加速的电子速度可以达到光速的99%,高速电子撞击阳极靶产生高能X射线。

直线加速器的焦点比电子回旋加速器稍大,但其体积相对较小,电子束流更大,因此产生的X线强度更大,工业中高能X射线检测应用更广泛,其结构如图3.24所示。

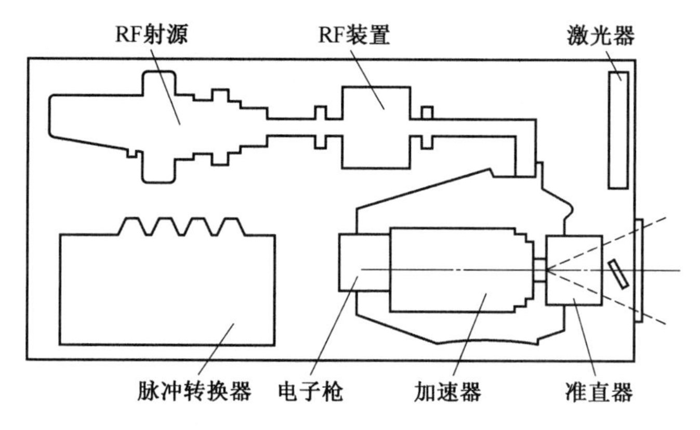

图3.24　工业用直线加速器结构图

3.4.3.2 高能X射线检测的特点和应用领域

高能X射线检测具有如下特点：

(1) 高能X射线的穿透能力强，透照厚度大。常规射线管产生的X射线对普通钢板的穿透厚度小于0.1 m，^{60}Co放射源产生的γ射线对钢板的穿透厚度小于0.2 m，而工业用高能X射线对钢板的穿透厚度可达0.4 m以上，因此，厚度大于0.2 m的钢铁结构，必须采用高能X射线进行检测。

(2) 射线焦点小，焦距大，照相清晰度高。高能X射线设备的体积很大，一般配备专门的散热系统，加上加速器产生的电子束流焦点较小（回旋加速器焦点为0.3 ~ 0.5 mm，直线加速器的焦点为1 ~ 3 mm），因此，高能X射线焦点可以很小，为了保证透照范围，选用大焦距。在射线照相检测中，小焦点和大焦距更有利于提高成像的清晰度。

(3) 高能X射线与物质作用产生的散射线少，成像更清晰。一般而言，随着射线能量的提高其散射概率会降低，因此，高能射线的光子与被测物质作用产生的散射线更少，散射线的减少有利于降低成像的模糊效应，使透射射线成像更加清晰。

(4) 射线强度大，曝光时间短，检测效率高。直线加速器产生的高能X射线剂量可达4 ~ 100 Gy/min，远高于普通射线管和放射源产生的射线强度，因此采用高能X射线需要的曝光时间很短。例如，100 mm厚的钢板仅需1 min左右的曝光时间，其透照效率高，也就极大地提高了检测效率。

20世纪90年代，高能X射线数字成像检测技术在国际上属于高新技术，目前也只有少数几个国家拥有此类技术。它能以数字图像清晰地显示大型构件内部的结构状态及其微细缺陷，是发展现代国防科技特别是航天、重型武器等不可缺少的一项基础技术，是武器装备发射安全和运行可靠性的重要技术保障。

我国高能X射线无损检测工作始于20世纪80年代，引进的X射线直线加速器和胶片成像方法开始主要用于一些重要的国防单位。近年来，我国在高能X射线实时成像检测方面也有一定的成就，如清华大学研制6 MeV的集装箱线阵扫描检测系统。有关高能X射线数字成像检测的研究重点，主要集中在具有体积小、能量大、小焦点、高量子率的高能X射线源，具有高转换效率、高动态范围、高空间分辨率的低噪声的射线图像转换技术以及提高图像质量的数字图像处理技术等方面。

3.5　射线检测技术在再制造领域的应用

先进的无损检测技术是实现再制造质量控制的重要支撑。再制造前，首先要对废旧件，即再制造毛坯进行检测，评价其损伤程度、裂纹等危险缺陷的状态，预测废旧件的剩余寿命，决定是否能再制造；零件修复后，还要对再制造后形成的再制造产品进行质量检测和服役寿命预测，合格后才能装机使用。射线检测技术作为一种重要的无损检测手段，在各种异形结构、薄壁结构、厚度不均结构、再制造涂覆层内部微小缺陷的质量检测方面具有特殊优势，符合再制造零件的检测需求，因此，该检测技术在再制造领域大有用武之地。

3.5.1　航空发动机涡轮叶片损伤评价

机械零件再制造流程的第一步是对再制造毛坯进行检测和评价，目的是剔除无法进行再制造的零件，提高再制造效率，确保再制造后产品质量符合要求。对于具有复杂形状的毛坯件，其内部结构完整性和内部损伤的检测评价较为困难，传统检测手段无法胜任。以某型航空发动机高温涡轮导向叶片为例，由于服役于高温环境，其内部设计了大量空气冷却通道，表面被热障涂层覆盖，且为三片一体铸造成型，内部结构十分复杂，一个服役周期结束后，再制造前需通过检测手段判断其结构变形程度、内部是否出现了疲劳裂纹以及气体冷却通道是否通畅等。由于内部结构复杂，传统的磁粉、渗透、超声、涡流等检测手段已不再适用，新型的红外、激光等手段也无法充分反映其内部结构。

采用工业CT，对上述航空发动机高温涡轮导向叶片内部结构进行检测，分别对叶片的正面和侧面进行扫描并成像，通过调整辐射强度和成像参数，可以对叶片内部的不同结构进行观察(图3.25)。图3.25(c)所示为高强度辐射下叶片正面根部和叶冠部位的透射成像结果，图中可见两个部位成像灰度均匀，未出现明显的浅色裂纹形状，因此可以判断叶根和叶冠部位内部未产生裂纹；另外，图中还可观察到叶盆部位的大量冷却气孔成像，如果冷却气孔发生堵塞，则会呈现不同程度的暗色，图中未观察到明显的暗色气孔成像。图3.25(d)展示了叶片的侧面断层扫描成像结果，从图中可以清晰地观察到叶片内部的空腔结构、强化板和边缘齿牙结构，可以进一步根据断层扫描图像对其内部结构完整性进行判断。

(a) 高温涡轮导向叶片

(b) 工业 CT 检测现场

(c) 叶片正面射线透射成像

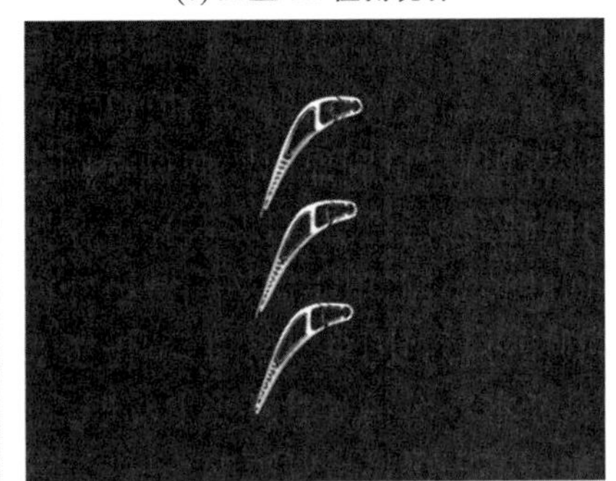

(d) 叶片侧面断层扫描成像

图 3.25　飞机发动机高温涡轮导向叶片的工业 CT 检测结果

3.5.2　再制造小型电机端盖缺陷检测

电机端盖是典型的具有复杂形状的薄壁零件,存在许多筋条、凸耳、圆台及截面突变部位,材质为 ACD - 12 铝合金,新品制造方法为精密压铸成型,制造成本较高,但其回收件具有一定再制造价值。图 3.26 为废旧小型电机端盖,3 个电机端盖外观良好,无肉眼可见缺陷,在再制造前需对 3 个端盖内部的材料缺陷和服役损伤进行检测,主要有气孔、暗藏裂纹等。

采用 GE XRS - 3 型脉冲射线源和 DXR250V 型数字射线实时成像系统对上述 3 个废旧电机端盖进行检测,结果如下:$1^{\#}$ 端盖压铸质量较好,材质比较均匀,除右侧筋条存在较多气孔和未充满外(图 3.27 中圆圈标示处),其他部位无明显缺陷,具有再制造价值。

对于 $2^{\#}$ 端盖,采用不同的曝光量及变化照相的角度,获得的数字射线图像如图 3.28 所示。通过对比大曝光量和中等曝光量的照片,发现在 $2^{\#}$ 端盖中心平底孔底部存在裂纹,中心上部筋条存在一些细密的小气孔和一条小裂纹(圆圈标示)。其余部位材质比较均匀,无明显内部缺陷,对裂纹

(a) $1^{\#}$ 端盖　　(b) $2^{\#}$ 端盖　　(c) $3^{\#}$ 端盖

图 3.26　废旧小型电机端盖

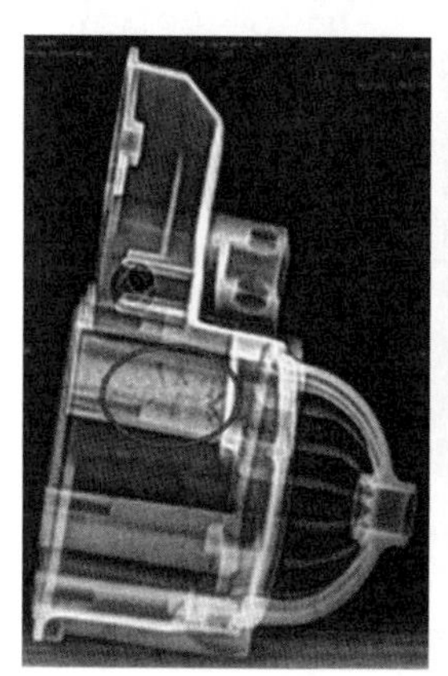
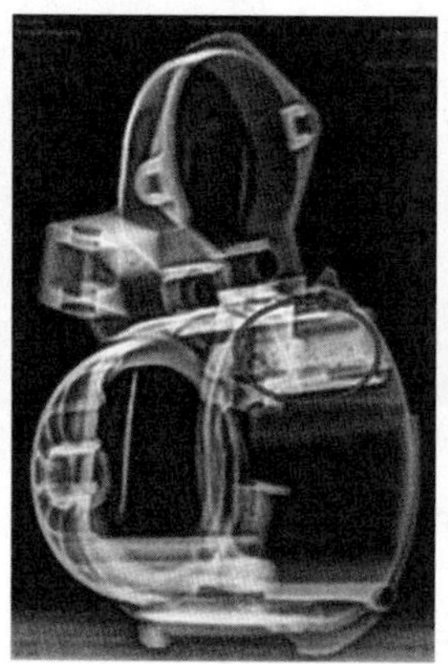
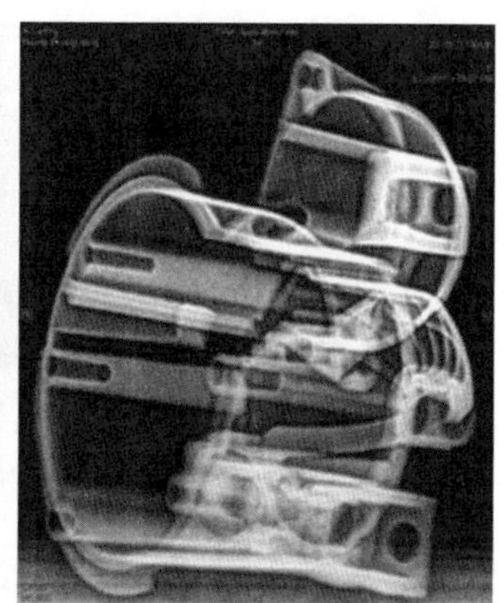

图 3.27　$1^{\#}$ 端盖 X 射线数字图像

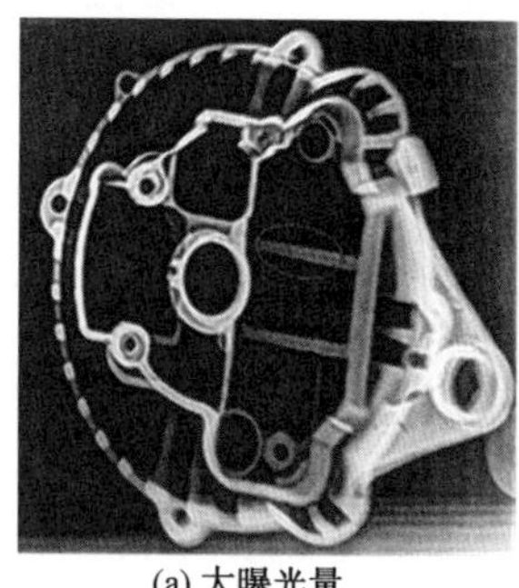
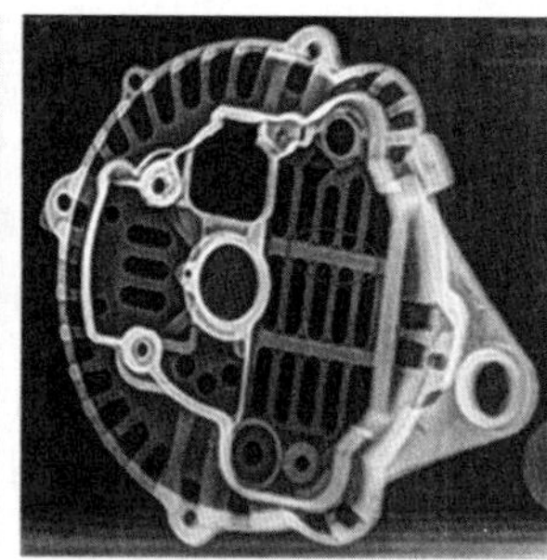
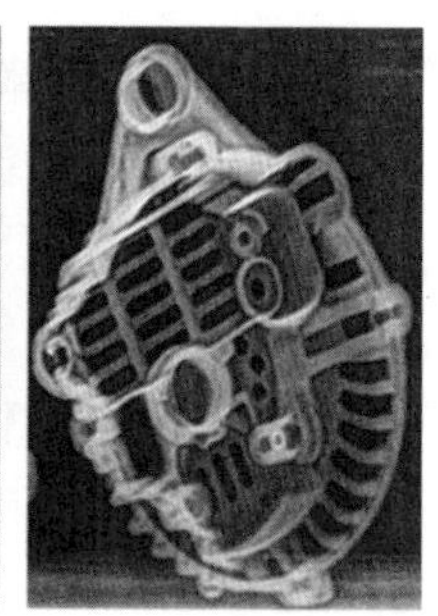

(a) 大曝光量　　(b) 中等曝光量　　(c) 改变照相角度

图 3.28　$2^{\#}$ 端盖 X 射线数字图像

进行再制造修复后可继续使用,因此该零件具有再制造价值。

$3^{\#}$ 端盖也采用不同的曝光量及变化照相角度进行成像,获得数字射线图像如图 3.29 所示。由图可见,$3^{\#}$ 端盖质量较差,发现 1 处较大裂纹、1 处铸造未充满及多处气孔缺陷。经评价,该端盖由于存在不可修复的制造缺陷,再制造价值较低。

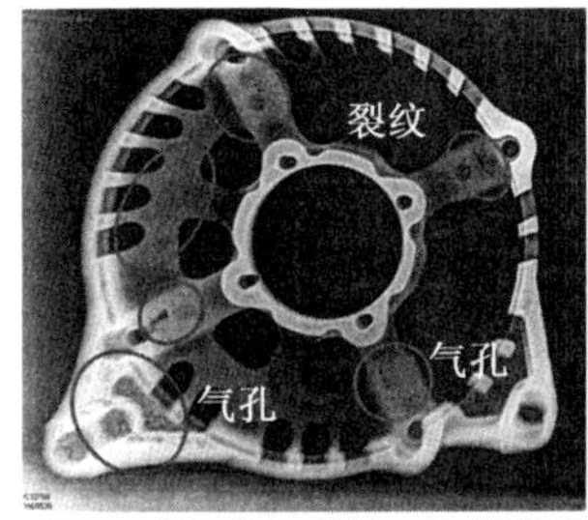

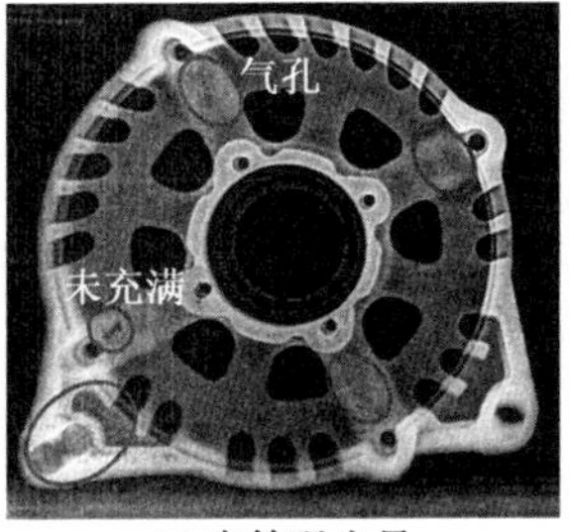

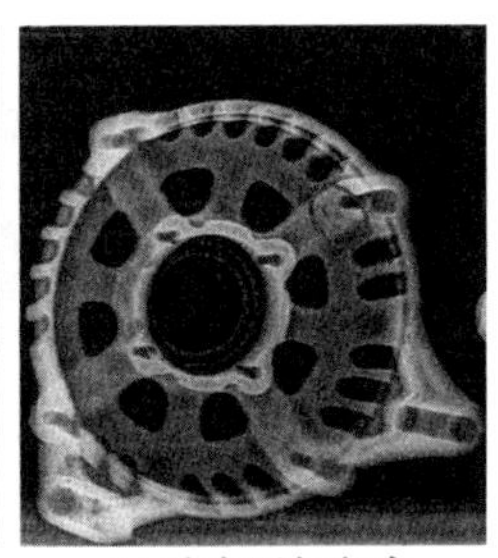
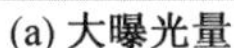

(a) 大曝光量　(b) 中等曝光量　(c) 改变照相角度

图 3.29　3# 端盖 X 射线数字图像

3.5.3　再制造熔覆层质量检测

激光熔覆技术是再制造工程的一种关键技术,与喷涂、刷镀等增材再制造工艺相比,激光熔覆层具有结合强度高、可加工性好等优点。然而,由于激光熔覆过程中合金材料在短时间内完成熔化和快速冷却凝固过程,对某些材料而言,在冷却凝固过程中易形成气孔、缩孔等缺陷,要对熔覆层内部的气孔和缩孔缺陷进行评价,可以采用观察熔覆层横截面微观形貌的方法,但是该方法属于破坏性检测方法,且效率低、成本高,无法对已经施工的零件和结构进行无损评价。对于某些重要工程结构或关键机械零件,在对表面熔覆层进行全面检查时,使用便携式射线检测系统是较好的选择。

以汽车发动机缸盖为例,在使用过程中承受高温、高压燃气的作用和较大的冲击载荷,在其“鼻梁”部位易产生横断裂纹,称为“鼻裂”。以往倘若发生“鼻裂”,则缸盖直接报废,作为废品回炉,缸盖附加值全面丢失,造成极大浪费。采用激光熔覆方法,对缸盖“鼻裂”部位进行再制造损伤修复取得了良好的效果。为了对熔覆工艺进行优化,采用射线照相法检测熔覆组织内部的气孔缺陷,图 3.30 展示了两种不同工艺下的熔覆组织射线成像结果。熔覆所用粉末材料为 NiCuBSi 合金,基体为缸盖材料 HT250 铸铁。激光熔覆设备为机器人控制固体光纤 YAG 激光器系统,峰值功率为 1.2 kW,采用气动式侧向同步送粉方式,激光熔池采用氩气保护。图 3.30(a) 所示激光焊道中存在大量气孔,其工艺参数为:激光功率为 600 W,扫描速度为 200 mm/min,送粉速度为 7 g/min。经过优化后,激光功率增加至 900 W,扫描速度降低为150 mm/min,送粉速度不变,熔覆层 X 射线成像结果如图 3.30(b) 所示,该工艺参数下,熔覆层内部组织均匀,无明显的气孔和裂纹缺陷,同时熔覆层表面连续、光亮,成型质量优异。采用上述优化工艺完全恢复了“鼻梁”原始尺寸，修复部位表面无裂纹、宏观气孔等缺陷，熔覆层与铸铁基体结合良好。

(a) 工艺优化前熔覆焊道射线成像

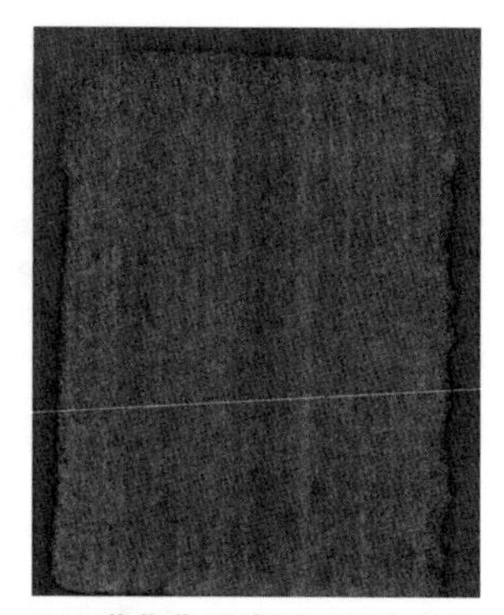

(b) 工艺优化后熔覆层射线成像

图 3.30　激光熔覆层 X 射线检测结果

本章参考文献

[1] 杨杰. 浅谈射线检测技术的发展[J]. 河南化工,2010,27(6):33-35.
[2] 郑世才. 射线检测技术 20 年回顾[J]. 无损检测,1988,20(3):61-64.
[3] 王广坤,王化龙,范春雷,等. X 射线 DR 技术在铝合金铸件检测中的应用[J]. 技术开发与研究,2012,(6):47-54.
[4] 王洪良. DR 检测系统平板探测器响应特性的研究[J]. 科技与创新,2015(11):77-81.
[5] 程刚. 无损检测中数字射线照相成像技术的应用[J]. 科技创新与应用,2013,32:42-43.
[6] 王增勇,汤光平,李建文,等. 工业 CT 技术进展及应用[J]. 无损检测,2010,32(7):504-508.
[7] 孙灵霞. 工业 CT 技术特点及应用实例[J]. 核电子学与探测技术,2006,26(4):486-488.
[8] 程耀瑜. 工业射线实时成像检测技术研究及高性能数字成像系统研制[D]. 南京:南京理工大学,2003,8.
[9] 宋新香,王冰,秦呈欣. 中子射线在无损检测中的应用[J]. 无损探伤,2000,16(5):46-47.
[10] 董世运,闫世兴,徐滨士,等. 激光熔覆再制造灰铸铁缸盖技术方法及其质量评价[J]. 装甲兵工程学院学报,2013,27(1):90-93.

第4章　超声检测

超声检测是通过发射器和接收器产生与接收超声波,利用超声波与被检工件的相互作用,对工件进行宏观缺陷检测、几何特征测量、组织结构及力学性能变化的检测和表征。

超声检测技术近几十年来发展非常迅速,已经成为国内外应用最广、使用频度最高的一种无损检测技术。在我国,超声检测技术几乎渗透到所有的工业部门,如钢铁工业、机器制造业、特种设备行业、石化工业、铁路运输业、造船工业、航空航天业、核电工业及其他高速发展的新技术产业等。

4.1　超声检测的物理基础

4.1.1　机械振动和机械波

机械振动是指物体或物体一部分在某一中心位置(平衡位置)附近做周期性的往复运动。机械振动在弹性介质中传播形成机械波,如声波、水波、超声波等。

人耳能听到的声波频率范围为20 ~ 20 000 kHz,频率低于20 Hz的机械波称为次声波,频率高于10^9 Hz的机械波称为微波,频率高于20 000 kHz产生的机械波称为超声波。超声波与声波、次声波在弹性介质中的传播形式相同。

4.1.2　超声波的产生和分类

4.1.2.1　超声波的产生

作为一种声源,超声波的产生方法有很多种,常见的有压电效应法、磁致伸缩效应法、静电效应法和电磁效应法等,其中在工业超声检测中以压电效应法使用最多。

下面以压电效应为例来介绍超声波的产生原理。如图4.1所示,压电效应包括正压电效应和逆压电效应。电介质受到外机械力作用而发生电极化,导致电介质两端表面内出现正、负束缚电荷,当外力去掉后,电介质恢复不带电状态,这种现象称为正压电效应。当电介质受到外电场作用而发生形变时,介质将沿一定方向进行伸缩变形的振动,这种现象称为逆压电效应。

在超声波检测中,超声波的产生和接收是利用超声探头中压电晶体片的压电效应来实现的。压电晶体是能够产生压电效应的载体。

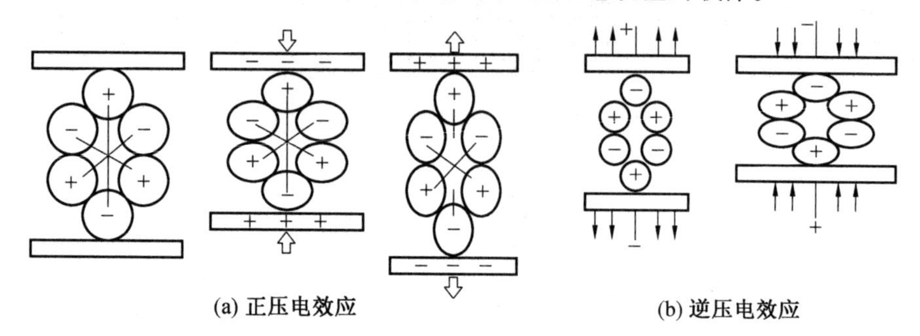

图 4.1　压电效应

超声波的产生是利用逆压电效应的原理。当超声波检测仪产生电振荡,以高频电压形式(电场频率在 20 kHz 以上)加载在探头中压电晶体片的两面电极时,由于逆压电效应,压电晶体片会在厚度方向上产生持续的伸缩变形,形成机械振动。当压电晶体片与被检工件耦合良好时,这种机振械动就以超声波的形式传播进入被检工件。

超声波的接收是利用正压电效应的原理。当压电晶体片受到工件反射回来的超声波作用而发生伸缩变形时,由于正压电效应,压电晶体片两表面产生具有不同极性的电荷,形成超声频率的高频电压,回波电信号在检测仪器上显示出来。

常见描述超声波的基本物理量有声速 c、波长 λ、频率 f、周期 T、角频率 ω 等。其中声速 c 也称波速,是指在单位时间内,超声波在介质中传播的距离,常用单位为 m/s。超声波的速度就是声音的速度,只不过它们的频率不同。频率和周期与超声波的波源相同,声速与传播介质的特性跟超声波波形有关。上述各物理量之间的关系为

$$T = \frac{1}{f} = \frac{2\pi}{\omega} = \frac{\lambda}{c} \tag{4.1}$$

4.1.2.2　超声波的分类

超声波的分类与机械波一致,有 3 种分类方法:一是按介质质点的振动方向与波的传播方向之间的关系,分为纵波、横波、表面波和板波;二是按波的形状,分为平面波、柱面波和球面波;三是按波源振动的持续时间,

分为连续波和脉冲波等。

1. 按质点的振动方向与波的传播方向之间的关系分类

(1) 纵波。

介质中质点的振动方向与波的传播方向相同的波,称为纵波,通常用L表示。如图4.2所示,介质质点在交变拉压应力的作用下,质点间会产生与应力方向一致的伸缩变形,就形成了纵波。

对于传播介质,固体介质能够承受拉压应力,因此可以传播纵波;虽然液体和气体介质不能承受拉应力,但在压应力作用下可以产生容积变化,因此液体和气体介质也可以传播纵波,如声音在空气中传播的就是纵波。

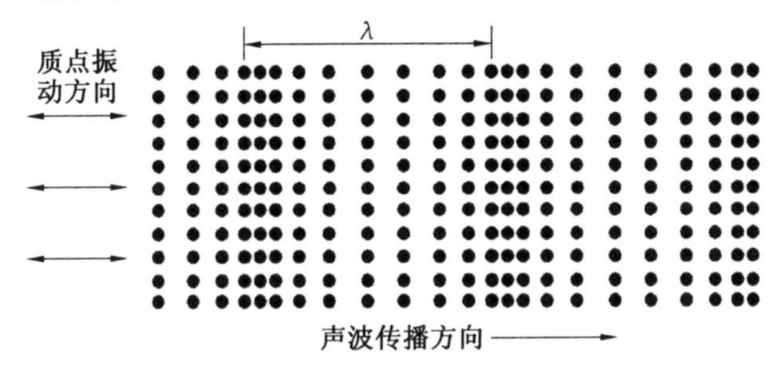

图4.2 纵波

(2) 横波。

介质中质点的振动方向垂直于波的传播方向的波,称为横波,用S或T表示。如图4.3所示,当介质质点受到交变切应力作用时,质点间会产生切变形变,从而形成横波。

由于只有固体介质能够承受剪切应力,液体和气体介质不能承受剪切应力,因此横波只能在固体介质中传播,不能在液体和气体介质中传播。

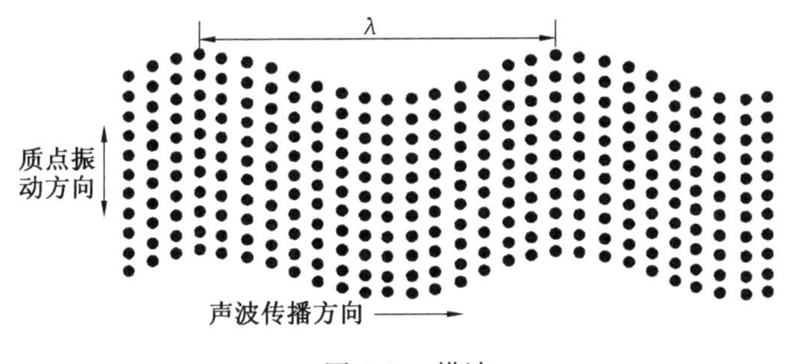

图4.3 横波

（3）表面波。

当交变应力作用于介质表面时，产生沿介质表面传播的波，称为表面波。表面波最先由瑞利给出了理论说明，因此又称瑞利波（Rayleigh Wave），用R表示。

如图4.4所示，当表面波在介质表面传播时，介质质点同时进行纵向振动和横向振动，介质表面质点表现出椭圆轨迹运动，椭圆长轴垂直于波的传播方向，短轴平行于波的传播方向，该椭圆振动是纵波与横波的合成。由于表面波同时具有纵向振动和横向振动的特点，同横波一样表面波只能在固体介质中传播，在液体和气体介质中不能传播。

表面波的能量会随传播深度的增加而迅速减弱。当传播深度超过波长的2倍时，质点的振幅就很小了。因此表面波适用于检测工件的表面缺陷、渗碳层和覆盖层质量等信息。

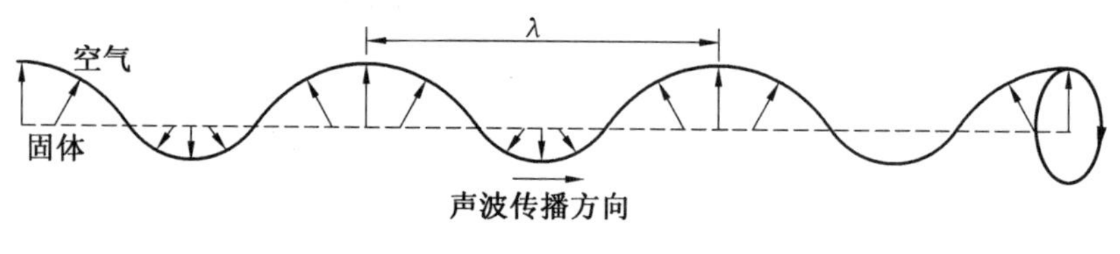

图4.4　表面波

（4）板波。

当板厚、频率和波速满足一定关系时，如薄板的板厚与波长相当时，会产生另一种不同形式的超声波，称为板波。板波是1916年由兰姆从理论上发现的，又称兰姆波。

板波在传播过程中，介质质点的振动充满整个板厚，即声场遍及整个板厚。沿板厚方向可分3层振动。在薄板的上下两个表层，质点振动为纵波和横波的组合，其轨迹为一椭圆。与此同时，在薄板的中间层，也有超声波传播，有一类薄板中部质点是以纵波形式振动和传播，相位相反且对称于中心，这样的3层超声波称为对称型（S型）板波；另一类薄板中部质点以横波形式振动和传播，相位相同但与中心层不对称，这样的3层超声波称为非对称型（A型）板波，如图4.5所示。

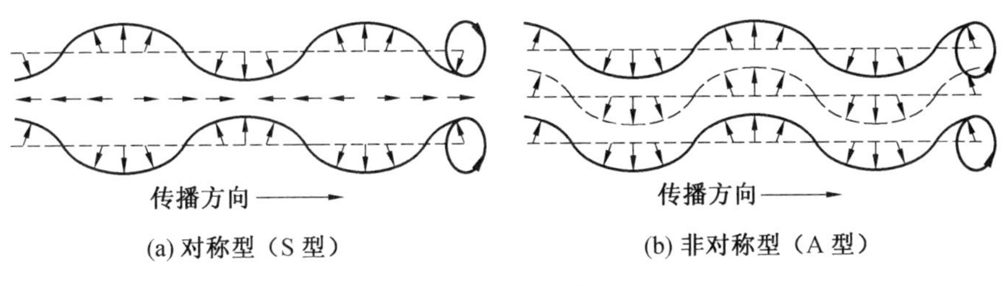

(a) 对称型（S 型） (b) 非对称型（A 型）

图 4.5 板波

2. 按波的形状分类

波的形状是指波阵面的形状。超声波由声源发出,向周围无限大且各向同性的弹性介质中传播。波阵面是指在同一时刻,介质中振动相位相同的所有质点连成的面。波前为某一时刻振动传播最远的波阵面。若将波的传播方向假想为一条射线,这条线就称为波线。显然,在任意时刻,波前只有一个,而波阵面可以有多个,且波线总是垂直于波阵面或波前。根据波阵面的形状,超声波可分为平面波、柱面波和球面波等。

(1) 平面波。

波阵面为一系列相互平行的平面,这样的波称为平面波。理想的平面波是不存在的,但当介质尺寸远大于超声波波长时,由此刚性平面波源在各向同性的均匀介质中辐射产生的波,可近似看成指向同一方向的平面波,如图4.6(a) 所示。

平面波中各质点的振幅为一个常数,与距离无关,且波束不发生扩散。平面波的波动方程为

$$y = A\cos\omega\left(t - \frac{x}{c}\right) \tag{4.2}$$

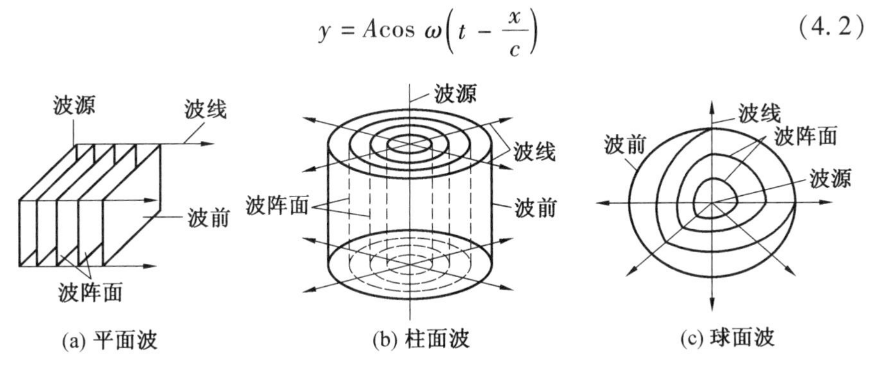

(a) 平面波 (b) 柱面波 (c) 球面波

图 4.6 平面波、柱面波及球面波

（2）柱面波。

波阵面为一系列同轴的圆柱面，这样的波称为柱面波。柱面波的波源类似于这些圆柱体的中轴线，表现为一条线。理想的柱面波也是不存在的，当波源线的长度远大于超声波的波长，且径向尺寸远小于波长时，由此波源在各向同性的均匀介质中辐射的波，可近似看成是柱面波，如图4.6(b) 所示。

柱面波的波束是向四周扩散的，柱面波中各质点的振幅与距离的平方根成反比，柱面波的波动方程为

$$y=\frac{A}{\sqrt{x}}\cos\omega\left(t-\frac{x}{c}\right) \tag{4.3}$$

（3）球面波。

在各向同性的弹性介质中，波阵面是以某个点（声源）为中心的一系列同心球面，这样的波称为球面波，如图4.6(c) 所示。

球面波向四面八方同时扩散，其中质点的振动幅度与距声源的距离成反比。当声源的尺寸远小于测量点距声源的距离时，可近似看成是球面波。球面波的波动方程为

$$y=\frac{A}{x}\cos\omega\left(t-\frac{x}{c}\right) \tag{4.4}$$

3. 按波源振动的持续时间分类

（1）连续波。

波源不断振动所辐射的波称为连续波，它在示波屏上的显示如图4.7(a) 所示。连续波的介质中各质点振动时间是无穷的，其频率是定值，常用于穿透法超声检测。

（2）脉冲波。

在介质中间歇性辐射的波称为脉冲波。脉冲波是质点振动时间很短的波，属于波源间歇性振动，持续时间通常是微秒数量级，它在示波屏上的显示如图4.7(a) 所示。脉冲波频率常包括多种频率成分，并非单一频率，其频率为一个范围值。超声检测中最常用的是脉冲波，通常用于反射法超声检测。

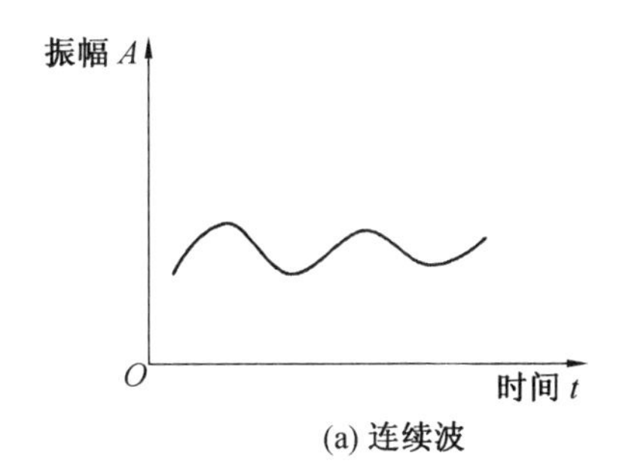

(a) 连续波

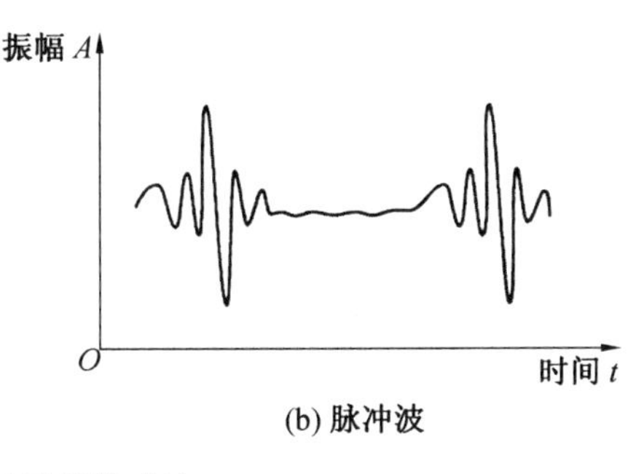

(b) 脉冲波

图 4.7 连续波及脉冲波

4.1.3 超声波的声场特征值

超声波的声场是指在介质中超声振动所波及的质点占据的整个范围，即超声波布满的整个空间。超声场具有一定的空间大小和形状，描述超声场的特征值或物理性能的参数主要有声压、声强和声阻抗。

4.1.3.1 声压

超声波在传播过程中，由于介质质点在不停地振动，因此介质中压强会发生交替变化。超声场中某一点在某一瞬时所具有的压强 p_1 与无超声时同一点的静态压强 p_0 之差，称为该点的声压，用 p 表示，单位为 Pa，即

$$p = p_1 - p_0 \tag{4.5}$$

对于平面余弦波，由其波动方程 $y = A\cos\omega\left(t - \frac{x}{c}\right)$ 可得

$$p = \rho cA\omega\cos\left[\omega\left(t - \frac{x}{2}\right) + \frac{\pi}{2}\right]$$

$$|p_{\mathrm{m}}| = |\rho cA\omega| \tag{4.6}$$

式中，ρ 为介质密度；c 为介质中的波速；A 为介质中质点的振幅；ω 为介质中质点振动的频率；$v = A\omega$ 为质点的振动速度；t 为时间；x 为质点距声源的距离；p_{m} 为声压的极大值，即声压幅值。由上式可知，超声场中声压幅值与介质的密度，以及介质中的波速、质点振动的频率及质点的振幅成正比。

超声检测仪器显示的信号幅值的本身就是声压 p，显示屏上的波高与声压成正比。用超声检测缺陷时，声压值反映缺陷的大小。

4.1.3.2 声阻抗

超声波在介质中传播时，超声场中任一点的声压 p 与该点的振动速度 v 之比，称为声阻抗，用 Z 表示，单位为 $\mathrm{g/(cm^2 \cdot s)}$ 或 $\mathrm{kg/(m^2 \cdot s)}$。

$$Z = \frac{p}{v} = \frac{\rho cA\omega}{v} = \frac{\rho cv}{v} = \rho c \tag{4.7}$$

由式(4.7)可知,在一定的声压下,介质的声阻抗越大,质点的振动速度就越小。声阻抗是反映声场中介质对质点振动的阻碍作用。声阻抗的大小等于介质的密度与波速的乘积。

声阻抗是表征介质声学性质的重要物理量之一。当超声波在两种介质组成的界面上发生反射和透射时,均与两种介质的声阻抗密切相关。由于大多数材料的密度和波速是随着温度的升高而降低,因此材料的声阻抗也会受到温度的影响。

4.1.3.3　声强

在超声场的传播方向上,单位时间内介质中单位截面上的声能称为声强,即声波能量的强弱,用 I 表示,单位为 W/cm²。以平面纵波在均匀的各向同性固体介质中传播为例,有

$$I = \frac{W}{St} = \frac{1}{2}\rho c A^2 \omega^2 = \frac{1}{2}p_{\mathrm{m}}^2 \frac{1}{\rho c} = \frac{1}{2}\rho c v_{\mathrm{m}}^2 = \frac{1}{2}Z\, v_{\mathrm{m}}^2 = \frac{p^2}{2Z} \tag{4.8}$$

由式(4.8)可知,在同一介质的超声场中,声强的大小与波速成正比,与声波频率的平方、振幅的平方及声压的平方成正比。由于超声波的频率远大于声波,因此超声波的声强也远大于声波的声强,这也是超声波能用于无损评价的重要依据。

4.1.4　超声波在介质中的传播

4.1.4.1　超声波的传播速度

超声波在介质中的传播速度,称为声速。声速是表征介质声学特性的重要参数之一。

1. 纵波、横波和表面波的声速

纵波、横波和表面波的声速主要是由介质的弹性性质、密度和泊松比决定的,与频率无关。不同材料的声速值有较大差异。

以固体介质中的声速为例,固体介质中不仅能传播纵波,还能传播横波和表面波。在不同形状、尺寸的固体中,声速是不同的。当固体介质的尺寸远大于超声波波长时,纵波、横波及表面波的声速分别为

$$c_{\mathrm{L}} = \sqrt{\frac{E}{\rho}}\sqrt{\frac{1-\mu}{(1+\mu)(1-2\mu)}} \tag{4.9}$$

$$c_{\mathrm{S}} = \sqrt{\frac{G}{\rho}} = \sqrt{\frac{E}{\rho}}\sqrt{\frac{1}{2(1+\mu)}} \tag{4.10}$$

$$c_{\mathrm{R}} = \sqrt{\frac{G}{\rho}}\,\frac{0.87+1.12\mu}{1+\mu} \tag{4.11}$$

式中，c_L 为纵波的声速；c_S 为横波的声速；c_R 为表面波的声速；E 为介质的弹性模量，即介质所承受的正应力 σ 与相应的线应变 ε 之比；G 为介质的剪切模量，即介质所承受的切应力 τ 与相应的线应变 γ 之比；μ 为介质的泊松比，即材料承受的纵向应力所引起的横向应变与相应的纵向应变之比的绝对值。

由以上可知，固体介质中的声速与介质的弹性模量和介质的密度等因素有关；介质的弹性模量越大，密度越小，声速越大。声速还与介质中的波形有关，在同一固体介质中，纵波声速 c_L 大于横波声速 c_S，横波声速 c_S 又大于表面波声速 c_R。对于钢材，$c_L \approx 1.8c_S$，$c_S \approx 1.1c_R$。

在超声波在液体和气体介质中，只能传播纵波，不能传播横波和表面波。则液体和气体中的纵波声速为

$$c = \sqrt{\frac{K}{\rho}} \tag{4.12}$$

式中，K 为介质的体积模量，表示产生单位体积变化量所需的压强。

当超声波在细长棒中（棒径 $d \ll \lambda$），其轴向传播相当于只有纵波，纵波声速为

$$c_L = \sqrt{\frac{E}{\rho}} \tag{4.13}$$

2. 板波的声速

由于受到上下板面的影响，板波在传播过程中，介质的质点振动较为复杂。板波的声速与其他波形不同，声速不仅与波形、介质的性质有关，还与板厚和频率有关。

超声波的声速可分为相速度和群速度。相速度是指超声波传播到介质某一选定的相位点时的声速。群速度是指多个频率相差不多的波在同一介质中传播时，相互合成后包络面的传播速度。群速度也是波群的能量传播速度。在超声检测中，对于单一频率的连续波，板波的声速就是相速度；对于脉冲波，板波的声速就是群速度。

当单一频率声波在均匀、各项同性、无限大的弹性薄板中传播时，板波的相速度方程按对称型（S 型）板波和非对称型（A 型）板波可分为

按对称型（S 型）板波：

$$\frac{\tan\left(\pi fd\sqrt{\frac{|c_S^2 - c_P^2|}{c_S c_P}}\right)}{\tan\left(\pi fd\sqrt{\frac{|c_L^2 - c_P^2|}{c_L c_P}}\right)} = \frac{4c_S^3\sqrt{(c_L^2 - c_P^2)(c_S^2 - c_P^2)}}{c_L(2c_S^2 - c_P^2)^2} \tag{4.14}$$

按非对称型(A 型) 板波:

$$\frac{\tan(\pi fd)}{\tan\left(\pi fd\sqrt{\frac{|c_S^2 - c_P^2|}{c_S c_P}}\right)} = \frac{c_L(2c_S^2 - c_P^2)^2}{4c_S^3\sqrt{(c_L^2 - c_P^2)(c_S^2 - c_P^2)}} \tag{4.15}$$

式中,c_P 为板波的相速度;d 为板厚。

由式(4.14) 和式(4.15) 可知,当传播介质确定时,横波速度 c_S、纵波声速 c_L 均是定值,则板波相速度 c_P 仅仅是 fd 的函数。某一个 c_P 值就对应有无数个 fd 值,这说明在给定板厚 d 的无限大薄板中可以有无数个板波,这些板波以各自特定速度在介质中传播。

当出现不同频率和振幅的声波在板中同时传播时,会引起不同相速度的板波,板中各个质点的振动应是几个波作用下的合成,合成后的波速与单一声波的相速度不同。该列波的群速度是合成后质点的最大振幅对应的波速,也可理解为若干频率的相速度合成包络线的传播速度。群速度的规律与相速度相同,均取决于 c_S、c_L 和 fd。

4.1.4.2　超声波入射到异质界面

超声波在遇到异介质界面(即声阻抗差异较大的异质界面) 时,其传播方向会发生改变,会产生反射和透射现象。

1. 超声波垂直入射到平界面

当超声波垂直入射到足够大的光滑平界面时,一部分能量直接透过界面进入第二种介质,称为透射波,波的传播方向不变;另一部分能量则被界面反射回来,沿与入射波相反的方向传播,称为反射波,如图 4.8 所示。

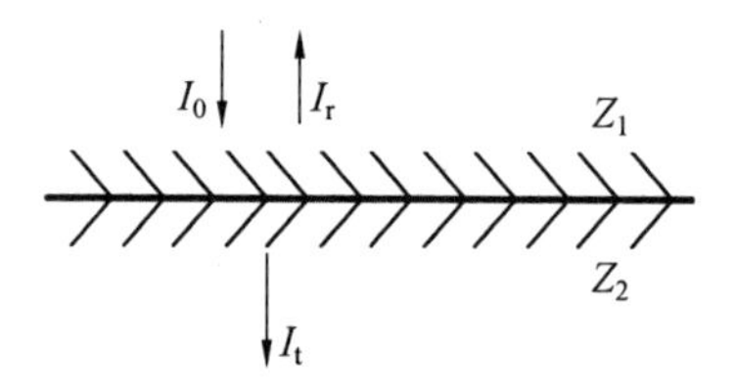

图 4.8　超声波垂直入射到平界面

透射波声压 p_t 和入射波声压 p_0 的比值称为声压透射率 t。反射波声压 p_r 与入射波声压 p_0 的比值称为声压反射率 r。t 和 r 的数学表达式分别为

$$t = \frac{p_t}{p_0} = \frac{2Z_2}{Z_2 + Z_1} \tag{4.16}$$

$$r = \frac{p_r}{p_0} = \frac{Z_2 - Z_1}{Z_2 + Z_1} \tag{4.17}$$

式中,Z_1、Z_2 分别为两种介质的声阻抗。

为研究透射波和反射波的能量关系,引入声强透射率 T 和声强反射率 R 两个参数。T 为透射波声强(I_t) 和入射波声强(I_0) 之比;R 为反射波声强(I_r) 和入射波声强(I_0) 之比。T 和 R 的数学表达式分别为

$$T = \frac{I_t}{I_0} = \frac{Z_1 p_t^2}{Z_2 p_0^2} = \frac{4Z_1 Z_2}{(Z_2 + Z_1)^2} \tag{4.18}$$

$$R = \frac{I_r}{I_0} = r^2 = \left(\frac{Z_2 - Z_1}{Z_2 + Z_1}\right)^2 \tag{4.19}$$

由以上公式得出,$T + R = 1$,说明界面上超声波的反射和透射符合能量守恒定律,且声强的反射率和透射率与超声波从何种介质入射无关。

2. 超声波倾斜入射到平界面

当入射波相对于界面入射点法线以一定倾角斜入射到两种不同介质的界面上时,超声波在界面上会产生反射、折射和波形转换现象。入射波与入射点法线之间的夹角称为入射角,如图 4.9 所示。

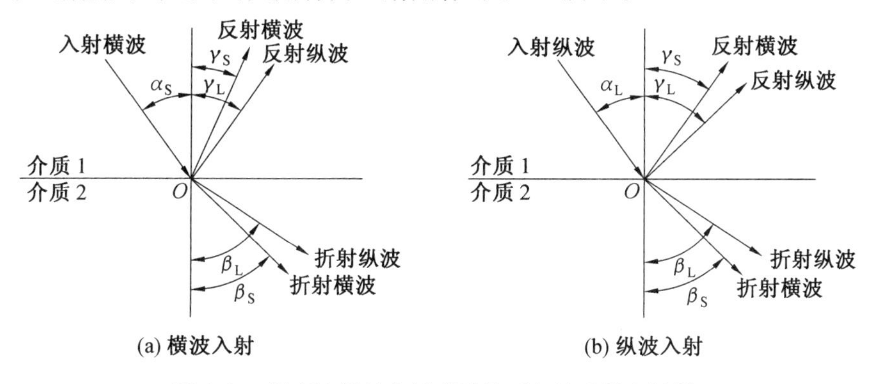

图 4.9 超声波倾斜入射到平界面上的反射和折射

(1) 反射。

当纵波以入射角 α_L 倾斜入射到异质界面上时,将会在介质1 中入射点法线的另一侧产生与法线成一定夹角的反射纵波,此夹角称为反射角。入射纵波与反射纵波之间的关系符合几何光学的反射定律,即 $\alpha_L = \gamma_L$。

与光的反射不同的是,当介质 1 为固体时,界面上既产生反射纵波,同时又发生波形转换并产生反射横波,即反射后同时产生纵波与横波两种波形。这时,横波反射角与纵波入射角之间的关系和光学中的斯涅耳定律相同,即为

$$\frac{\sin \alpha_L}{c_{L_1}} = \frac{\sin \gamma_S}{c_{S_1}} \tag{4.20}$$

当横波入射时,也会产生同样的现象,这时横波入射角 α_S 与横波反射

角 γ_S 相等。当介质 1 为固体时,纵波反射角与横波入射角之间的关系为

$$\frac{\sin \alpha_S}{c_{S_1}}=\frac{\sin \gamma_{L_1}}{c_{L_1}} \tag{4.21}$$

由于固体中纵波声速总是大于横波声速,因此无论纵波入射还是横波入射,均有 $\gamma_L > \gamma_S$。当介质 1 为液体或气体介质时,入射波和反射波只能为纵波。

(2) 折射。

由于两种介质中声波的传播速度不同,透射部分的声波会发生传播方向的改变,这种现象称为折射。

当两种介质声速不同时,不论是纵波还是横波入射,只要介质 2 为固体,则介质 2 中除存在与入射波相同波形的折射波外,都可在界面发生波形转换,产生与入射波不同波形的折射波,即介质 2 中可能同时存在纵波与横波。此时各种折射角与入射角之间的关系同样符合斯涅耳定律,即

$$\frac{\sin \alpha_L}{c_{L_1}}=\frac{\sin \gamma_L}{c_{L_1}}=\frac{\sin \gamma_S}{c_{S_1}}=\frac{\sin \beta_L}{c_{L_2}}=\frac{\sin \beta_S}{c_{S_2}} \tag{4.22}$$

折射角相对于入射角的大小,与折射波声速、入射波声速的比率有关。另外,由于纵波声速总是大于横波声速,因此纵波折射角 β_L 大于横波折射角 β_S。

(3) 临界角。

当入射波为纵波,介质 2 为液体,且 $c_{L_2} > c_{L_1}$ 时,$\beta_L > \alpha_L$,随着 α_L 的增加,使纵波折射角达到 90°,则此时的纵波入射角称为第一临界角,用符号 α_{I} 表示为

$$\alpha_{\mathrm{I}}=\arcsin\frac{c_{L_1}}{c_{L_2}} \tag{4.23}$$

当入射波为纵波,介质 2 为固体,且 $c_{S_2} > c_{L_1}$ 时,$\beta_S > \alpha_L$,随着 α_L 的增加,使横波折射角达到 90°,这时的纵波入射角称为第二临界角,用符号 α_{II} 表示。当 $\alpha_{\mathrm{I}} < \alpha_L < \alpha_{\mathrm{II}}$ 时,介质 2 中只存在折射横波,没有折射纵波。在超声检测中,临界角通常应用于介质 2 为固体而介质 1 为固体或液体的情况。利用入射角 α_L 在 α_{I} 和 α_{II} 之间的范围,可在固体中产生一定角度范围内的纯横波;或产生固体中既无折射纵波又无折射横波的现象,介质表面将产生表面波,便于对工件进行检测。

$$\alpha_{\mathrm{II}}=\arcsin\frac{c_{L_1}}{c_{S_2}} \tag{4.24}$$

当入射波为横波，在固体介质与另一种介质的界面产生使纵波反射角达到90°时的横波入射角称为第三临界角，用α_{III}表示。此时，介质中只存在反射横波。

$$\alpha_{\mathrm{III}} = \arcsin \frac{c_{S_1}}{c_{L_1}} \tag{4.25}$$

（4）声压反射率和透射率。

斜入射时反射波和透射波的声压关系较为复杂。在斜入射的情况下，各种类型反射波和折射波的声压反射率及透射率不仅与界面两侧介质的声阻抗有关，还与入射波的类型及入射角的大小有关。

当超声波倾斜入射时，折射波全反射，探头接收到的回波声压p_a与入射波声压p_0之比，称为声压往复透射率$F_{往}$。声压往复透射率等于两次相反方向通过同一界面的声压透射率的乘积，即

$$T_{往} = \frac{p_a}{p_0} = \frac{p_t}{p_0} \times \frac{p_a}{p_t} = \frac{4Z_2Z_1}{(Z_2 + Z_1)^2} \tag{4.26}$$

由于理论计算公式复杂，因此借助于公式或试验得到几种常见界面的声压反射率和往复透射率图。

如图4.10(a)所示，当纵波倾斜入射到钢/空气界面时，纵波声压反射率γ_{LL}与横波声压反射率γ_{LS}随入射角α_L变化。当α_L约为60°时，γ_{LL}很低，γ_{LS}较高。其原因是纵波倾斜入射，在α_L约为60°时产生一个较强的反射横波。其中$\gamma_{LL} = \frac{p_{rL}}{p_{0L}}$，$\gamma_{LS} = \frac{p_{rS}}{p_{0L}}$。

如图4.10(b)所示，当横波倾斜入射到钢/空气界面时，横波声压反射率γ_{SS}与横波声压反射率γ_{LS}随入射角α_S变化。当α_S约为30°时，γ_{SS}很低，γ_{LS}较高。当$\alpha_S \gg 33.2°(\alpha_{\mathrm{II}})$时，钢中横波全反射。其中$r_{SS} = \frac{p_{rS}}{p_{0S}}$，$r_{SL} = \frac{p_{rL}}{p_{0S}}$。

当纵波倾斜入射到水/钢界面时，其声压往复透射率与入射角的关系曲线如图4.11(a)所示。当纵波入射角$\alpha_L < 14.5°(\alpha_{\mathrm{I}})$时，折射纵波的往复透射率$T_{LL}$不超过13%，折射横波的往复透射率$T_{LS}$小于6%。当$\alpha_L = 14.5° \sim 27.27°(\alpha_{\mathrm{II}})$时，钢中没有折射纵波，只有折射横波，其折射横波的往复透射率T_{LS}最高不到20%。实际中水浸法检测钢材属于这种情况。

当纵波倾斜入射到有机玻璃/钢界面，其声压往复透射率与入射角的关系曲线如图4.11(b)所示。当$\alpha_L < 27.6°$，折射纵波的往复投射率T_{LL}

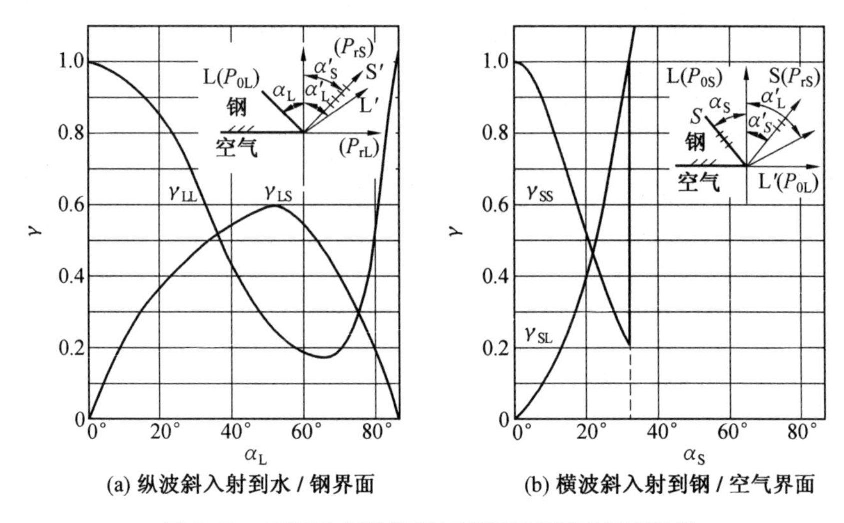

(a) 纵波斜入射到水 / 钢界面　　(b) 横波斜入射到钢 / 空气界面

图 4.10　不同入射波类型与界面的声压反射率关系

小于25%，折射波往复透射率 T_{LS} 小于10%。当 $\alpha_L = 14.5° \sim 27.27°$ 时，钢中只有折射横波，没有折射纵波。折射横波的往复透射率最高不超过30%。，这时所对应的 $\alpha_L \approx 30°$，$\beta_S \approx 37°$。实际检测中采用有机玻璃横波探头检测就属于这种情况。

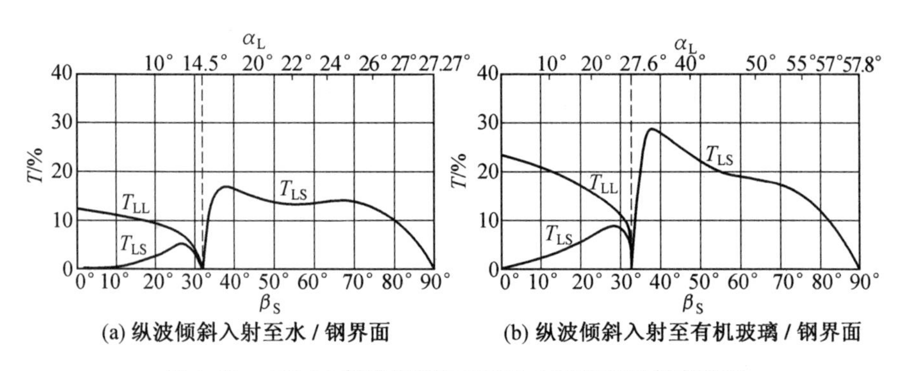

(a) 纵波倾斜入射至水 / 钢界面　　(b) 纵波倾斜入射至有机玻璃 / 钢界面

图 4.11　不同入射波类型与界面的声压往复透射率关系

（5）端角反射。

当工件的两个相邻表面构成直角，超声波束倾斜入射到任一表面，则其反射波束指向另一表面时，会发生端角反射的情况，如图 4.12 所示。在这种情况下，同类型的反射波和入射波总是相互平行、方向相反的；不同类型的反射波和入射波互不平行，且难以被发射探头接收。

（6）薄层界面。

在超声检测中，超声波会经常遇到很薄的耦合层或缺陷薄层。在这些

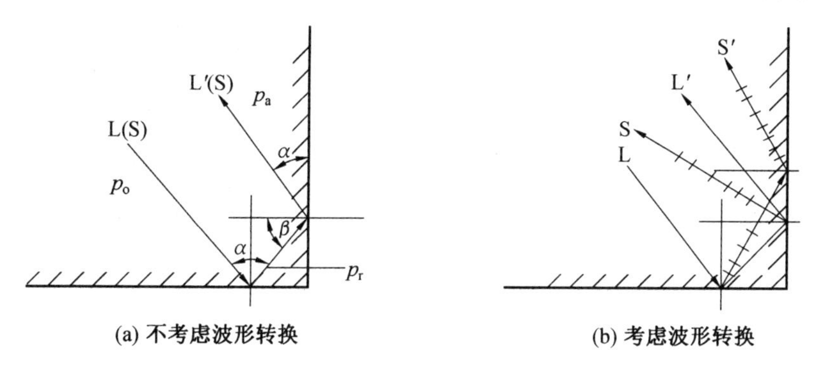

(a) 不考虑波形转换　　(b) 考虑波形转换

图 4.12　端角反射

薄层中,超声波会经过多次反射和透射形成一系列的反射波及透射波。超声波通过薄层界面时的声压反射率和透射率的计算比较复杂,它不仅与介质的声阻抗有关,还与薄层厚度和波长之比有关。

如图 4.13(a) 所示,超声波由声阻抗为 Z_1 的介质 1 入射到 Z_1 和 Z_2 的交界面,然后通过声阻抗为 Z_2 的介质2 薄层射到 Z_2 和 Z_3 的交界面,最后进入声阻抗为 Z_3 的介质3。大多数情况下,介质 1 和介质 3 为同一种介质。

如图 4.13(b) 所示,当超声波的脉冲宽度小于薄层厚度时,由于在 Z_2/Z_3 界面上形成反射波时入射波源已停止振动,因此薄层两侧的各次反射波、透射波互不干涉。

如图 4.13(c) 所示,当超声波的脉冲宽度大于薄层厚度时,薄层两侧的各次反射波、透射波相互叠加产生干涉。

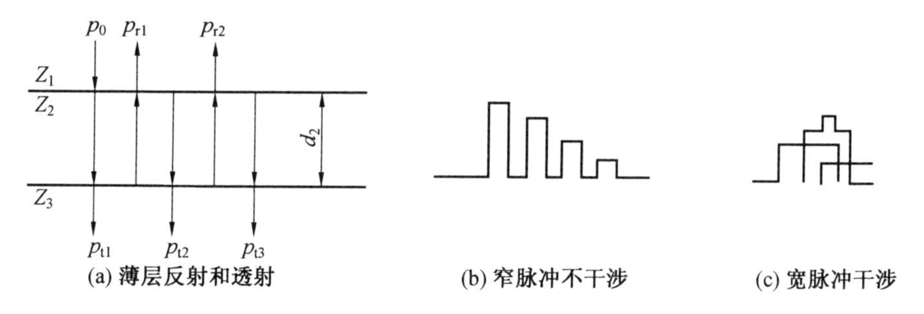

(a) 薄层反射和透射　　(b) 窄脉冲不干涉　　(c) 宽脉冲干涉

图 4.13　超声波通过薄层界面的反射和透射

当 $Z_1 = Z_3$ 时,即超声波遇到均匀介质的薄层,其声压的反射率和透射率如下:

反射率
$$\gamma=\sqrt{\frac{\frac{1}{4}\left(\frac{Z_1}{Z_2}-\frac{Z_2}{Z_1}\right)^2\sin^2\left(\frac{2\pi d_2}{\lambda_2}\right)}{1+\frac{1}{4}\left(\frac{Z_1}{Z_2}-\frac{Z_2}{Z_1}\right)^2\sin^2\left(\frac{2\pi d_2}{\lambda_2}\right)}} \tag{4.27}$$

透射率
$$t=\sqrt{\frac{1}{1+\frac{1}{4}\left(\frac{Z_1}{Z_2}-\frac{Z_2}{Z_1}\right)^2\sin^2\frac{2\pi d_2}{\lambda_2}}} \tag{4.28}$$

当 $Z_1\neq Z_2\neq Z_3$ 时,即超声波入射遇到非均匀介质的薄层,如晶片－保护薄膜－工件或晶片－耦合剂－工件等情况,其声压往复透射率为

$$t=\frac{4Z_1Z_3}{(Z_1+Z_3)^2\cos^2\left(\frac{2\pi d_2}{\lambda_2}\right)+\left(Z_2+\frac{Z_1Z_3}{Z_2}\right)^2\sin^2\left(\frac{2\pi d_2}{\lambda_2}\right)} \tag{4.29}$$

由式(4.29)可知,当 $d_2=n\cdot\frac{\lambda_2}{2}$ 时,$t=\frac{4Z_1Z_3}{(Z_1+Z_3)^2}$,即超声波垂直入射到两侧介质声阻抗不同的薄层,当薄层厚度等于半波长的整数倍时,通过薄层的声压往复透射率与薄层的性质无关。

3. 超声波入射到曲界面

(1) 平面波在曲界面上的反射。

当平面波入射角为0°时,声线沿原方向返回,此声线称为声轴;其余声线的反射角则随着距声轴距离的增大而增大。当曲界面是球面时,反射线或其延长线汇聚于一个焦点上;当曲界面为圆柱面时,反射线或其延长线汇聚于一条焦线上,此时此焦距 f 为曲面曲率半径 r 的一半,如图4.14所示。

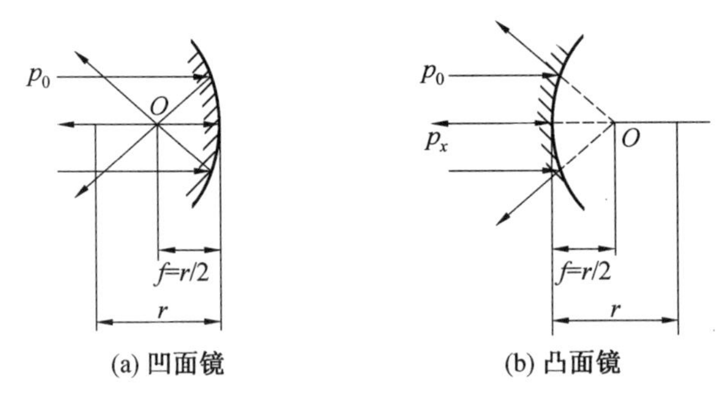

图4.14　平面波入射至曲面时的反射

(2) 平面波在曲界面上的折射(图4.15)。

当平面波入射到曲界面上发生折射时,其折射波也将发生聚焦或发

散。折射波的聚焦或发散不仅与曲界面的凹凸有关,而且与界面两侧介质的声速有关。折射后的焦距 f 为

$$f = \frac{r}{1 - \frac{c_2}{c_1}} \tag{4.30}$$

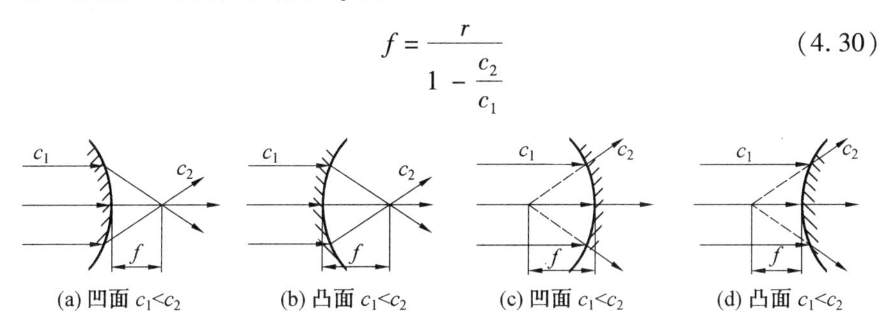

图 4.15　平面波在曲面上的折射

透射波阵面的形状取决于曲界面的形状,若曲界面为球面,则透射波阵面也为球面,此透射波好像是从焦点出发的球面波;若曲界面为柱面,则透射波好像是从焦轴出发的柱面波。

4.1.4.3　声衰减系数

超声波在介质中传播时,声能随着传播距离的增加而逐渐减弱的现象,称为超声波的衰减。在传声介质中,单位距离内某一频率下声波能量的衰减值称为该频率下该介质的衰减系数 a,单位为 dB/m 或 dB/cm。引起衰减的原因主要有声束扩散、材料中颗粒引起的声波散射和介质的吸收。超声波衰减的类型有扩散衰减、散射衰减和吸收衰减。

(1) 扩散衰减是指声波在介质的传播过程中,因波前不断向前扩展,导致声波能量逐渐减弱的现象。它主要取决于波阵面的几何形状,与传播介质无关。平面波不存在扩散衰减,而球面波和柱面波有扩散衰减现象。

(2) 散射衰减是指由于物质不均匀引起的散射,在不均匀材料含有声阻抗急剧变化的界面上,产生了声波的反射、折射和波形转换等现象,必然导致声能的降低。

(3) 吸收衰减是指超声波在介质中传播时,由介质质点间的内摩擦、热传导而引起的声波能量减弱的现象。

在固体介质中,吸收衰减相对于散射衰减几乎可忽略不计,但对液体介质,吸收衰减是主要的衰减方式。在超声检测中,超声波在材料中衰减时,通常是指散射衰减和吸收衰减,而不包括扩散衰减。

4.2　超声检测工艺

4.2.1　超声检测系统的构成

超声检测设备和器材包括超声波检测仪、探头、试块、耦合剂和机械扫查装置等。超声波检测仪主要是产生、接收和处理高频电信号，并以某种方式显示出最终的处理结果。探头的主要功能是实现电能和机械能间的相互转换，本质是一个传感器。试块主要用来确定超声检测的灵敏度和判定缺陷大小等。耦合剂用来填充探头与工件间的空气间隙，改善探头和工件间声能的传递。

4.2.1.1　超声波检测仪

超声波检测仪属于超声检测的主体设备，是根据超声波传播原理、电声转换原理和无线电测量原理设计的。其作用是产生电振荡并加载于换能器（探头），激励探头发射超声波，同时将探头送回的电信号进行放大处理后以一定方式显示出来，反映出被探测工件内部缺陷的信息。

（1）按声波特征分类。

超声波检测仪按声波特征分为脉冲波超声检测仪、连续波超声检测仪和调频波超声检测仪。

① 脉冲波超声检测仪。脉冲波超声检测仪是通过持续发射很短的电脉冲，激励脉探头发射出超声波传入工件，并通过探头接收从工件反射回来的脉冲波信号（回波），利用超声波信号的传播时间和回波幅度来判断缺陷的位置与大小。这种检测方法也称脉冲反射法。图4.16为脉冲超声波检测前后的波形。

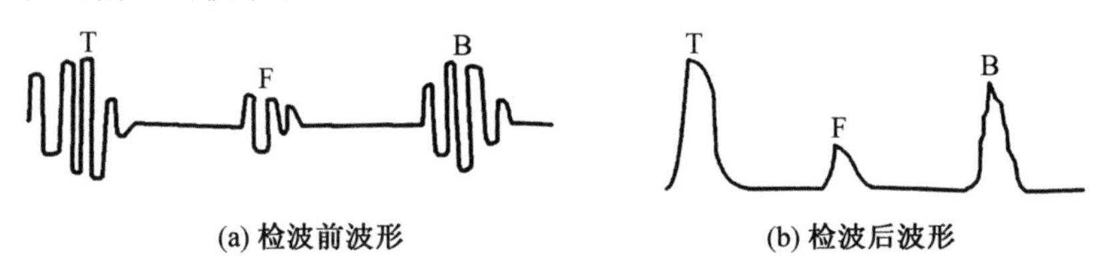

图4.16　脉冲超声波检测前后的波形

② 连续波超声检测仪。连续波超声检测仪是通过探头向工件发射连续且频率不变（或在小范围周期性变化）的超声波，根据透过工件的超声波强度变化判断工件中有无缺陷及缺陷大小。这种检测方法也称穿透

法。这类仪器灵敏度低,且不能确定缺陷位置,用于超声显像及超声共振测厚等方面。

③ 调频波超声检测仪。调频波超声检测仪是通过探头向工件发射连续的周期性变化的超声波,根据发射波与反射波的差频变化来判断工件中有无缺陷。该检测仪只适宜检查与检测面平行的缺陷。

(2) 按缺陷显示方式分类。

超声波检测仪按缺陷显示方式分为 A 型显示、B 型显示和 C 型显示 3 种类型。

A 型显示是一种波形显示,用直角坐标的形式反映超声信号的幅值与传播时间的关系。横坐标代表声波的传播时间(或距离),纵坐标代表反射波的声压幅度。当声速恒定时,可根据声波的传播时间确定缺陷位置,由回波幅值估算缺陷的当量尺寸。图 4.17(a) 为 A 型显示原理图,其中 T 表示发射脉冲,F 表示来自缺陷的回波,B 表示底面回波。该方法的缺点是难以判断缺陷的几何形状,缺乏直观性。

B 型显示是工件纵截面的一个二维截面图(图 4.17(b)),显示屏的纵坐标代表探头在探测面上沿一直线扫查的距离坐标,横坐标是声传播的时间(或距离)。该方式可以直观地显示出被探工件任一纵截面上的缺陷分布及缺陷深度等信息。

C 型显示是工件横截面的一个平面投影图(图 4.17(c)),探头在工件表面做二维扫查,显示屏的二维坐标对应探头的扫查位置。探头在每一位置接收的信号幅度以光点灰度表示。该方式可形象地显示工件内部缺陷的平面投影图像,但不能显示缺陷的深度。

(3) 按超声波的通道分类。

超声波检测仪分为单通道检测仪和多通道检测仪。

(4) 按超声信号是否数字化分类。

超声波检测仪分为数字式超声波检测仪和模拟式超声波检测仪。发射、接收电路的参数控制和接收信号的处理、显示,均采用数字式超声波检测仪。

以上分类中,数字式 A 型脉冲反射式超声波检测仪在工程实际中应用最为广泛。

4.2.1.2 超声波探头

超声波探头是产生超声波的器件,其主要功能是实现声能和电能的互相转换。它是利用压电晶体的正、逆压电效应进行换能的器件。

超声波探头的种类很多,根据波形不同分为纵波直探头、横波斜探头、

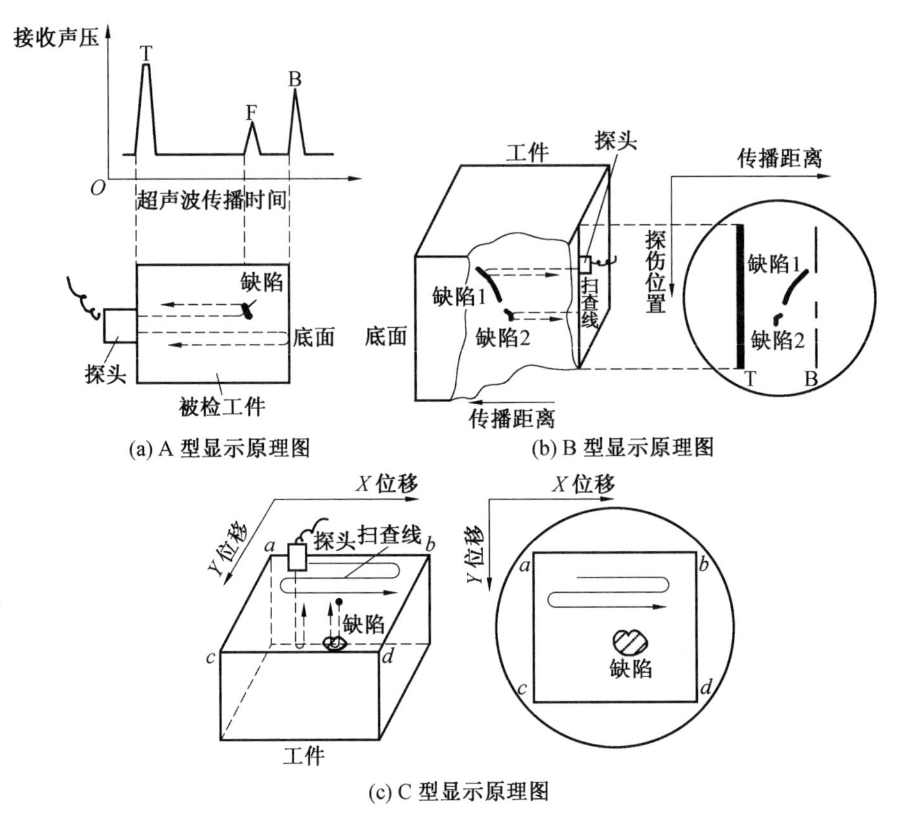

(a) A 型显示原理图　(b) B 型显示原理图

(c) C 型显示原理图

图 4.17　A 型显示、B 型显示及 C 型显示原理图

表面波探头和板波探头等；根据耦合方式分为接触式探头和液浸探头；根据波束分为聚焦探头和非聚焦探头；根据晶片数不同分为单晶探头和双晶探头等；此外还有高温探头、微型探头等特殊用途探头。

一般根据工件被检测部位的可达性，对超声波的衰减和可能的缺陷位置及取向等情况来选择探头的型号。工业超声检测中最常用的有接触式纵波直探头、接触式横波斜探头、双晶探头、聚焦探头与水浸探头等。

（1）接触式纵波直探头。

接触式纵波直探头只能发射和接收纵波，其超声波的波束是垂直入射到工件检测面，主要用于检测与检测面平行的缺陷，如锻件检测、板材、折叠等。直探头及其内部结构如图 4.18(a) 所示，它主要由压电晶片、保护膜、阻尼块和外壳等部分组成。

（2）接触式横波斜探头。

接触式横波斜探头主要是利用透声斜楔，使超声波的声束倾斜于工件表面射入的探头。它可发射和接收横波,主要用于检测与检测面垂直或成一定角度的缺陷,如焊缝中的夹渣、未熔合、未焊透等缺陷。典型的斜探头及其内部结构如图4.18(b) 所示,它主要由斜楔、阻尼块和外壳组成。横波斜探头实际上由直探头加斜楔块组成。由于晶片不直接与工件接触,因此没有保护膜。

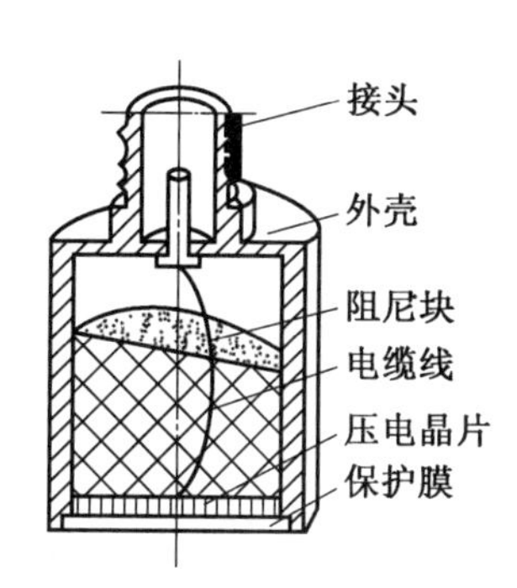

(a) 直探头及其内部结构

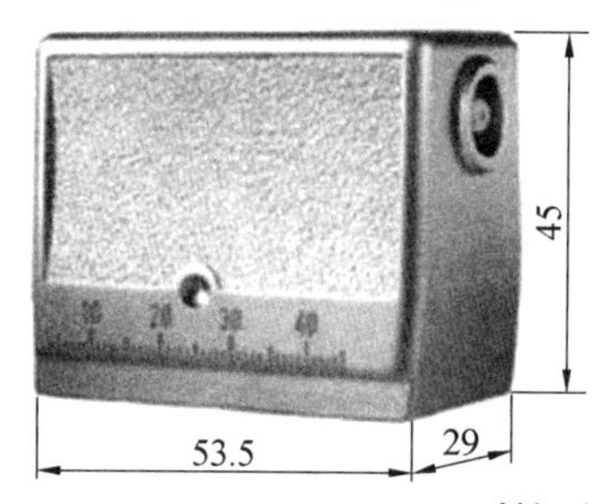

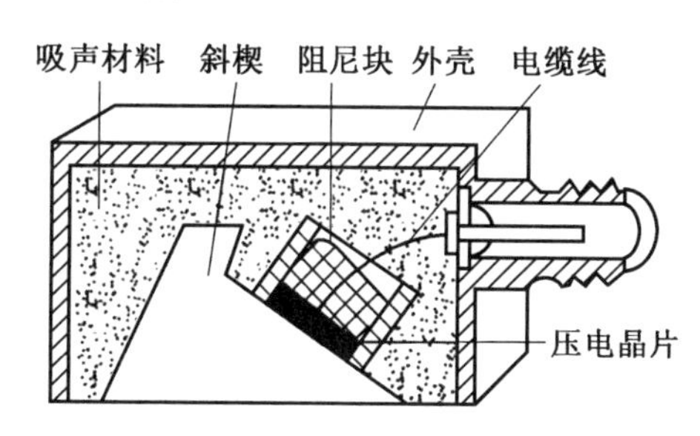

(b) 斜探头及其内部结构

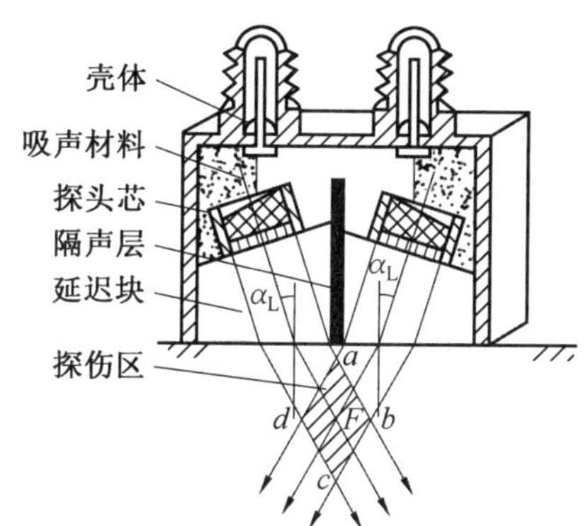

(c) 双晶探头及其内部结构

图 4.18　几种典型探头结构

(3) 双晶探头。

双晶探头有两块压电晶片，一块用于发射超声波，另一块用于接收超声波。根据入射角不同，双晶探头分为双晶纵波探头和双晶横波探头。双晶探头具有灵敏度高、杂波少、盲区小、近场区长度小、探测范围可调等优点，主要用于探测近表面缺陷。双晶探头及其内部结构如图 4.18(c) 所示。

(4) 聚焦探头。

根据聚焦原理，可将聚焦探头分为点聚焦探头和线聚焦探头。点聚焦的理想焦点为一点，其声透镜为球面；线聚焦的理想点为一条线，其声透镜为柱面。根据耦合情况不同，聚焦探头分为水浸聚焦与接触聚焦。水浸聚焦以水为耦合介质，探头不与工件直接接触。接触聚焦是探头通过薄层耦合介质与工件接触。

聚焦探头发射的超声波具有灵敏度高、声束窄、横向分辨率高和定位精度高等特点，常用水浸法来检测管材或板材。

4.2.1.3　超声检测试块

由于变量与缺陷之间的声学关系复杂，加上受仪器、探头或材料等多种因素影响，为保证检测结果的准确性、重复性与可比性，必须用仪器检出变量，并与已知简单形状的人工反射工件中相应位置的已知信号进行校准。这种按一定的用途设计制作的具有简单形状人工反射体的工件称为试块。

1. 试块的分类

试块常分为标准试块和对比试块。

标准试块又称校准试块，是由权威机构制定的，试块材质、形状、尺寸及表面形态都由权威部门统一规定。国际标准试块和各国的国家标准试块都属于标准试块，如国际焊接学会 IIW 试块和 IIW2 试块，又如我国的 CSK - IA 试块。

对比试块又称参考试块，是由各专业部门按检测对象的具体要求，对材质、形状、尺寸及表面状态等进行规定的，如 CS - 1 试块、CSK - IIA 等。对比试块与标准试块并无本质区别。

2. 试块的作用

试块的作用是确定检测的灵敏度、测试仪器和探头的性能、调整扫描速度和评判缺陷的大小。另外还可以利用试块来测量材料的声速、衰减性能等。

标准试块一般用以测试检测仪的性能、调整检测灵敏度和声速的测定范围。参考试块是针对特定条件(如特殊厚度与形状)而设计的,一般要求该试块的材质和热处理工艺与被检对象基本相同。

3. 常用标准试块

(1)IIW 试块。

IIW 试块是国际焊接学会制定的标准试块,又称荷兰试块。试块材质为 20 号钢,正火处理,晶粒度为 7 ～ 8 级。IIW 试块的结构及尺寸如图 4.19 所示。

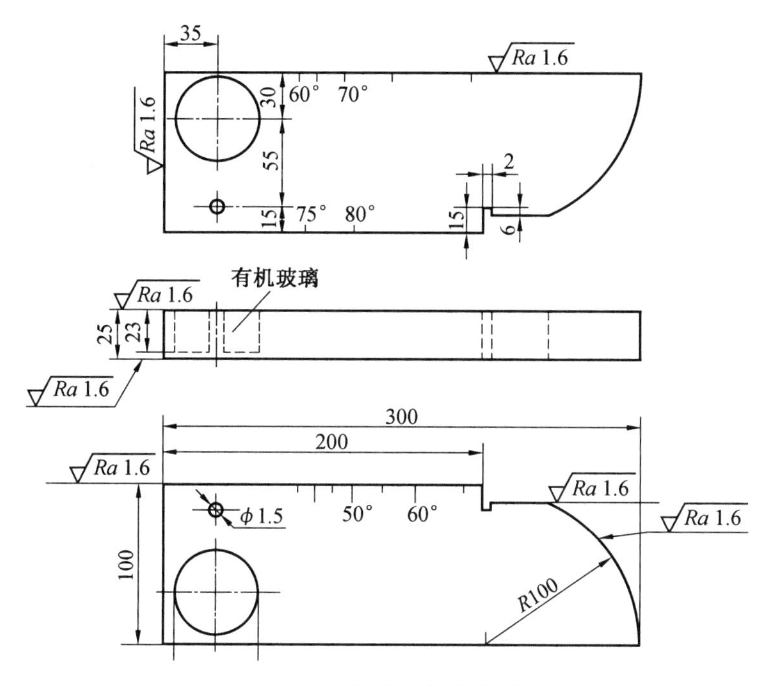

图 4.19　IIW 试块的结构及尺寸

IIW 试块的主要用途如下:

① 利用试块厚 25 mm 和 100 mm 可调节仪器的水平线性与垂直线性,也可调整纵波探测范围及扫描速度。

② 利用 ϕ50 圆弧可以测定直探头与仪器的盲区范围、组合后的穿透能力以及探头与仪器的灵敏度余量。

③ 利用试块上 R100 圆弧面测斜探头的入射点。

④利用试块上 85 mm、91 mm 和 100 mm 的 3 个槽口间距测定直探头与仪器的分辨力。

⑤ 利用试块的直角棱边可测斜探头声束轴线的偏离。

(2) IIW2 试块。

IIW2 试块也是国际焊接学会标准试块，又称牛角试块。与 IIW 试块相比，IIW2 试块质量轻，便于携带，容易加工，价格便宜，适用于现场，但功能不及 IIW 试块。IIW2 试块的结构及尺寸如图 4.20 所示。

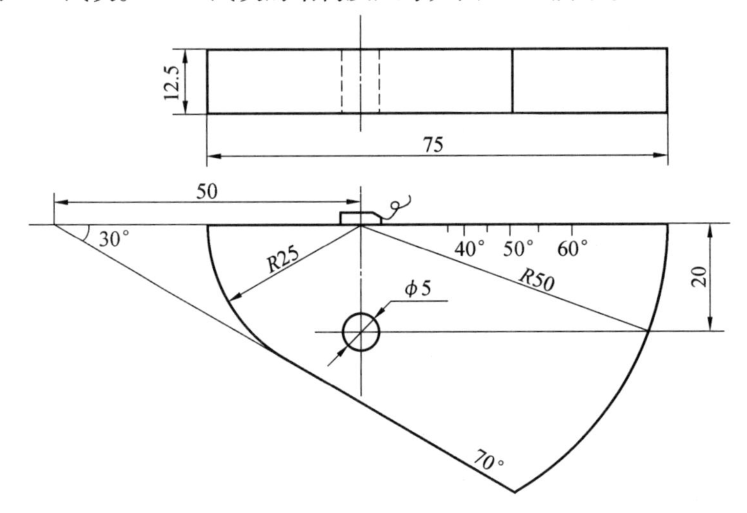

图 4.20　IIW2 试块的结构及尺寸

IIW2 试块的主要用途如下：

① 测斜探头的入射点。利用试块的 R25 与 R50 圆弧反射面。

② 调整纵波探测范围和扫描速度。纵波直探头利用 12.5 mm 底面多次反射波，横波斜探头利用 R25 与 R50 来调节。

③ 测斜探头和仪器的灵敏度余量。利用试块的 R150 或 $\phi50$。

(3) CSK－IA 试块。

CSK－IA 试块是我国承压容器 JB/T 4730 标准规定的标准试块，是在 IIW 试块的基础上改进的，其材质与一般弓箭相同。CSK－IA 与 IIW 的主要用途有 3 点不同：

① 直孔 $\phi50$ 改为 $\phi50$、$\phi44$、$\phi40$ 台阶孔，便于测定横波斜探头的分辨力。

② R100 改为 R100、R50 阶梯圆弧，便于调整横波扫描速度和探测范围。

③ 试块上规定的折射角改为 K 值，可直接测出横波斜探头的 K 值。

(4) CS－1 试块和 CS－2 试块。

CS－1 试块和 CS－2 试块是我国原机械工业部颁布的平底孔标准试

块,材质一般为45号钢。其主要用途有:

① 测试纵波平底孔距离-波幅-当量曲线(AVG曲线)。利用试块的平底孔和大平底。

② 缺陷定量。利用试块的平底孔。

③ 仪器的水平、垂直线性及灵敏度调整。利用试块的大平底或平底孔。

④ 测定仪器和探头的灵敏度余量。利用$\phi 2 \times 200$试块。

4. 对比试块

对比试块大多为非标准的参考试块,可根据需要自行设计,用途比较单一,常用于时基线校正和灵敏度调整。

对比试块材料的透声性、声速、声衰减等应尽可能与被检工件相同或相近。一般采用人工反射体,常用的人工反射体主要有长横孔、短横孔、横通孔、平底孔、V形槽和其他线切割槽等。

4.2.2 超声检测方法分类

4.2.2.1 按检测原理分类

根据不同的检测原理,超声检测方法可分为脉冲反射法、穿透法和共振法。

1. 脉冲反射法

超声波探头发射脉冲波到被检工件内,通过观察来自内部缺陷或工件底面的反射回波情况来判断工件中缺陷的方法,称为脉冲反射法。该方法又分为缺陷回波法、底波高度法和多次底波法。

(1) 缺陷回波法。

缺陷回波法是脉冲反射法的基本方法,根据仪器示波屏上显示的缺陷波形进行判断的方法。该方法以回波传播时间对缺陷定位,以回波幅度对缺陷定量。

若工件内部没有缺陷,超声波能顺利到达工件底面,则在回收信号得到的检测图形中,只有发射脉冲T和底面回波B两个信号,如图4.21(a)所示。若工件中存在缺陷,则在底面回波前还有缺陷回波F的信号,如图4.21(b)所示。

(2) 底波高度法。

底波高度法是在被检工件的检测面与底面平行的情况下,根据底面回波高度来判断缺陷的情况。

当工件的材质和厚度不变时,底面回波B的高度应该是不变的,如果

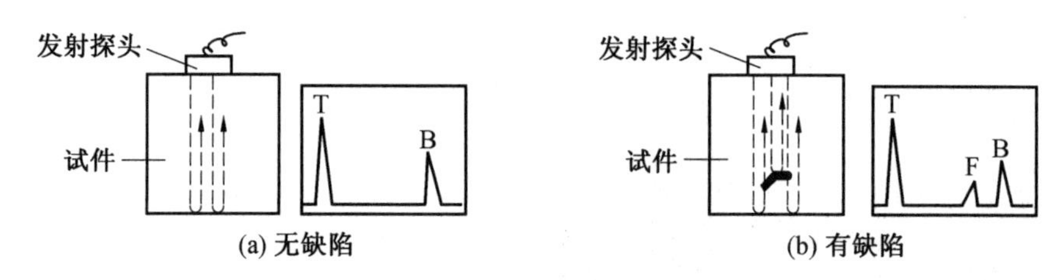

图 4.21　脉冲反射法检测的基本原理

工件内存在缺陷,则底面回波高度会下降甚至消失。

(3) 多次底波法。

多次底波法是根据底波的次数和高度变化规律来推测工件中的信息的。当超声波的能量较大时,经过往复传播,一般在仪器显示屏上会出现多次底波信号。如果工件存在缺陷,则在出现缺陷底波 F 的同时,缺陷的反射和散射增加了声能的损失,底面回波的次数减少,高度也会依次降低。

脉冲反射法的优点:① 操作简单方便;② 检测灵敏度高,很小的缺陷也能被检测到;③ 检测精度较高;④ 适用范围广。

脉冲反射法的缺点:① 单探头检测,易出现盲区;② 由于探头的近场效应,不适用于薄壁件和近表面缺陷的检测;③ 缺陷波的大小与被检缺陷的取向关系密切,易漏检;④ 因声波往返传播,故不适用于衰减大的材料。

2. 穿透法(透射法)

穿透法是采用一收一发双探头并将其分别置于工件相对的两端面,依据脉冲波或连续波穿透工件后幅值的变化来判断内部缺陷的方法,如图 4.22 所示。

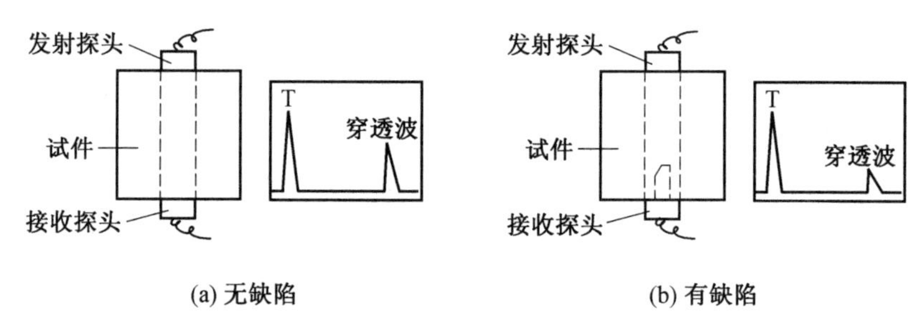

图 4.22　直射声束穿透法

穿透法检测的优点:① 在工件中声波单向传播,适于检测高衰减的介质;② 几乎不存在盲区;③ 适用于单一产品大批量加工过程中的自动化检测。

穿透法检测的缺点：①两探头单发单收，只能判断缺陷的大小和有无，不能确定缺陷的方位；② 当缺陷尺寸小于探头波束宽度时，检测的灵敏度较低。

3. 共振法

应用共振现象来检测缺陷及工件厚度变化情况的方法称为共振法。当工件的厚度为声波半波长的整数倍时，发生共振。通过测得超声波的频率和共振次数，可计算工件的厚度为

$$\delta = n\frac{\lambda}{2} = \frac{nc}{2f} \tag{4.31}$$

当工件中有较大缺陷或厚度改变时，共振点偏移甚至共振现象会消失，因此共振法常用于壁厚的测量，较少用来检测缺陷。

4.2.2.2　按波形分类

根据检测所用的波形不同，超声检测可分为纵波法、横波法、表面波法和板波法等。

1. 纵波法

纵波法是利用纵波完成对工件检测的方法。由于在同一介质中纵波速度大于其他波形的速度，穿透能力强，对晶界反射或散射的敏感性不高，因此纵波法也可用于粗晶材料的检测，如奥氏体焊缝等。另外，纵波法也常用于锻件、铸件、板材以及其他轧制件的检测，对于平行于检测面的缺陷检出效果最佳。但由于受到盲区和分辨力的限制，其中反射法只能发现工件内部距检测面一定距离以外的缺陷。

2. 横波法

将纵波通过斜楔块、水等介质倾斜入射至工件，利用波形转换得到的横波进行检测的方法，称为横波法。由于进入工件的声束与检测面成锐角，因此也称斜射法。横波法的工作原理如图 4.23 所示。

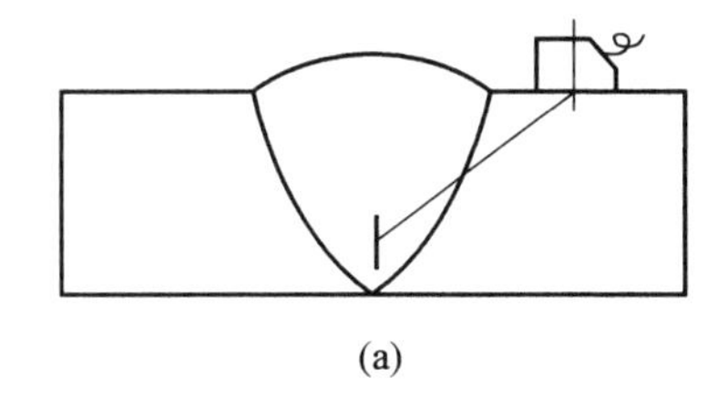

(a)

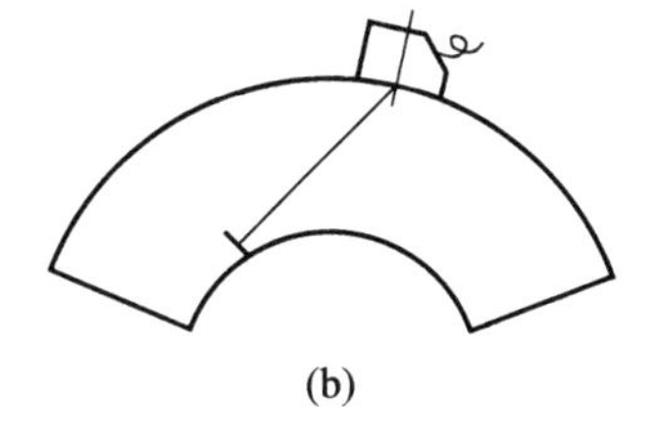

(b)

图 4.23　横波法的工作原理

横波法主要用于焊缝和管材的检测，或者作为纵波法检测的一种辅助手段，用以检测纵波法不易发现的缺陷。

3. 表面波法

使用表面波进行工件检测的方法,称为表面波法。表面波仅沿着工件的表面传播,对于工件的表面粗糙度、覆盖层、油污等较为敏感,可以通过沾油的手指在探头前端检测面上轻轻触摸,观察显示屏上回波高度变化,用来协助判定缺陷。

表面波的波长比横波的波长更短,在工件中传播时能量衰减更严重,因此,表面波法主要用于光滑表面工件近表面缺陷的检测。

4. 板波法

板波法是利用板波进行工件检测的方法,主要适用于薄板、薄壁管等形状简单的工件检测。传播时板波能充满整个工件,能够发现内部及表面的缺陷。板波法检测的灵敏度取决于板波的形式和仪器的工作条件。

4.2.2.3　按探头接触方式分类

根据探头与工件的接触方式,超声检测方法可以分为直接接触法和液浸法。

1. 直接接触法

超声检测时,探头与工件之间仅涂有很薄的一层耦合剂,可看作两者直接接触,这种方法称为直接接触法。

直接接触法操作简单,检测灵敏度较高,在实际检测中使用最多。但是该方法要求检测面平整光滑,既便于探头的顺畅移动,也便于耦合剂在工件表面形成均匀厚度,提高检测的准确性。

2. 液浸法

在检测时,探头与工件之间充满一定厚度液体介质耦合剂,超声波先通过液体介质后再进入工件,这种检测方法称为液浸法。其工作原理如图4.24所示。常用液体耦合剂是油或者水。

液浸法检测的优点:① 探头不直接接触工件,可实现任意角度调节,且不易磨损;② 声波的发射与接收稳定,检测结果重复性好;③ 适用于表面较粗糙的工件,也利于实现自动化检测。

液浸法检测的缺点是当耦合层较厚时,声能损失较大。

液浸法按检测方式不同可以分为全浸没式和局部浸没式。局部浸没式又可分为喷液式、通水式和满溢式。

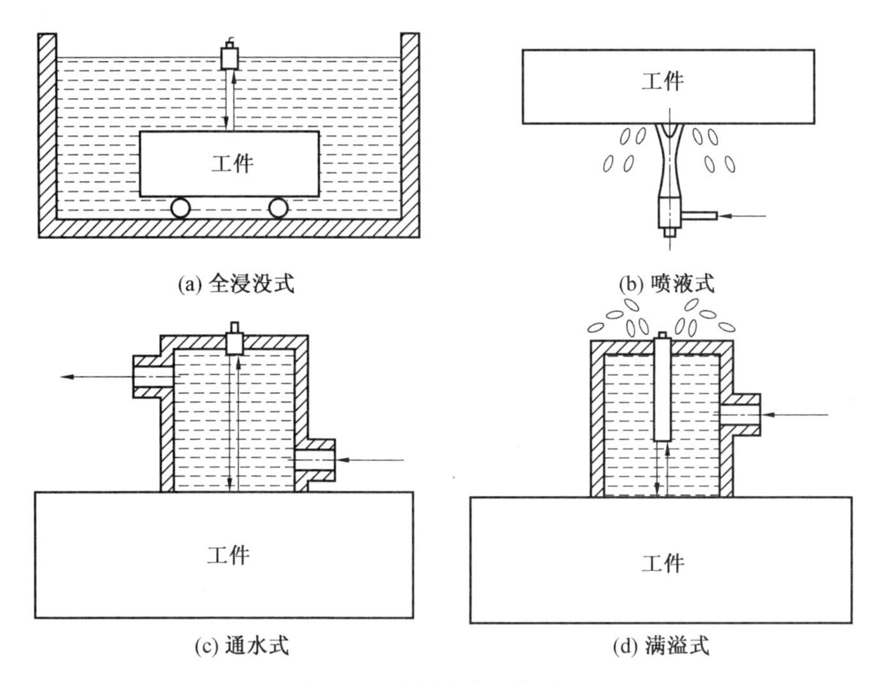

图 4.24 液浸法的工作原理

4.2.3 超声检测缺陷的定位、定量及定性

超声检测中缺陷定位、判断缺陷的性质(定性)和判断缺陷的大小(定量),称为缺陷的“三定”。

4.2.3.1 缺陷定位

1. 纵波的检测定位

纵波检测时,一般采用直探头,探头发射的超声脉冲垂直于工件表面,透过表面在工件内部传播,遇到工件底部或缺陷发生反射,反射波仍然被探头接收而放大显示。纵波检测一般按声程(超声波传播的距离)来调节扫描速度。具体操作时,将纵波探头对准厚度适当的平底面或曲底面,使两次不同的底波分别对准显示屏上相应的水平刻度值。如图 4.25 所示,T_0、T 可以从荧光屏上测出,缺陷的深度 l 可以通过计算得出。

2. 横波的检测定位

横波检测时,超声波倾斜入射至工件内部,遇到缺陷或工件底面发生一次或多次反射。如果倾斜入射的超声横波在到达工件底面之前遇到缺陷,便发生反射,且被探头接收到,则这种方法称为直射法,也称一次波法。如果超声横波经过工件底面反射后,反射波遇到缺陷后再反射,则称

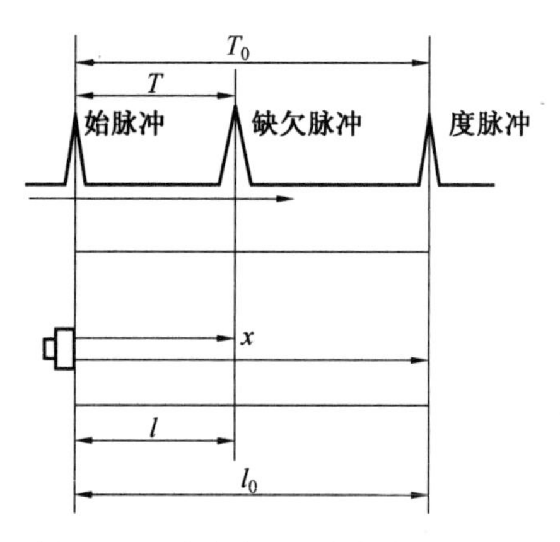

图4.25　纵波检测缺陷定位示意图

为一次反射法，也称二次波法。用斜探头检测时，缺陷在探头前方的下面，其位置可用入射点至缺陷的水平距离 l_f 和缺陷到检测面的垂直距离 d_f 来表示，如图4.26所示。

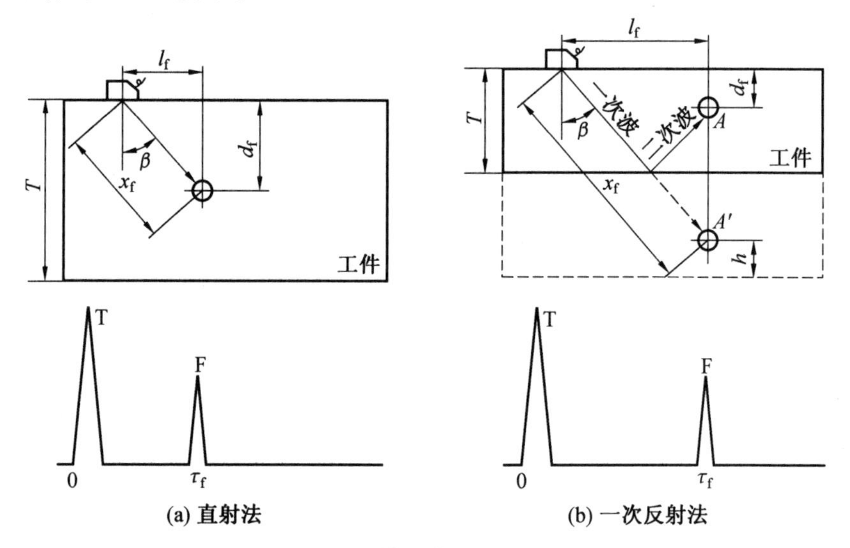

图4.26　横波检测缺陷定位

缺陷的定位方法按横波扫描速度调节方法的不同，分为声程定位法、深度定位法和水平定位法。

(1) 声程定位法。

声程定位法是用回波在显示屏上的水平刻度值 τ 与工件中对应的横波声程 x 之比来表示扫描速度的方法。这时显示屏上波的水平刻度反映了工件中对应的声程大小。按声程调节扫描速度可在IIW、CSK－IA、

IIW2 等试块或工件上进行。假设仪器按声程 1∶n 的比例调节扫描速度，在τ_f 处出现缺陷波。

采用直射法检测时(图 4.26(a))，入射点到缺陷的声程$x_f = n\, x_f$，缺陷在工件中的水平距离 l_f 和深度 d_f 分别为

$$l_f = x_f \sin\beta = n\,\tau_f \sin\beta \tag{4.32}$$

$$d_f = x_f \cos\beta = n\,\tau_f \cos\beta \tag{4.33}$$

采用一次反射法检测时(图 4.26(b))，入射点到缺陷的声程为$x_f = n\,\tau_f$，缺陷在工件中的水平距离 l_f 和深度 d_f 分别为

$$l_f = x_f \sin\beta = n\,\tau_f \sin\beta \tag{4.34}$$

$$d_f = 2T - x_f \cos\beta = 2T - n\,\tau_f \cos\beta \tag{4.35}$$

式中，T 为工件厚度;β 为斜探头的折射角。

(2) 深度定位法。

深度定位法是利用回波在显示屏上的水平刻度值 τ 与工件中对应反射体的深度 h 之比，来表示扫描速度的方法。显示屏上波的水平刻度反映了对应反射体在工件中的深度。该法多用于较厚工件焊接的横波检测。深度定位法可在 CSK－IA、CSK－IIIA 等试块上进行。假设仪器按深度 1∶n 的比例调节扫描速度，则在τ_f 处出现缺陷波。

采用直射法检测时，缺陷在工件中的水平距离 l_f 和深度 d_f 分别为

$$l_f = Kn\,\tau_f \tag{4.36}$$

$$d_f = n\,\tau_f \tag{4.37}$$

采用一次反射法检测时，缺陷在工件中的水平距离 l_f 和深度 d_f 分别为

$$l_f = Kn\,\tau_f \tag{4.38}$$

$$d_f = 2T - n\,\tau_f \tag{4.39}$$

(3) 水平定位法。

水平定位法是用回波在显示屏上的水平刻度值 τ 与工件中对应反射体的水平距离 l 之比来表示扫描速度的方法。这时显示屏上波的水平刻度反映了对应反射体在工件中的水平距离。该法多用于薄板焊缝横波检测。水平定位法可在 CSK－IA、CSK－IIIA 等试块上进行。假设仪器按水平距离 1∶n 调节扫描速度，则在τ_f 处出现缺陷波。

直射法检测时，缺陷在工件中的水平距离 l_f 和深度 d_f 分别为

$$l_f = n\,\tau_f \tag{4.40}$$

$$d_f = \frac{l}{\tan\beta} = \frac{n\,\tau_f}{K} \tag{4.41}$$

一次反射法检测时，缺陷在工件中的水平距离 l_f 和深度 d_f 分别为

$$l_{\mathrm{f}}=n\tau_{\mathrm{f}} \tag{4.42}$$

$$d_{\mathrm{f}}=2T-\frac{n\tau_{\mathrm{f}}}{K} \tag{4.43}$$

（4）表面波的检测定位。

表面波检测工件表面缺陷时，其缺陷定位方法非常简单直观。通过移动探头观察脉冲在扫描线上的游离位置，就能判断有无缺陷及缺陷的位置。探头接近缺陷时，缺陷脉冲与始脉冲间距减小。

4.2.3.2　缺陷的定性

对工件缺陷性质及类型的准确判定，有利于对缺陷的危害程度进行预估。缺陷的定性一般比较复杂，目前普遍使用的A型脉冲反射式超声检测仪只能直接提供缺陷回波的时间和幅度的信息，表征有缺陷的存在。由检测仪得到的缺陷信息具体代表裂纹还是夹层，气孔还是夹渣等，需要在实际无损检测时，结合工件的加工工艺、缺陷回波特征和底波情况对缺陷性质进行综合判断。

1. 根据加工工艺分析

工件的缺陷与加工工艺密切相关。如焊接过程中极易出现气孔、夹渣、未焊透、未熔合等缺陷；铸造过程中很可能产生气孔、裂纹、缩孔等缺陷；锻造过程中出现夹层、白点、折叠凳情况较多。了解工件的材料、尺寸及结构、加工工艺等，有利于准确分析缺陷的类型。

2. 根据缺陷回波特征分析

缺陷回波特征是仪器反映出的缺陷形状、大小和密集程度等。根据缺陷回波特征及其变化可以判断缺陷的类型。

对于平面型缺陷，如裂纹、夹层、折叠等缺陷，超声波在相对于缺陷的不同方向上检测，得到的缺陷回波高度会明显不同。当垂直于缺陷方向检测时，缺陷回波会偏高；当平行于缺陷方向检测时，缺陷回波会较低，甚至没有缺陷波出现。

对于点状缺陷，如气孔、小夹渣等，超声波在相对于缺陷的不同方向上检测，其缺陷回波的高度不会出现明显变化。

对于密集型缺陷，如白点、密集气孔和疏松等，缺陷波密集相连，在不同方向上探测，其缺陷回波的高度也不会发生明显变化。

3. 根据缺陷的波形分析

缺陷的波形一般分为静态波形和动态波形。静态波形是指探头不动时，仪器得到的缺陷波的高度、形状和密集程度等特征。动态波形是指探头在检测面上移动的过程中，得到的缺陷波变化情况。通过观察静态波形和动态波形特征,可以对缺陷进行定性判断。

（1）静态波形。

不同性质的缺陷因其声阻抗不同,其超声波的反射回波也有较大不同。一般声阻抗小、表面光滑等缺陷(如气孔、白点),其缺陷回波偏高,静态波形陡直尖锐;反之,如夹渣等缺陷,其静态波形的宽度大且呈锯齿状。

单个缺陷与密集缺陷的静态波形特征比较容易区分。一般单个缺陷的特征是独立存在的,而密集缺陷的回波形状则是比较杂乱且彼此相连的。

（2）动态波形。

不同性质的缺陷,其超声波的动态波形也是不同的。动态波形对探头的移动敏感程度也不一样。对于白点等缺陷,当探头稍稍移动,其缺陷回波立刻此起彼伏。而对于夹渣这类缺陷,探头移动,缺陷回波的波形变化不太明显。工件中常见缺陷的动态波形如图 4.27 所示。

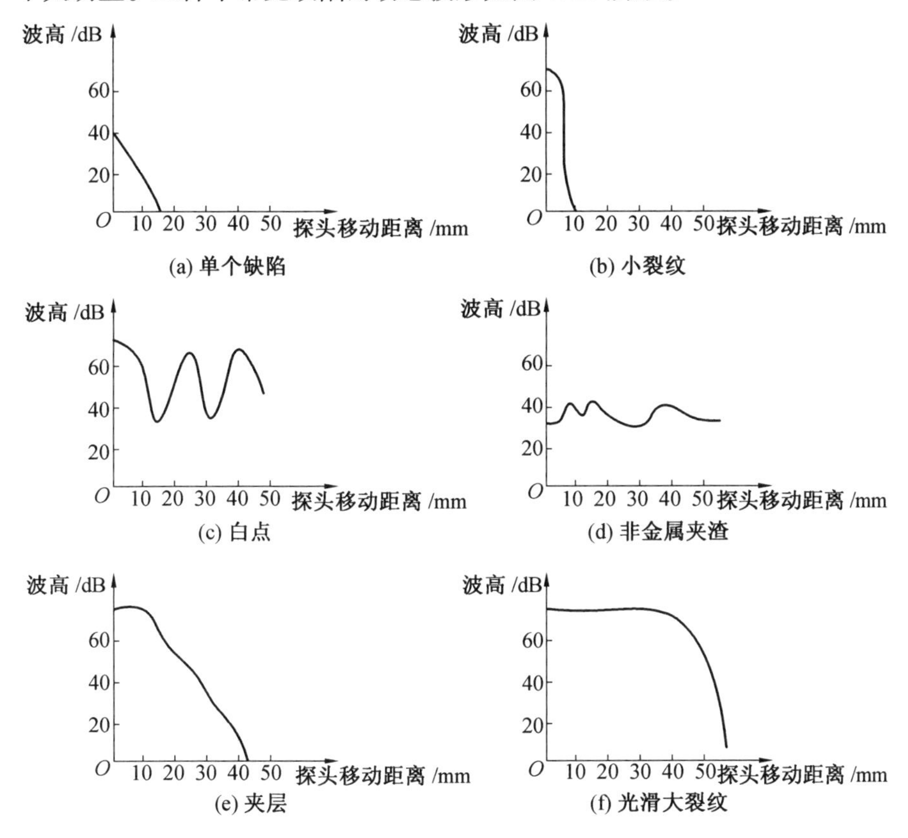

图 4.27　常见缺陷的动态波形

4. 常见缺陷的波形特征

(1) 气孔。

气孔一般是球形,反射面较小,对超声波反射不大。超声检测仪的显示屏上会单独出现一个尖波,波形也比较单纯。当探头绕缺陷转动时,缺陷回波高度不变;但当探头原地转动时,单个气孔的反射波会迅速消失,而链状气孔会不断出现缺陷波,密集气孔会出现数个此起彼伏的缺陷波。单个气孔的波形如图 4. 28(a) 所示。

(2) 裂纹。

裂纹的反射面积和平面度大,用斜探头检测时显示屏上往往出现锯齿较多的波,如图 4. 28(b) 所示。当探头沿缺陷长度平行移动时,波形中锯齿变化很大,波高也会相应地发生变化。当探头平移一段距离时,波高才逐渐减低直至消失;但当探头绕缺陷波动时,缺陷回波会迅速消失。

(3) 夹渣。

夹渣本身形状不规则且表面粗糙,其波形是由一串高低不同的小波合并而成的,波根部较宽,如图 4. 28(c) 所示。当探头沿缺陷平行移动时,条状夹渣的波形会连续出现,转动探头时,波形迅速降低;而块状夹渣在较大范围内都有缺陷波,且在不同方向探测时,能获得不同形状的缺陷波。

(4) 未焊透。

未焊透的缺陷波形基本上和裂纹波形相似。但未焊透工艺中常常伴随夹渣,两者的混合波形与裂纹波形有明显不同。当斜探头沿缺陷平移时,在较大的范围内存在缺陷波。当探头垂直焊缝移动时,缺陷波消失得快慢取决于未焊透的深度。

(5) 未熔合。

未熔合多出现在母材和焊缝的交界处,其波形基本上与未焊透相似,但缺陷范围没有未焊透大。

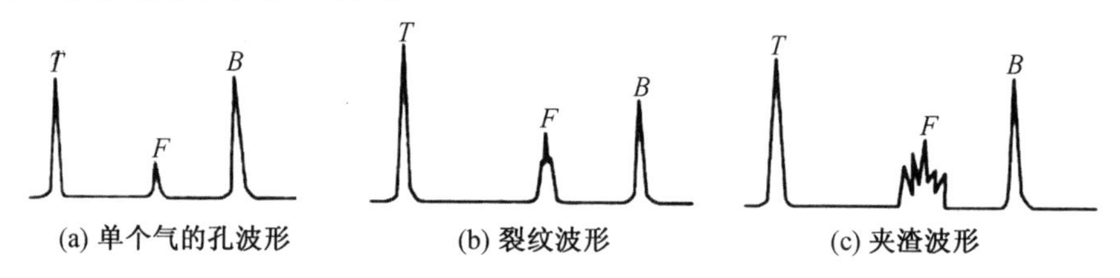

图 4. 28　常见缺陷的静态波形

4.2.3.3 缺陷的定量

缺陷的大小，即缺陷的长度、面积和数量等参数，统称为缺陷的定量。目前，缺陷大小的判定是利用缺陷的回波高度、沿工件表面测出的缺陷延伸范围以及缺陷的底面回波变化等信息进行评定。

缺陷的大小可由单个缺陷的长度和密集缺陷的面积来表征。当缺陷尺寸小于声束横截面时，可用缺陷回波高度法和当量法；当缺陷尺寸大于声束横截面时，可采用长度测量法。

1. 当量试块比较法

在检测工件时，所获得的缺陷信号（包括缺陷波在显示屏上的水平刻度和高度）与检测相同材质、相同表面状态的某一试块上人工缺陷所得到的信号完全一致，则该试块中人工缺陷大小可看作是被检测工件的实际缺陷大小。

在实际检测中，此方法成本高且现场不易携带大量试块，主要应用于检测小工件的近场区域或特别重要零件的精确定量。

2. 当量曲线法（AVG 曲线法）

AVG 曲线是描述规则反射体的距离、回波高、当量大小之间相互关系的曲线，可用于缺陷定量和选择检测灵敏度。纵波直探头检测利用 AVG 曲线来确定工件中缺陷的当量大小。

距离 - 波幅曲线是描述某一规则反射体随距离变化其波高变化规律的曲线，属于 AVG 曲线特例。当横波斜探头检测定量缺陷时，通常只需确定缺陷位于距离 - 波幅曲线图中的某一区域，而不是具体尺寸。

3. 当量计算法

当缺陷对应的声程 $x \gg 3N$ 时，根据超声检测得到的缺陷波高，利用规则反射体的回波声压公式进行计算来确定缺陷的当量大小的方法，称为当量计算法。当量计算法不使用任何试块，计算方便，应用广泛。

4. 底波高度法

利用缺陷波与底波的相对波高可以间接衡量缺陷的相对大小，这种方法称为底波高度法。当工件中无缺陷时，其底面回波达到一定高度；当遇到工件中的缺陷时，由于缺陷反射消耗了一部分反射波，工件原来的底波高度有所下降，缺陷越大，缺陷波越高，底波就越低。常用的底波高度法有以下几种：

(1) F/B_F 法。

F/B_F 法是在一定的检测灵敏度下，用缺陷波高 F 与缺陷处的底波高

B_F 之比来衡量缺陷相对大小的方法。

(2) F/B_G 法。

F/B_G 法是在一定的检测灵敏度下，用缺陷波高 F 与无缺陷处底波高 B_G 之比来衡量缺陷相对大小的方法。

(3) B_G/B_F 法。

B_G/B_F 法是用无缺陷处底波高 B_G 与缺陷处的底波高 B_F 之比来衡量缺陷相对大小的方法。

底波高度法同样不需要试块，可直接利用工件底波调节灵敏度来比较缺陷大小，但它不能精确地给出缺陷当量大小。对于同样大小的缺陷，当缺陷距离较小时，F/B_F 的值较大；当缺陷距离较大时，F/B_F 的值较小。对于较小缺陷，B_G 与 B_F 相当；对于密集缺陷其缺陷波不明显，这两种情况不适合用底波高度法。底波高度法只适用于同样条件下的缺陷比较或测定缺陷的密集程度。

5. 测长法

当工件中缺陷尺寸大于声束横截面时，必须用测长法。测长法是根据缺陷波高与探头移动的距离来确定缺陷的尺寸，按此方法测得的缺陷长度为缺陷的指示长度。在实际检测中，由于受到缺陷取向、性质、表面状态等因素的影响，缺陷的指示长度总是小于或等于实际长度。常用的缺陷测长法有相对灵敏度法、绝对灵敏度法和端点峰值法。

(1) 相对灵敏度法。

检测时沿缺陷长度方向移动探头，降低一定的缺陷波高(dB 值) 来测定缺陷长度的方法，称为相对灵敏度法。降低法用到的 dB 值有 3 dB、6 dB、10 dB、12 dB、20 dB 等。常用的是 6 dB 法和端点 6 dB 法。

6 dB 法也称半波高度法。当发现缺陷时，移动探头找到缺陷的最高回波高度 H_m，然后探头沿缺陷长度方向来回移动，当缺陷波高降低到 H_m 的一半时，两个位置的探头中心线之间的距离即可表示缺陷的指示长度，如图4. 29(a) 所示。

端点 6 dB 法也称端点半波高度法。当发现缺陷时，探头沿缺陷长度方向来回移动，找到缺陷两端的最大反射波，并以此为基准，探头继续沿缺陷长度方向来回移动，当端点反射波高降低一半时，探头中心线之间的距离就是缺陷的指示长度，如图 4. 29(b) 所示。

(2) 绝对灵敏度法。

在仪器灵敏度一定的条件下，沿缺陷长度方向来回移动探头，当缺陷波高降到规定位置时，探头移动的距离就是缺陷的指示长度，如图4. 29(c)

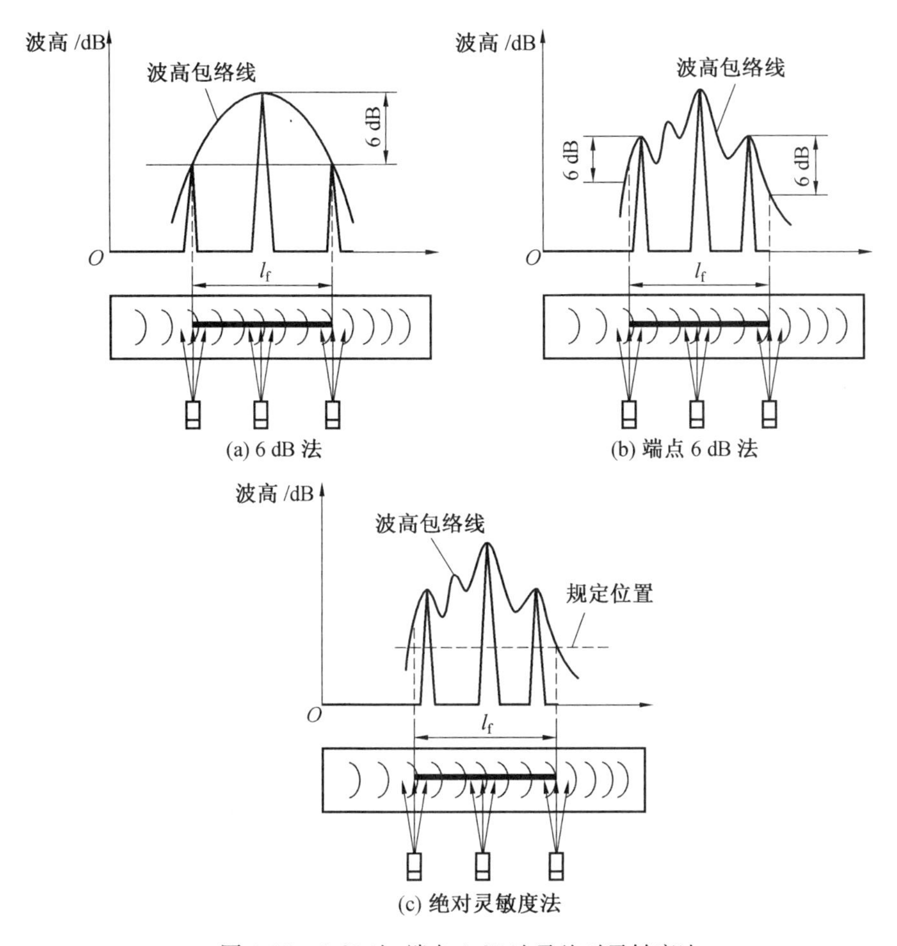

图 4.29　6 dB 法、端点 6 dB 法及绝对灵敏度法

所示。由此可见,灵敏度越高,缺陷指示长度越大。

(3) 端点峰值法。

在探头测长过程中,当缺陷波高包络线有多个极大值点时,直接以缺陷两端反射波极大值点之间探头的移动距离表示缺陷的指示长度,这种方法称为端点峰值法。此方法只适用于探头测长时,缺陷反射波存在多个高点的情况。

4.3　超声相控阵检测技术

4.3.1　超声相控阵概述

常规的超声检测采用单晶片探头发射超声波声束,多采用双晶片探头或者单晶片聚焦探头来减小盲区和提高分辨率。由于超声场在介质中是按照单一角度的轴线方向传播,因此此种单一角度的扫查限制其对于不同方向缺陷的定性和定量评价。

通常超声检测标准都要求从多个角度扫查来提高检出率。但是对于几何外形复杂、大壁厚或者探头扫查空间有限的待检工件,采用多个角度扫查检测也很难检测准确,需要采用相控阵多晶片探头和电子聚焦声束,如图4.30所示。

(a) 常规单晶片超声探头

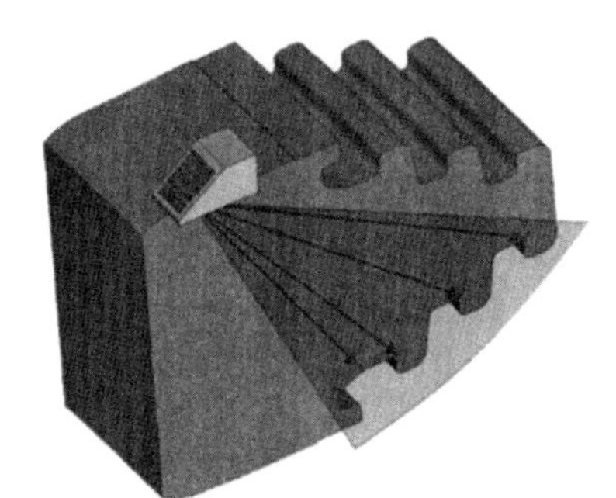

(b) 相控阵超声探头

图4.30　常规单晶片超声探头和相控阵超声探头的扫查角度

超声相控阵检测技术始于20世纪60年代,其基本原理是借鉴雷达电磁波相控阵技术。其初期主要应用于医疗领域的医学超声成像中,如B超成像中用相控阵换能器快速移动声束来对被检测器官成像。超声相控阵最初的电子控制系统比较复杂,且由于固体波动传播的复杂性及成本费用高等原因限制了其在工业无损检测中的应用。随着压电复合技术、电子技术、模拟仿真技术以及探头的不断优化提升,到20世纪80年代初,超声相控阵检测技术从医疗领域拓展到工业无损检测领域。到21世纪初,该技术进入成熟阶段。近年来,由于其灵活的声束偏转及优异的聚焦性能,越来越广泛地应用于各个领域的检测,如石油天然气管道环焊缝检测、核电站主泵隔热板的检测、汽轮机叶片和涡轮圆盘的检测、火车轮轴检测和航空工业中薄铝板摩擦焊缝及热疲劳裂纹等的检测。

4.3.2 相控阵探头

超声相控阵检测探头的特点是由多个压电晶片(换能器)单元组成的阵列来进行能量转换,而不再是单一的压电晶片。超相控阵探头的晶片排列分为不同的阵列形式,如一维线形阵(图 4.31(a))、二维矩形阵(图 4.31(b))、一维环形阵(图 4.32(a))、二维扇形阵(图 4.32(b))等。

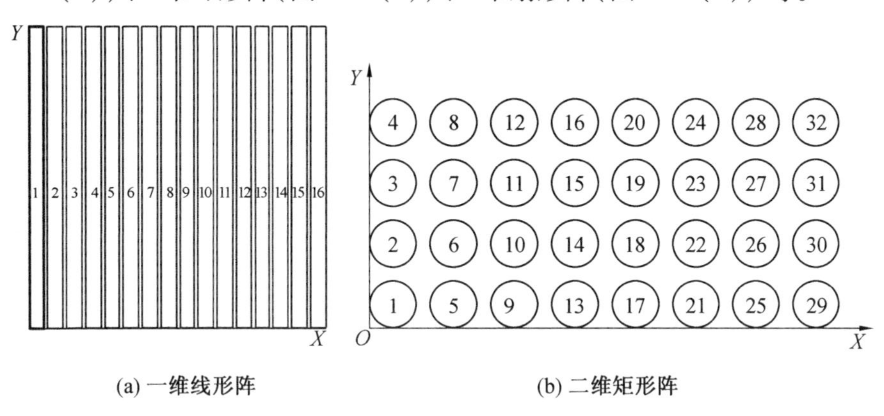

(a) 一维线形阵　　(b) 二维矩形阵

图 4.31　超相控阵探头线形阵类型

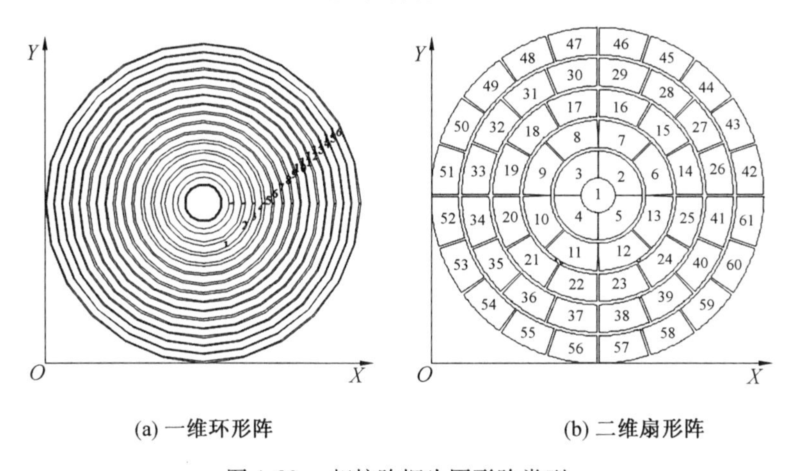

(a) 一维环形阵　　(b) 二维扇形阵

图 4.32　相控阵探头圆形阵类型

工业上最常用的是线形阵列探头。其主要优点是成本低,易设计和制造,便于编程和模拟;带楔块的直接接触法或水浸法均易使用,通用性强。二维矩形阵列主要用于医用 B 超;环形阵列主要用于检测管子的内外壁缺陷。

线性阵列探头的主要参数为晶片阵列方向孔径、晶片单元宽度、晶片单元大小、两个晶片单元间隔等,如图4.33所示。

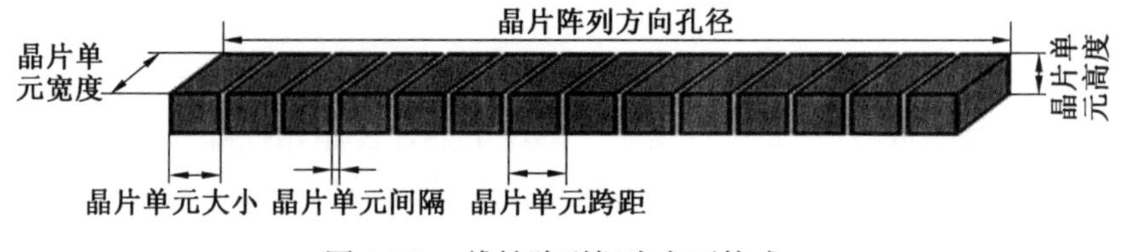

图4.33　线性阵列探头主要构成

4.3.3　超声相控阵检测技术原理

超声相控阵检测技术是通过电子系统控制换能器阵列中的各个阵元,按照一定的延迟时间规则发射和接收超声波,从而动态控制超声波束在工件中的偏转和聚焦来实现对材料的无损检测。

相控阵超声成像系统分为超声相控阵换能器阵列和相应的电子控制系统两大部分,系统的基本组成如图4.34所示。

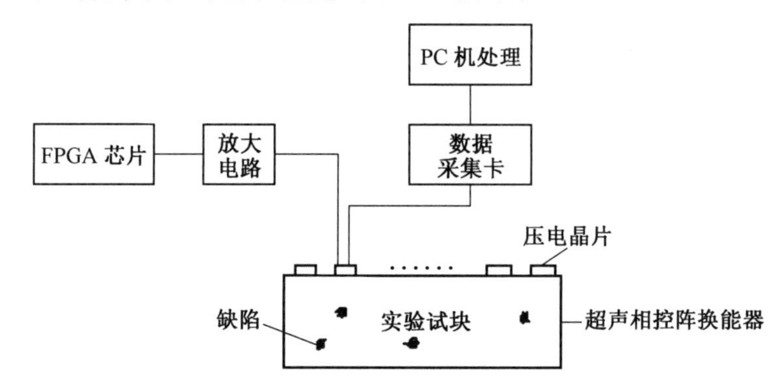

图4.34　相控阵超声成像系统的基本组成

4.3.3.1　超声相控阵的发射

超声相控阵应用许多的单元换能器来产生和接收超声波波束。通常在一维或多维上排列若干单元换能器组成阵列。利用电子技术控制不同阵元之间的发射和时间延迟,依次激励一个或几个单元换能器,产生具有不同相位的超声相干子波束在空间叠加干涉,从而得到预先希望的波束入射角度和焦点位置,形成发射聚焦或声束偏转等效果。

如图4.35(a)所示,首先激励阵列换能器两端的阵元,然后等间隔地增加延迟时间,从两端向内依次激励各个阵元,越靠近换能器中心的阵元被激励得越晚,从而使得在波阵面为一个凹球面时,形成了相控阵的发射聚焦效果。

如图 4. 35(b) 所示,从左到右等间隔地增加延迟时间,依次激励线性阵列换能器的各个阵元,从而使得形成的波阵面和线性阵列换能器之间形成一个夹角,这就形成了发射声束相控偏转的效果。

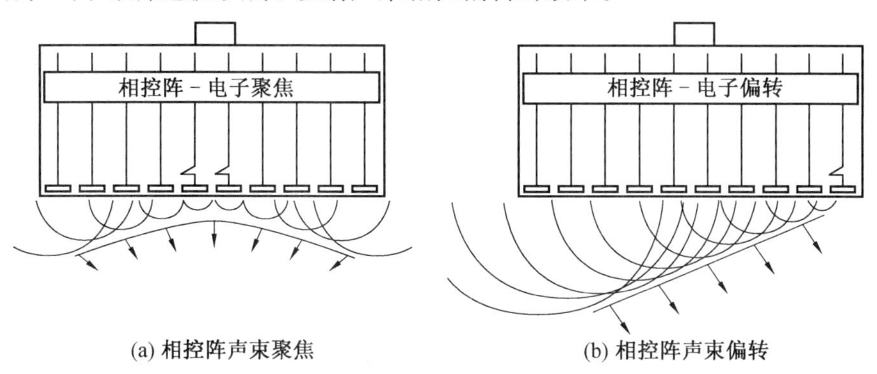

图 4. 35　相控阵换能器实现电子聚焦和波束偏转原理示意图

4.3.3.2　超声相控阵的接收

换能器发射出的超声波束遇到目标后,将产生回波信号,由于换能器各阵元位置不同,接收信号也存在一定的时间差。根据时间差对各阵元接收信号进行延时补偿,然后再叠加合成,便能使相位相同的回波信号因互相叠加而增强,而在其他方向上,由于回波信号相位的不同,信号将减弱甚至抵消,如图4. 36 所示。

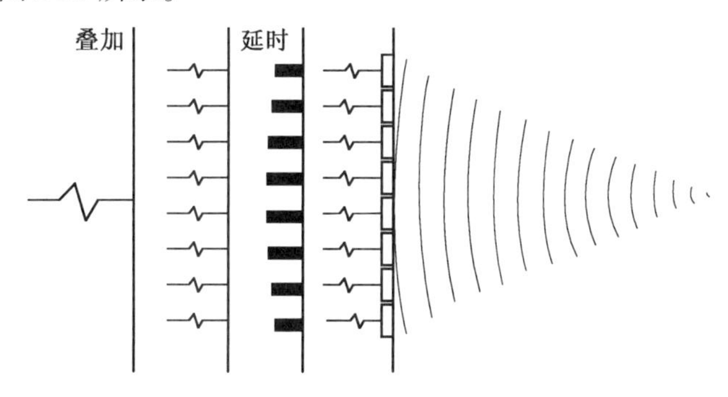

图 4. 36　相控阵接收波束形成

4.3.3.3　相控阵技术特点

与常规超声探头比较,相控阵检测具有明显的优势:

(1) 超声相控阵系统使用的探头体积小、质量轻;能检测难以接近的部位。

(2) 突破了传统机械聚集只能形成估计焦点的局限性。通过软件参数的设置就能对所关心区域的多角度、多方向扫查，检测速度快，检测灵活性更强。

（3）可对焦柱长度、焦点尺寸、声束方向进行优化控制，提高缺陷分辨率、信噪比及缺陷检出率。超声相控阵换能器按其晶片形式主要分为3类，即线阵、面阵和环形阵列。

（4）通过局部晶片单元组合对声场控制，可实现高速电子扫描，对工件进行高速、全方位和多角度检测。

4.3.4　超声相控阵扫查模式

通过控制聚焦法可实现对一定区域进行超声波束的扫查检测。超声相控阵主要有3种声束扫查方式，即线性扫查或电子扫查、动态深度聚焦和扇形扫查。

（1）线性扫查。

当若干发射晶片作为一组，通过对激活晶片组进行多路延时，波束产生移动，探头不做任何机械移动，而波束沿晶片阵列方向做线性扫查，如图4.37(a)所示。利用线性扫查可以使合成声束以恒定角度和聚焦深度对探头下方的一条线性区域进行扫描；扫查宽度局限于阵列中晶片的数量和采集系统支持的通道数量。线性扫查常用于工业中大表面的快速检测。

（2）动态深度聚焦。

如图4.37(b)所示，采用同一组阵元，发射时使合成声束聚焦在某一焦点上，在超声接收时通过实时地改变聚焦法则，使接收声束的子声束在轴线上的不同深度进行聚焦，聚焦点覆盖整个深度。采用动态聚焦方式，可使超声波束方向上任意位置都得到清晰的图像。动态聚焦适用于坯锭、叶根的检测。

（3）扇形扫查。

扇形扫查是通过控制发射晶片组内的发射时间使阵列中的相同晶片发射声束，对某一聚焦深度进行一个角度范围的扫查，如图4.37(c)所示。对其他不同焦点的深度，可增加扫描范围。扇形扫查适用于检测几何形状复杂或检测空间受限的工件。

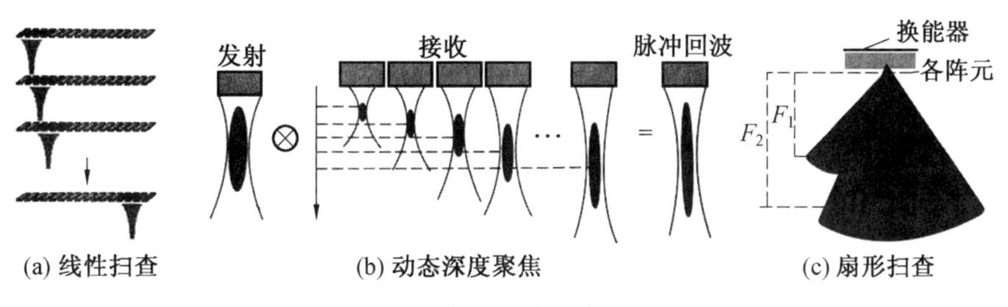

图 4.37　超声相控阵声束扫查方式

4.3.5　超声相控阵的图像显示模式

超声相控阵的图像类似于图样的平面投影图,是指超声声程和扫查参数(如扫查轴或进位轴) 等在不同平面上的图像显示。其显示模式分 A 型显示、B 型显示、C 型显示、D 型显示、S 型显示和极坐标型显示等,如图4.38所示。

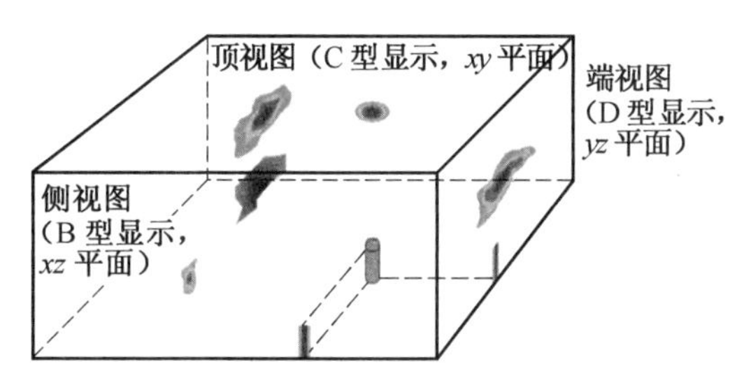

图 4.38　超声相控阵投影示意图

(1)A 型显示。

A 型显示表示换能器接收到的超声脉冲幅度或波形与超声传播时间(声程) 的关系。A 型显示的水平轴表示超声波的传播时间或声程,垂直轴表示波幅,如图 4.39(a) 所示。在相控阵系统中,它的检测数据能够被系统储存起来,然后在离线进行数据分析时使用。

(2)B 型显示。

B 型显示又称 B 扫,它是以反射回波作为辉度调制信号,用亮点显示接收信号,显示屏上的纵坐标表示波的传播时间,横坐标表示探头的水平位置,用来反映缺陷的水平延伸情况,在一定情况下,两轴可进行互换。B 型显示能直观显示缺陷在纵截面上的二维特性,以获得截面的直观图,如图 4.39(b) 所示。

(3)C 型显示。

C 型显示又称 C 扫,以反射回波作为辉度调制信号,用亮点或暗点显示接收信号,缺陷回波在荧光屏上显示的亮点构成被检测对象中缺陷的平面投影图,如图4.39(b)所示。C型显示能给出缺陷的水平投影位置,但不能确定缺陷的深度。

(4)D型显示。

D型显示又称D扫,它类似于B型显示,但其视图与B型显示的方向垂直。若B型显示是侧视图,D型显示则为端视图,如图4.39(b)所示。B型显示是与工件深度、探头进位轴相关,D型显示是与工件深度和电子扫查轴相关。

(5)S型显示。

S型显示又称扇形显示,是用相同阵元和相同焦距通过一定角度范围的扫查获得的。其水平轴对应投影距离(工件宽度),而垂直轴对应深度,如图4.39(c)所示。S型显示是相控阵所特有的,可显示出缺陷的实际位置,便于对检测结果可视化和图像比较。

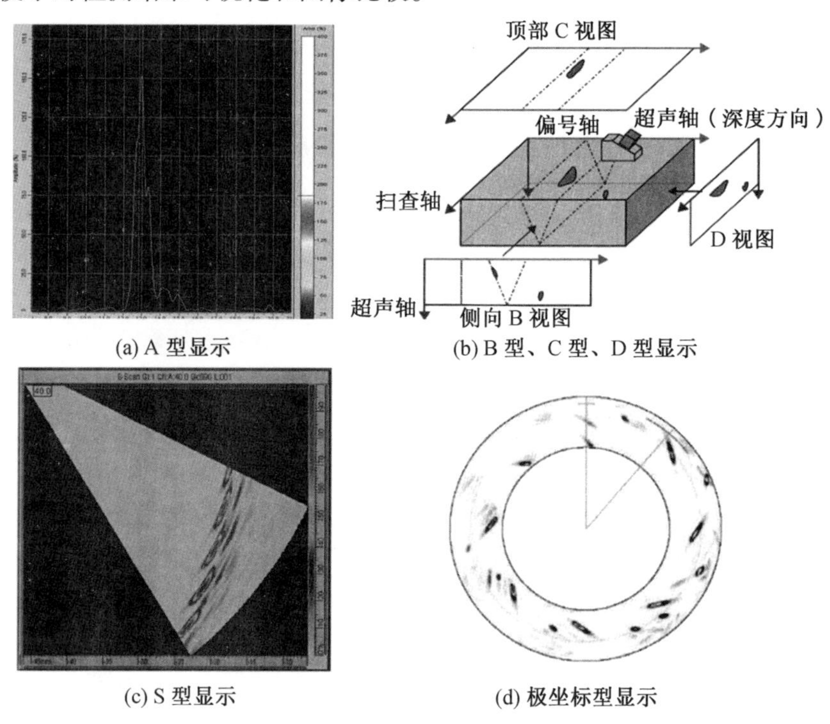

(a) A型显示　　(b) B型、C型、D型显示

(c) S型显示　　(d) 极坐标型显示

图4.39　相控阵扫查图像显示模式

(6)极坐标型显示。

极坐标型显示是一种综合显示方法,是由检测过程中探头在各个编码

器位置下的电子型显示及 S 型显示图像进行融合生成的，主要针对空洞等具有圆柱形表面试样的相控阵检测，如图 4.39(d) 所示。

4.3.6 超声相控阵检测技术应用

超声相控阵检测技术是当今无损检测技术中最先进的超声检测方法之一。尤其在焊接接头检测方面的应用具有独特的优势。该技术可有效地检出焊接接头中各种面状缺陷和体积型缺陷。检测结果以图像形式显示，为缺陷的定位、定量、定性、定级提供了丰富的信息。

1. 钢板对接焊缝的超声相控阵检测

检测对接焊缝是相控阵技术最典型的应用。检测时探头无须像常规超声那样在焊缝两侧频繁地做锯齿形扫查，而只需在平行于焊缝的方向做水平移动。检测前需要对系统进行校准。根据检测对象的尺寸及材质，确定好探头与楔块，在标准试块(如 IIW 试块等) 上对声速、楔块的延迟以及检测灵敏度与系统的综合线性校准。此外还应对编码进行位置校准，当扫查装置移动 300 mm 时，一般认为误差不应超过 3 mm。常见焊缝坡口的形式有 X 形、K 形、V 形等。

如图 4.40(a) 所示，利用全自动相控阵超声检测系统检测管道焊缝，将焊缝在垂直方向上分成若干个区，再由电子系统控制相控阵探头对其进行分区扫查。以 J 型坡口、壁厚为 12.7 mm 焊缝为例，从根部依次划分区域为：根焊区(Root)、钝边区(Root Face)、热焊区(Hoot Pass)、填充 1 区、填区 2 区、填充 3 区。每个分区为 1 ~ 3 mm 的焊缝，超声波束聚焦到 2 mm，发射器的位置、角度及波束路径根据检测未熔合的需要来设置和定位(图 4.40(b))。图 4.41 为超声相控阵声束扇形扫查焊缝的实物图及扇形扫查结果面图。

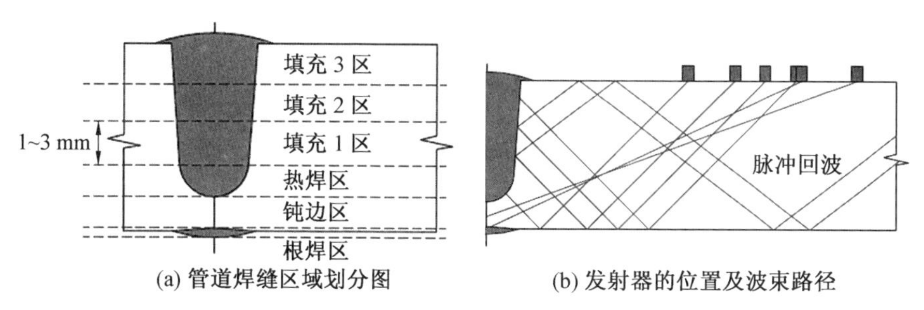

(a) 管道焊缝区域划分图　　(b) 发射器的位置及波束路径

图 4.40　相控阵超声检测系统检测管道焊缝

(a) 扫查焊缝实物图

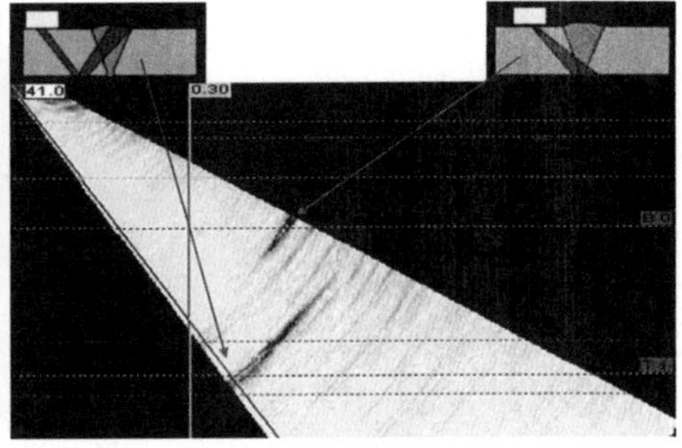
(b) 扇形扫查结果

图 4.41　超声相控阵声束扇形扫查焊缝的实物图及扇形扫查结果

2. 钢锻件的超声相控阵检测

常规超声波检检测锻件时,不宜出现螺纹、键槽、销孔等不利于检测的结构形式,然而在实况检测中,这些不利因素的存在无法避免。使用超声相控阵检测技术可以解决这些问题。以螺栓为例,在加工出螺纹后,常规超声检测很难区分螺纹回波与螺纹底部裂纹产生的回波;同时直探头对裂纹反射的灵敏度不高,且移动空间较小。采用超声相控阵技术可以很好地克服这些困难,缺陷的类型及分布能够直观地显示,有助于检测人员做出准确的判断。超声相控阵声束检测螺栓如图 4.42 所示。

(a) 螺栓照片

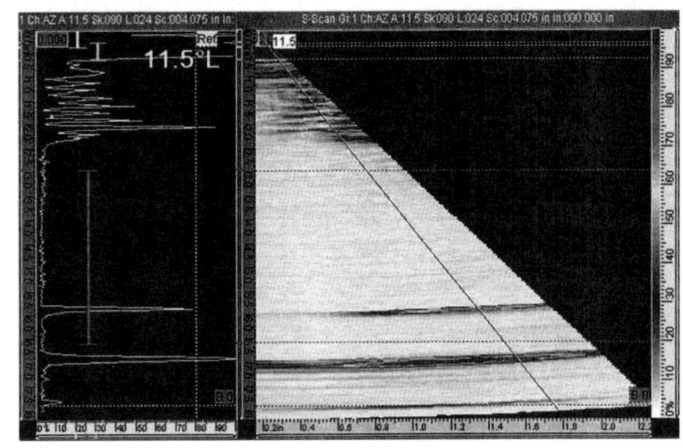

(b) 扇形扫查结果

图 4.42　超声相控阵声束检测螺栓

3. 再制造领域典型工件的超声相控阵检测

(1) 发动机缸体检测。

汽车再制造为大量即将或已经走入"坟墓"的汽车零部件带来了新的生机。其中,发动机是汽车最核心的部件,关系到汽车使用和安全性能。其再制造流程主要分为3步:发动机的拆解和清洗;各零部件的检测和筛选;按标准修复。

发动机缸体内腔是指处于气缸与外壳之间的腔体，用于流通冷却液，属于发动机的冷却系统，属不易拆解部位。对于汽车发动机内腔的腐蚀缺陷检测，是发动机再制造的关键环节。针对发动机内腔的腐蚀，常规检测方法只能起到预防或预测的作用，无法实现对发动机缸体的实时在线检测，即无法得知发动机缸体内腔腐蚀的具体状况，如腐蚀的程度、位置等。利用超声相控阵技术可对发动机缺陷进行全面分析。

由于发动机缸体的外侧形状复杂，难以放置探头，因此考虑从内侧检测。发动机气缸的内侧是圆柱形曲面，需要相控阵换能器或所配备的楔块也具有相应形状、曲率的表面。实际检测时选择安装在相控阵换能器上的凸圆柱面楔块。为了达到良好的耦合效果，需要在楔块与气缸内壁之间涂抹耦合剂；凸圆柱面楔块可以在发动机内腔的腐蚀检测中起到耦合作用。发动机气缸壁的检测如图 4.43 所示。

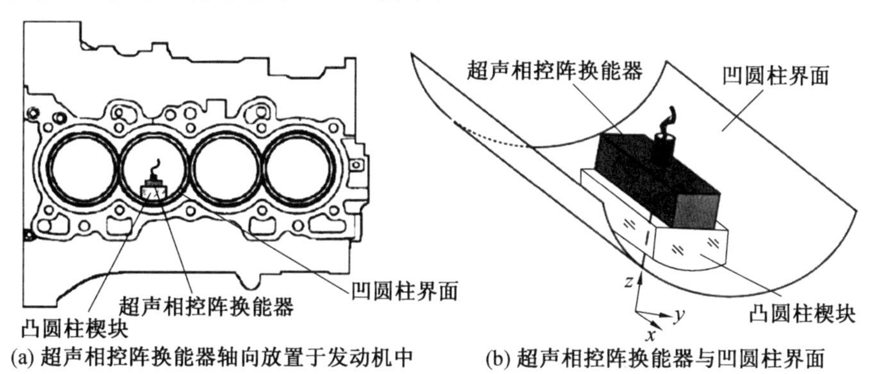

图 4.43　发动机气缸壁的检测

由于箱体内侧为圆柱形，因此检测路径可分为轴向和周向两个扫查方向。相控阵换能器先在气缸壁内进行圆周扫描，再轴向运动，进入下一个圆周。

为获取已知缺陷的回波信号，根据发动机内腔的检测需求及缺陷特征，设计缺陷不容易实现，可用类似形状的圆柱形工件来代替，加工带有不同直径及锥度蚀坑的工件。选择试验工件外径为 278.6 mm、内径为 239.6 mm、厚度为 19.5 mm 的铝制圆柱体，并设计不同的圆形人工缺陷，变量参数为深度和直径，如图 4.44 所示。图 4.45(a) 是以直径均为 9.6 mm、但深度不同的3个圆形缺陷的B扫图和C扫图。图4.45(b) 中显示的是深度均为4 mm、但直径不同的3个圆形缺陷的B扫图和C扫图。实际测量的缺陷深度与理论值相比，误差在 2% 之内，满足检测要求。

图 4.44　带有圆形人工缺陷的工件试样

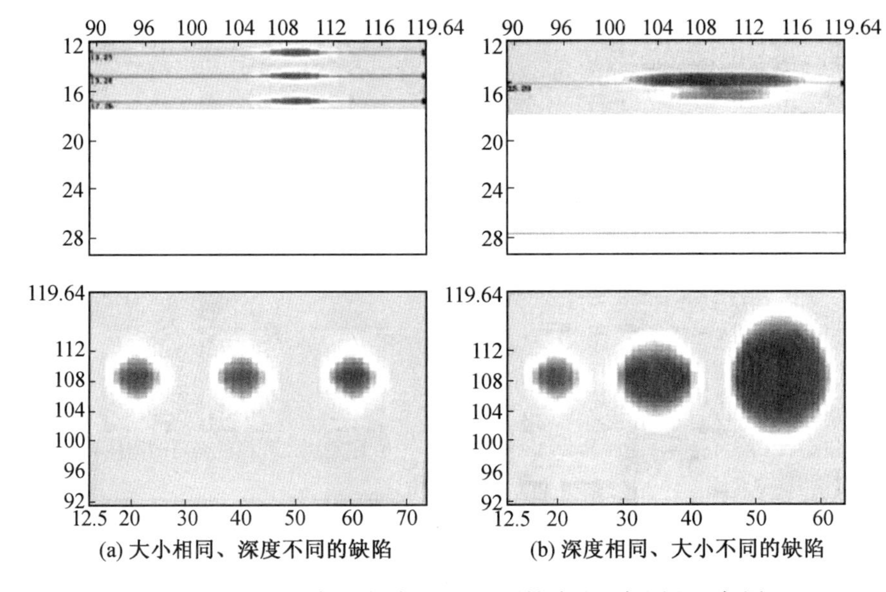

(a) 大小相同、深度不同的缺陷　(b) 深度相同、大小不同的缺陷

图 4.45　深度和直径分别不同的圆形缺陷的 B 扫图和 C 扫图

以某一发动机气缸壁为例，由检测系统进行扫描成像。在整个扫查过程中，B 扫图均呈现如图 4.46(a) 所示的状态，只有底面回波，没有缺陷回波。扫查得到的部分 C 扫图如图 4.46(b) 所示。C 扫图中同样未发现缺陷分布，图像中虽显示出一些微小幅值波动，但幅值均极小，如图 4.46(c) 所示，在一定增益下，数字化幅值为 250 ~ 500，与图 4.46(b) 所示区域无回波处的波动范围一致。由此，C 扫描中的波动是因为耦合剂的涂抹、多次反射、散射等因素带来的小幅值干扰伪像，通过图像增强就可以去除。因此可以说明此发动机缸体内腔未遭到严重腐蚀，可以进行再制造并投入使用。

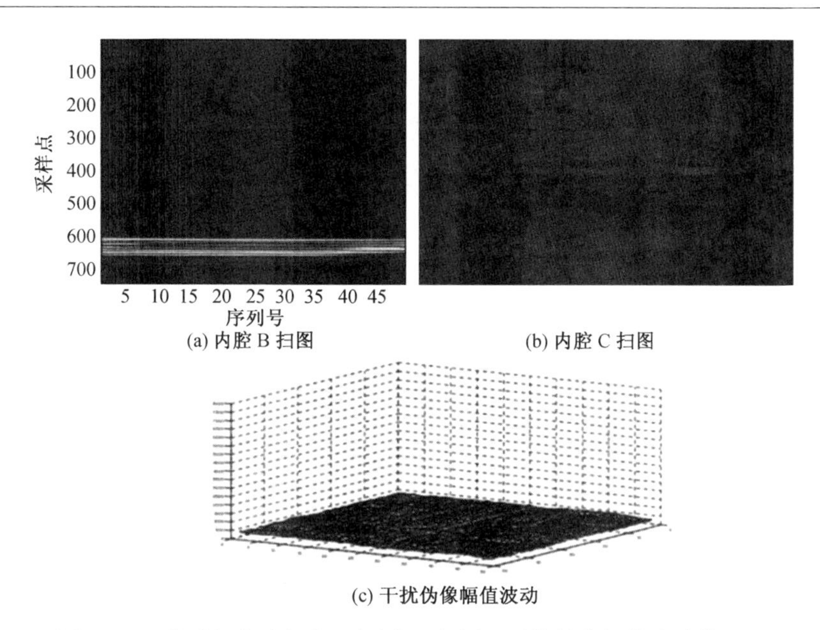

(a) 内腔 B 扫图　　(b) 内腔 C 扫图

(c) 干扰伪像幅值波动

图 4.46　发动机内腔扫查 B 扫图、C 扫图和干扰伪像幅值波动情况

（2）再制造曲轴检测。

废旧曲轴再制造是再制造技术在汽车发动机中典型应用的实例之一。利用超声相控阵检测技术可以对再制造曲轴连杆内侧过渡圆角处裂纹进行检测，图 4.47(a) 所示为曲轴实物图。

根据曲轴断裂失效分析结果可知，连杆轴颈内侧过渡圆角处裂纹缺陷是导致曲轴失效的主要原因，因为此处存在应力集中，并且曲轴内部及表层存在夹杂物，严重破坏了金属基体的连续性，使材料的强度和塑性大大降低，成为潜在的微裂纹源，在应力作用下易产生疲劳裂纹，致使曲轴发生疲劳断裂。根据曲轴形状及曲轴轴颈（主轴颈或连杆轴颈）轴向宽度，采用扇扫方法对其进行缺陷检测。采用小尺寸探头，且探头紧贴曲轴连杆轴颈内侧过渡圆角边缘放置。

图 4.47(b) 是对曲轴连杆轴颈内侧过渡圆角处的裂纹进行检测的 A 扫图和 C 扫图结果。A 扫图中纵坐标为超声波信号幅值，单位为 V，横坐标为超声波传播时间，单位为 μs。C 扫图中横坐标为探头移动距离，单位为 mm，纵坐标为超声波传播距离，单位为 mm。由扇扫图显示，在连杆轴内侧过渡圆角处位置出现了回波信号，即为轴径底面回波，显示曲轴连杆轴颈内侧过渡圆角处疲劳裂纹回波信号。

(a) 曲轴实物图

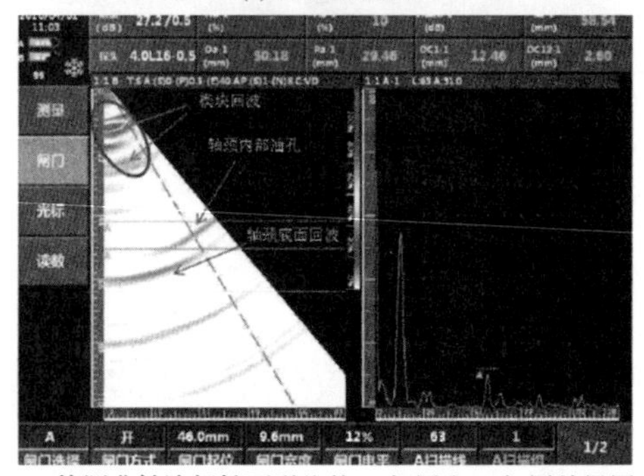

(b) 检测曲轴连杆轴颈裂纹的 A 扫图和 C 扫图结果图

图 4.47　曲轴实物图及其超声相控阵检测结果图

(3) 菌型叶根的检测。

作为应用最多的汽轮机的叶根类型，菌性叶根在高速运转环境下长期承受拉力、扭力和振动等复杂应力，容易产生裂纹缺陷，如图 4.48 所示。若叶根部位存在疲劳裂纹或应力腐蚀裂纹，将造成叶片根部断裂事故，再制造汽轮机叶片前需对其进行质量检测。

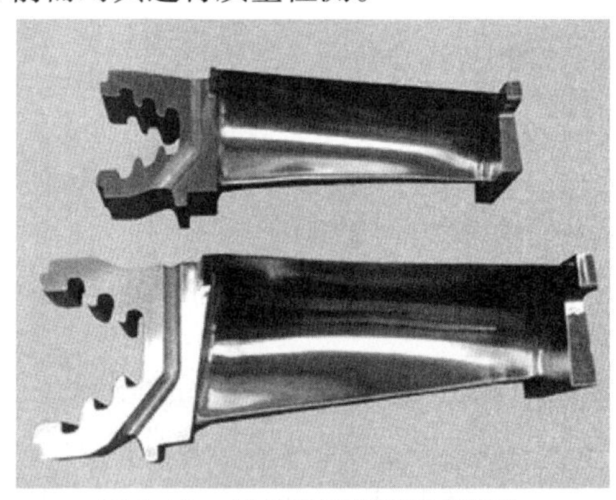

图 4.48　汽轮机的菌型叶根照片

常规超声检测无法对叶根进行全覆盖检查。采用超声相控阵检测技术能实现较少的换能器及少量的扫查动作完成检测区域的全部扫查，且能提供大量直观信息，确定缺陷的位置、大小及性质。在实际检测中，要选择合适的相控阵换能器及斜楔。

超声相控阵检测技术的最大优势是实现了扇形扫查。由于每次扇形扫查的区域有限,为保证对叶根的全覆盖检测,如图 4.49 所示,把菌型叶根检测区域分为 A、B 两个区域分别进行扫查,A 区域覆盖叶根第 1 齿弧部分,B 区域覆盖第 2、3 齿弧部分。经过扫查得到菌型叶根扇扫成像图,如图 4.50(a) 和图 4.50(b) 所示,圆圈标识显示信号为叶根圆弧处的固有反射信号。而对于某一处有裂纹缺陷的叶根,其扇扫成像图如图 4.50(c) 所示,其中圈出的部分能清晰地呈现出人工缺陷的反射图像,成像位置与缺陷在叶根的位置一致。

(a) A 区域　　(b) B区域

图 4.49　菌型叶根扫查覆盖范围示意图

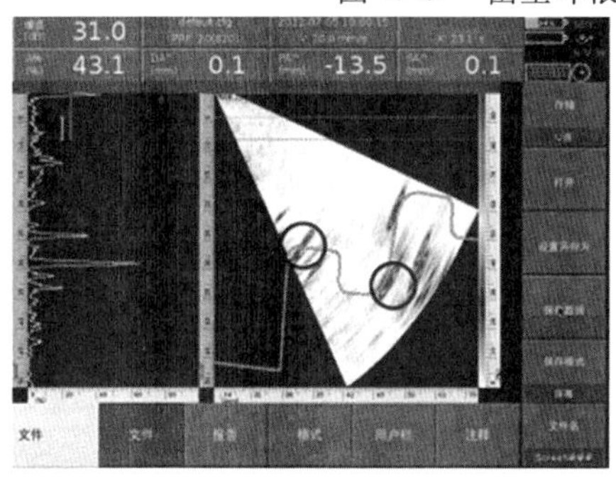

(a) A 区域　　(b) B区域

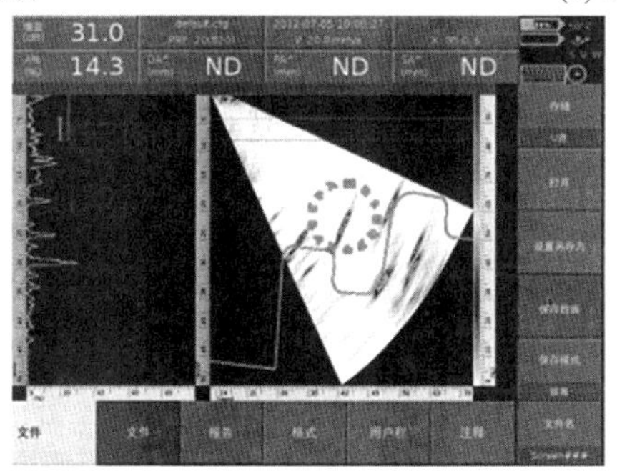

(c) 叶根缺陷的成像图

图 4.50　菌型叶根扇扫成像图

4.4　TOFD 检测技术

TOFD（Time of Flight Diffraction）检测技术即超声衍射时差检测技术，是20世纪70年代末由英国Harwell实验室的Silk和Lidington发明的。它采用一发一收两只探头，利用缺陷端点处的衍射信号探测和测定缺陷尺寸的一种自动超声检测方法。该技术具有缺陷检出率高、缺陷定位准确、检测速度快、成像直观并全程记录等优点。

4.4.1　TOFD 检测技术检测原理

4.4.1.1　检测原理

TOFD 检测技术检测原理是基于衍射现象的基本原理。如图 4.51 所示，超声波在传播时遇到障碍物，会产生反射波和透射波，与此同时，由于超声波的振动，障碍物的两个尖端成为新的子波源而产生衍射波，也可以看作是球面波。衍射波的信号强度比反射波的信号要弱很多。

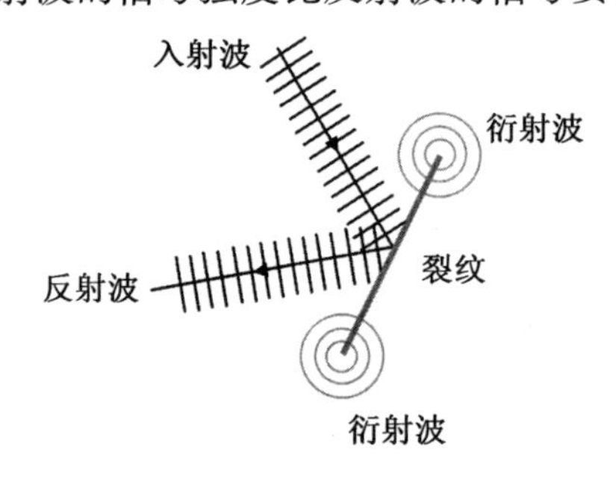

图 4.51　超声波的衍射原理

利用 TOFD 技术进行超声检测时，在缺陷两侧，对称放置一对尺寸、角度相同的纵波斜探头，一个作为发射探头，一个作为接收探头，如图 4.52 所示。当发射探头以一定角度将超声波入射到被探工件上，接收探头接收工件中传播的波。超声波没有遇到缺陷时，表面传播的直通波（横向波）和经工件底面反射的底面回波被接收探头接收。当超声波遇到缺陷时，在直通波和底面回波之间，接收探头接收到缺陷上下端点产生的衍射波。由于缺陷上下端点的位置和高度不同，因此所产生的衍射波的传播路径和传播时间也不同，接收探头接收到的衍射信号不同且具有时差。

4.4.1.2　TOFD 检测系统构成

典型的 TOFD 检测系统包括扫查架（带光电位移传感器）、TOFD 超声

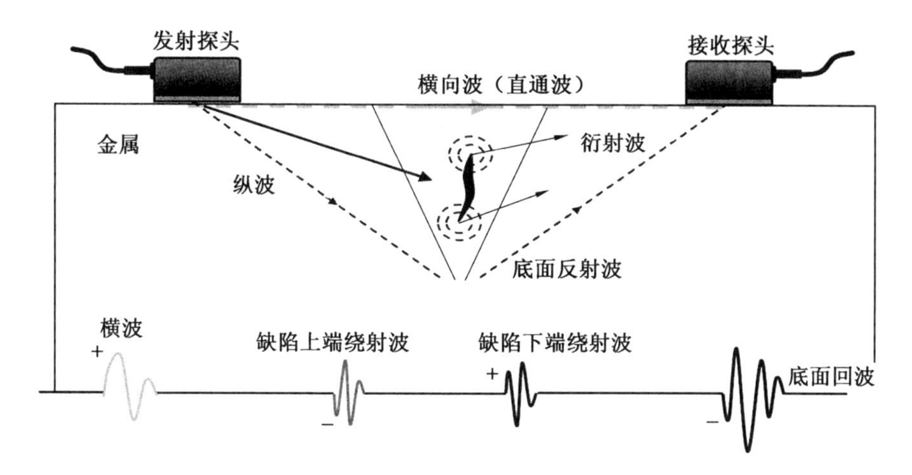

图 4.52　TOFD 技术的基本原理

探头、超声信号处理部分、系统控制部分和图像显示部分。扫查架用于固定超声探头及其移动，记录探头的位置并将相关信息送至系统控制部分。探头主要用于发射和接收超声波，接收探头将转换后的超声信号进行放大、滤波和模数转换。系统控制部分完成对整个超声系统的运行控制。图像显示部分将超声信号以二维灰度图和脉冲幅度图进行显示。

4.4.1.3　扫查方式

扫查方式一般包括非平行扫查和平行扫查。

非平行扫查又称纵向扫查，其超声波的传播方向与探头运动的方向垂直，扫查架是沿着焊缝长度方向进行扫查，扫查结构称为 D 扫描。非平行扫查分为非平行对称扫查、非平行左偏置扫查和非平行右偏置扫查，一般将两探头对称地分布在焊缝中心线的两侧，如图 4.53 所示。

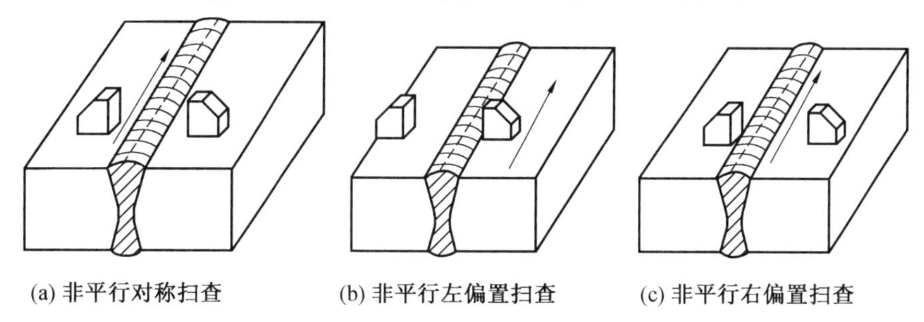

(a) 非平行对称扫查　　(b) 非平行左偏置扫查　　(c) 非平行右偏置扫查

图 4.53　TOFD 技术的非平行扫查

平行扫查又称横向扫查，其超声波的传播方向与探头运动方式平行，探头或扫查架是沿着垂直于焊缝方向进行移动的，所得结果主要是 y 轴和

x 轴方向的信号值，扫查结构又称 B 扫描。

4.4.1.4　图像显示

TOFD 检测技术能同时提供 A 扫描、B 扫描及 D 扫描 3 种类型的显示图像。利用这些图像特征可以对缺陷进行识别和定位定量。

1. A 扫描

A 扫描是经过均值算法处理形成实时显示的直角坐标曲线，横坐标为时间，纵坐标为信号幅值。A 扫描反映 4 种信号：直通波（LW）、缺陷上端点衍射波、缺陷下端点衍射波和底面回波（BW）。

2. B 扫描或 D 扫描

扫查时探头接收到的信号以黑、白两色的灰度图进行表示，为 B 扫描或 D 扫描，其图像与 A 扫描之间可以进行图形转换。当探头进行平行扫查时，其图像为 B 扫描；当探头进行非平行扫查时，其图像为 D 扫描，如图 4.54 所示。

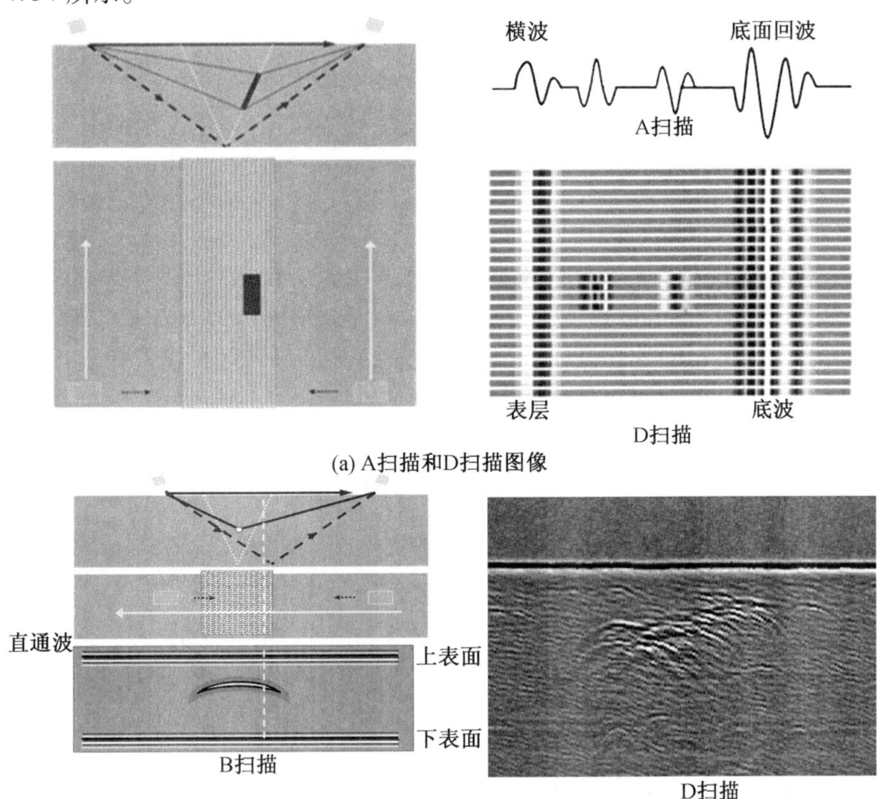

(a) A扫描和D扫描图像

(b) B扫描和D扫描图像

图 4.54　TOFD 检测技术的图像显示

TOFD 检测技术的图像显示有两大优点：一是图像显示方便，检测人员可根据缺陷信号的轨迹、幅度、相位等信息判定缺陷的类型；二是图像显示方式大大提高了缺陷的定量精度，TOFD 检测技术的图像显示了缺陷上下端点的衍射信号，结合成像的缺陷长度测量技术，能计算出缺陷的长度、深度和高度，给寿命评价提供了一定条件。

4.4.2 TOFD 检测技术的缺陷定量

4.4.2.1 相位分析

利用TOFD 检测技术检测有缺陷工件时，对照图4.52 中直通波及缺陷上、下尖端点信号和底面反射波的波形图可知，直通波和底面反射波的衍射信号相位相反，而缺陷上端点的衍射波和下端点的衍射信号相位也相反。这些特性是判定缺陷的辅助依据。

如果上尖端点信号相位从负周期开始，与底面反射信号相同，那么下尖端点信号就从正向周期开始，其相位与直通波信号相同。试验证明，若两个衍射信号的相位相反，则介于两个信号之间一定存在一个连续缺陷。

对于不同深度的两个衍射信号，根据其相位的变化可以判断工件中存在的是单个缺陷还是两个缺陷。若两个信号的相位相反，则可能是一个缺陷（如一条裂纹）上、下端点的衍射信号；如果两个信号的相位相同，则可直接判定存在两个缺陷。

另外，根据信号波的种类，可以对缺陷的性质进行初步判定。对照图4.52，如果存在表面开口的缺陷，TOFD 发射探头发射的直通波会被隔断，则波形图上没有直通波出现，只有缺陷波和底面反射波信号。

如果存在内壁开口的缺陷，TOFD 发射探头发射的内壁反射波会被隔断，则没有反射波出现，波形图上只有直通波信号与缺陷信号。

如果存在水平方向的平面缺陷，如层间未熔、冷夹层等，由于缺陷的位向关系，其尖端不能产生衍射，则在直通波和底面反射波之间，只有缺陷的反射波信号。

4.4.2.2 缺陷深度计算

对照图4.52，缺陷的衍射波出现在表面传播的直通波和工件底面的回波之间，根据波的位置信息可以得到缺陷在工件中的深度信息，利用此特征可以进行缺陷的深度计算和校准。

探头的中心距，即两探头入射点之间的距离，用 PCS 表示，$PCS = 2s$，如图 4.55 所示。由于两探头相对于衍射端点是对称的，因此超声信号传播距离 L 可表示为

$$L = 2(S^2 + d^2)^{1/2} \tag{4.44}$$

超声信号传播时间的计算公式为

$$t = 2(S^2 + d^2)^{1/2}/c \tag{4.45}$$

则衍射端点深度的计算公式为

$$d = [(ct/2)^2 - S^2]^{1/2} \tag{4.46}$$

以上两式中,c 为超声波在介质中的声速。在 TOFD 技术检测中,深度和时间的关系不是呈线性的,而是呈平方关系的。因此,在近表面区域,信号在时间上的微小变化转换成深度就变化较大。缺陷离表面越近,深度测量的误差越大,则 TOFD 检测技术对近表面缺陷检测的可靠性和准确性较差。

对于近表面的缺陷,可以通过减小 PCS 或采用高频探头来改善 TOFD 检测技术的检测精度。当工件只做一次扫查时,近表面不能保证检测准确的距离大约是10 mm。

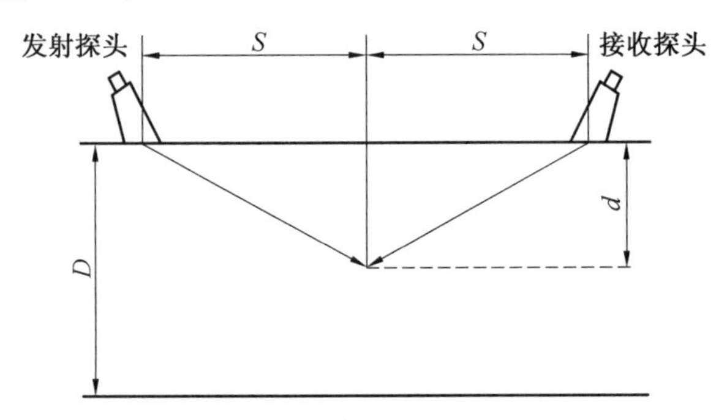

图 4.55　利用 TOFD 检测技术检测缺陷深度

4.4.2.3　缺陷深度校准

如图 4.56 所示,延时时间指从晶片发出的声束到入射点需要的时间,用 $2t_0$ 表示。则信号总的传播时间为

$$t = \frac{2\sqrt{S^2 + d^2}}{c} + 2t_0 \tag{4.47}$$

则缺陷深度为

$$d = \sqrt{\left(\frac{c}{2}\right)^2 (t - 2t_0)^2 - S^2} \tag{4.48}$$

4.4.2.4　缺陷高度的计算

当缺陷尺寸小于超声声束直径时,超声探头在同一位置可获得缺陷端点衍射波和端角回波,利用端点衍射波和端角回波的声波差可计算裂纹高度,如图 4.57 所示。裂纹高度为

$$h = d_2 - d_1 \tag{4.49}$$

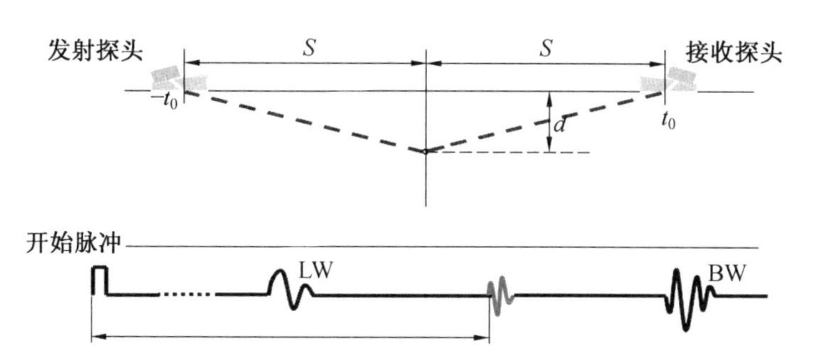

图 4.56 利用 TOFD 检测技术检测信号传播时间与检测深度的关系

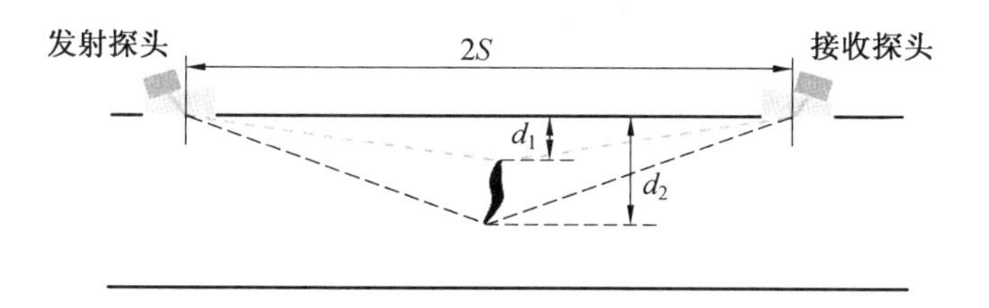

图 4.57 利用 TOFD 检测技术计算缺陷高度

4.4.3 TOFD 检测技术的应用

4.4.3.1 TOFD 检测技术的特点

相对于传统超声波检测,TOFD 检测技术在缺陷检出率及精确定量方面具有明显的优势。

(1) 沿缺陷可做一维扫查,检测速度高,操作简便。

(2) 检测数据能成像,显示直观,便于对缺陷的识别与对比。

(3) 能够检出各种类型和指向性的缺陷,不受缺陷走向的影响。

(4) TOFD 检测技术能实现精确定量测量。缺陷测量高精度误差小于 1.0 mm,缺陷误差在 0.3 mm 以内;可以测量壁厚上的投影尺寸,为缺陷寿命评价分析提供依据。

(5) 与脉冲反射法结合,可以实现焊缝全覆盖,取代射线检测。

虽然 TOFD 检测技术相比常规检测具有明显优势,但也存在一定的局限性,如直通波的传播受工件几何形状和耦合状况影响较大;由于直通波和底面回波所造成的盲区,工件上、下表面在一定范围内的缺陷可能被漏检;检测前的准备和设置耗时较多,解读缺陷对技术人员要求较高。

4.4.3.2　常见缺陷的 TOFD 显示

1. 气孔

气孔为体积型缺陷,在 TOFD 检测图像中显示为位于直通波和底面回波信号之间的单周期点。在 TOFD 显示图像的 D 扫描图像中单个气孔一般显示为抛物线状、两端信号朝底面跌落的单个信号。密集型气孔显示为一系列各异的弧线(图 4.58(a))。当多个气孔距离较近时,TOFD 检测图像会出现层叠现象,很难区分几个气孔之间的边界。

2. 夹渣

夹渣与气孔相似,属于体积型缺陷,也是超声 TOFD 检测技术进行焊缝检测中常见的缺陷类型之一。若夹渣的形状一般不规则,则 D 扫描图像中显示缺陷的形状也是不规则的,且边缘不太清晰,总体亮度不高,与底色反差不大,但是局部会产生亮度反差较明显的点。需要结合 A 扫描和 B 扫描图像仪器分析,降低误判概率。

3. 未熔合

未熔合的 TOFD 检测的 D 扫描图像如图 4.58(b)(c)(d) 所示。坡口未熔合缺陷沿熔合面倾斜,与延伸方向无关。如果坡口未熔合缺陷较浅,其上端部衍射信号条纹可能被掩盖在直通波衍射信号中。但由于直通波衍射信号幅度会明显增大,因此缺陷上端部衍射信号依然可见。根部未熔合缺陷图像在直通波与底面回波之间显示为单个幅度较大的波纹图像(图 4.58(d))。

4. 未焊透

在 D 扫描图像中,未焊透缺陷的形状显示为条状,大多数情况下比较平直且与焊缝方向平行,边缘清晰且亮度较高,与底色反差大,有时会出现断断续续的条状信号。根部未焊透缺陷会给出很强的衍射信号,其相位与底面回波信号相反,如图 4.58(e) 所示。

5. 裂纹

裂纹的 D 扫描图像边缘非常清晰,亮度较高,与底色反差很大(图 4.58(f))。裂纹上端的衍射波相位与直通波相反,下端的衍射波相位与直通波相同。

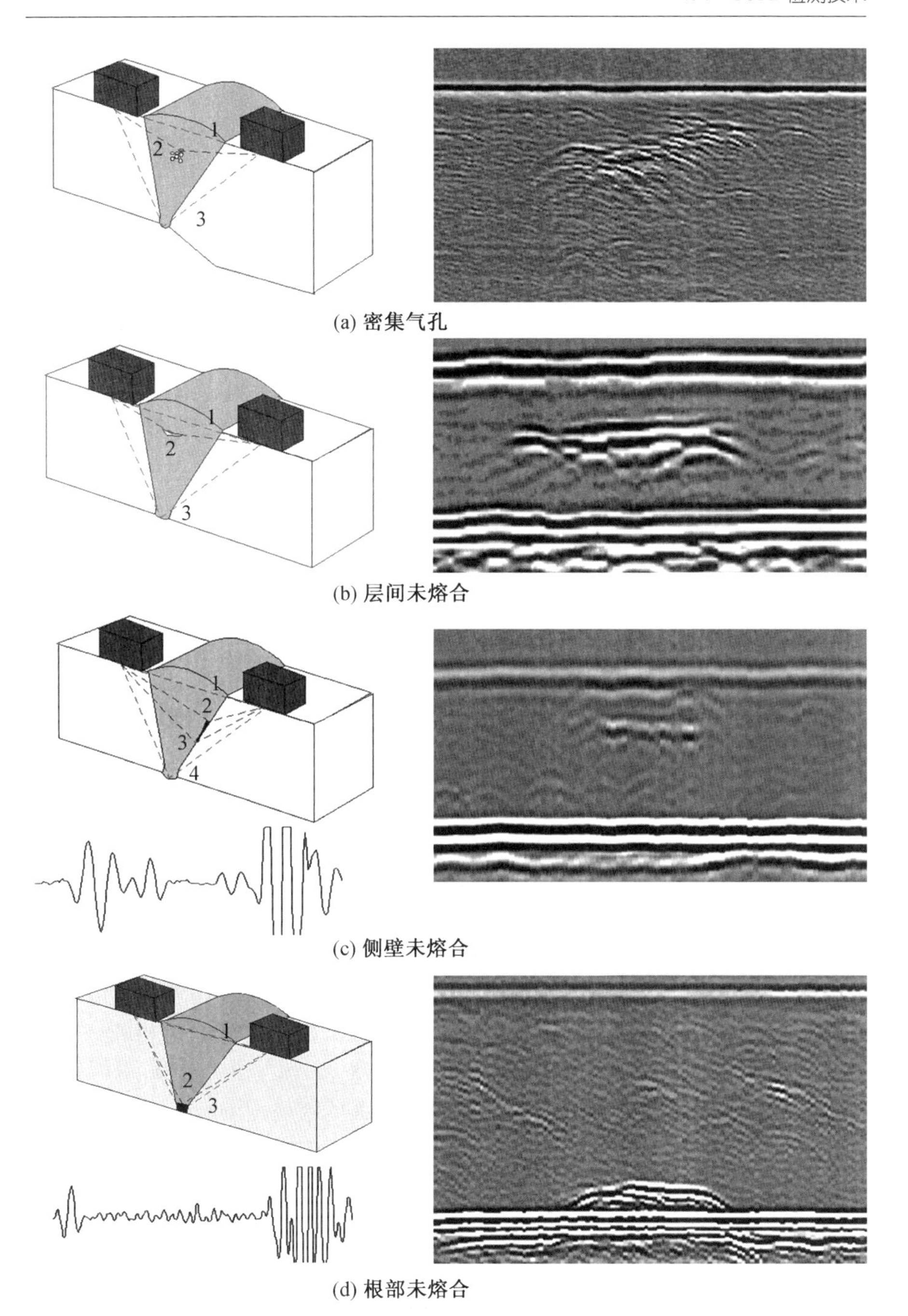

(a) 密集气孔

(b) 层间未熔合

(c) 侧壁未熔合

(d) 根部未熔合

图 4.58　常见缺陷的 TOFD 显示

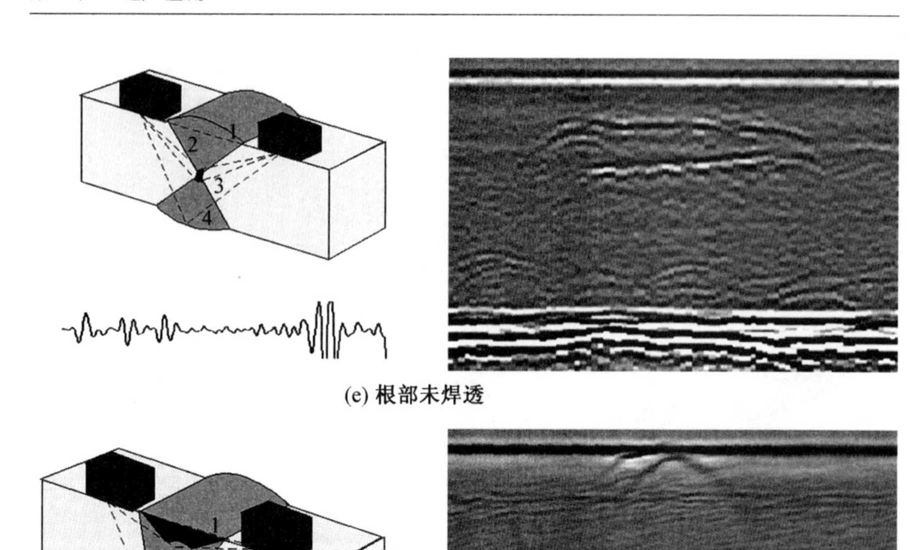

(e) 根部未焊透

(f) 横向裂纹

续图 4.58

4.4.4　TOFD 检测技术与超声相控阵检测技术相结合

受 TOFD 检测技术本身的限制,超声相控阵检测技术可作为一种提供表面盲区和底面盲区脉冲反射覆盖的补偿技术。超声相控阵检测技术可以和 TOFD 检测技术结合起来对接接头和 T 形接头进行检测。

以焊接接头为例,超声相控阵检测技术对接接头检测部分的标准,可以作为 TOFD 检测技术的补充而用于对接接头,从而提供表面和底面盲区覆盖的自动或者半自动相控阵扫查,可以实现100% 全覆盖。如图4.59 所示,表面盲区使用 45° 的二次波来覆盖,底面盲区使用 60° 的一次波来覆盖;两种声束都是在焊缝两侧做线性自查,每个探头都同时产生 45° 和 60° 声束。探头的放置如图 4.59 所示,扫查沿焊缝长度方向进行。超声相控阵检测技术和 TOFD 检测技术同步检测的图像显示结果如图 4.60 所示。

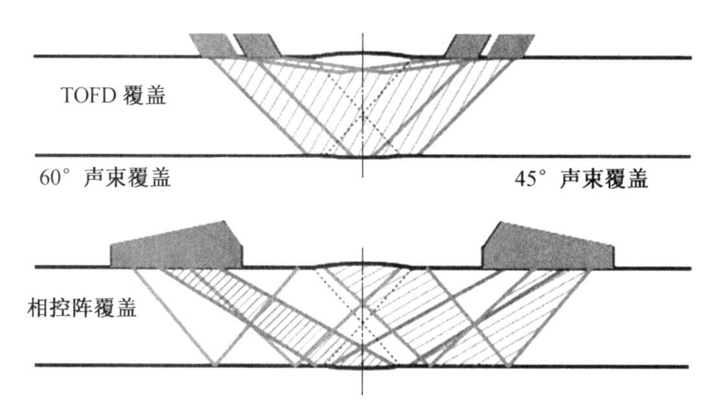

图 4.59　利用 TOFD 检测技术结合超声相控阵检测技术对对接接头扫查

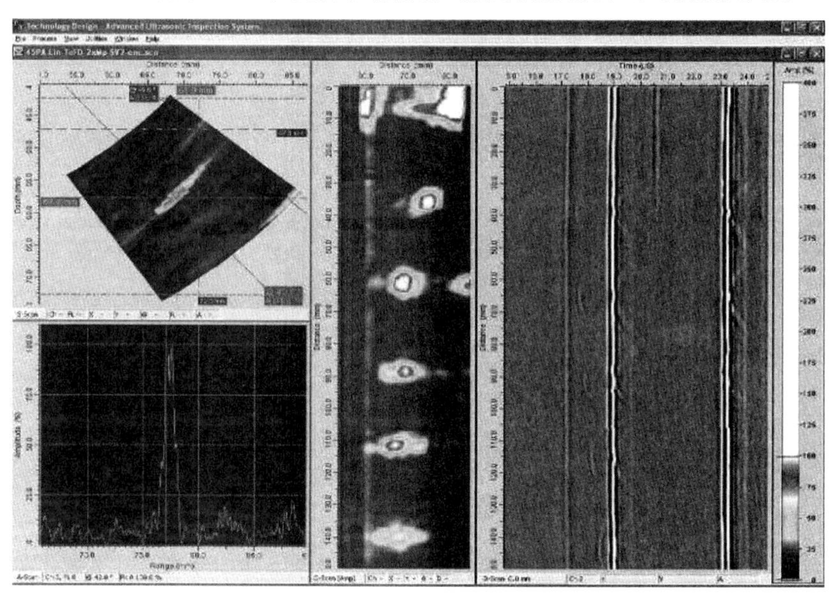

图 4.60　超声相控阵检测技术和 TOFD 检测技术同步检测的图像显示结果

本章参考文献

[1] 李国华，吴淼. 现代无损检测与评价[M]. 北京：化学工业出版社，2009.

[2] 李文兵. 焊接质量检测与控制[M]. 北京：北京航空航天大学出版社，2013.

[3] 生利英. 超声波检测技术[M]. 北京：化学工业出版社，2014.

[4] 郭伟. 超声检测[M]. 2版. 北京：机械工业出版社，2014.
[5] 刘丽华，杨柳，彭芳. 自动检测技术[M]. 北京：清华大学出版社，2010.
[6] 郑辉，林树青. 超声检测[M]. 2版. 北京：中国劳动社会保障出版社，2008.
[7] 杨勇. 海底超声检测装置标验设备的研究[D]. 青岛：青岛科技大学，2010.
[8] 姜绍飞. 结构健康监测导论[M]. 北京：科学出版社，2013.
[9] 陈照峰. 无损检测[M]. 西安：西北工业大学出版社，2015.
[10] 余承辉. 机械制造基础[M]. 上海：上海科学技术出版社，2009.
[11] 李荣雪. 焊接检验[M]. 北京：机械工业出版社，2007.
[12] 刘天佐，张传清，王纪刚，等. 相控阵技术在联箱接管座管孔内壁裂纹检测中的应用[J]. 科学中国人，2016(6Z)：3-4.
[13] 孙钟. 超声相控阵检测技术在海管环焊缝检测中应用[M]. 北京：化学工业出版社，2014.
[14] 杨晓霞. 超声相控阵汽车发动机内腔腐蚀检测关键技术研究[D]. 天津：天津大学，2014.
[15] 王晓媛. 发动机缸体内腔的超声相控阵检测[D]. 天津：天津大学，2011.
[16] 邓勇. 曲轴超声相控阵检测方法研究[D]. 南昌：南昌航空大学，2016.
[17] 刘文生，杨旭，李世涛，等. 菌型叶根超声相控阵成像检测技术研究[J]. 汽轮机技术，2013(5)：355-358.
[18] 丁守宝，刘富君. 无损检测新技术及应用[M]. 北京：高等教育出版社，2012.
[19] 胡先龙，季昌国，刘建屏，等. 衍射时差法(TOFD)超声波检测[M]. 北京：中国电力出版社，2015.

第5章　磁性无损检测技术

5.1　外加激励磁化的检测方法

常规的磁性无损评价方法包括磁粉检测和漏磁检测。这两种方法都是通过外加激励磁场，磁化被检对象，通过分析磁场的畸变、磁参量的变化等来评价缺陷的检测方法。它们的不同之处在于磁性显示介质不同。

5.1.1　磁粉检测技术

5.1.1.1　磁粉检测技术的原理和特点

磁粉检测是一种能够显示磁化材料表面和近表面不连续的无损检测方法，它适用于未加工的原材料，如钢坯、棒料和型材；制造期间的成型、机加工、热处理工艺以及在役部件的缺陷检测。

钢铁材料等铁磁性材料能被磁场强烈地磁化，在这些材料中发生的磁力线比非磁性材料多几十倍到几千倍以上。磁化后铁棒的磁力线如图5.1所示。在棒两端进出的磁力线，使两个端部的附近产生强的磁场，在两端分别形成N级和S级，当把磁性较强的磁性粉末洒在棒上时，由于磁场的作用，磁粉就被吸引到磁极附近，并附着在磁极上。

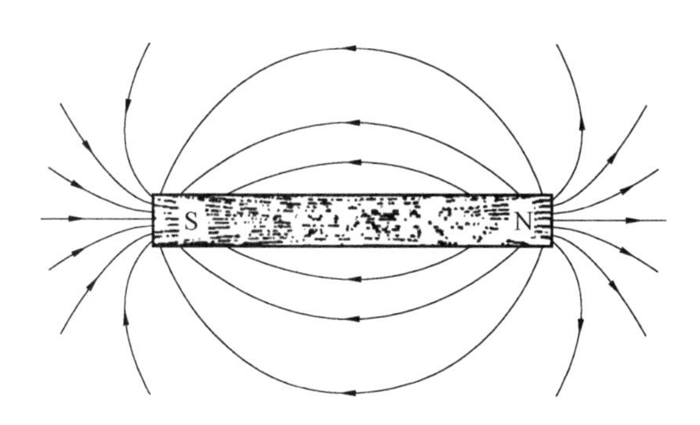

图5.1　磁化后磁棒的磁力线

当材料中含有缺陷时，假设为裂纹缺陷，磁力线方向垂直穿过裂纹方向，如图5.2所示。磁化后的材料可以认为是许多小磁铁的集合体，除了裂纹和棒两端之外，在材料连续部分的小磁铁的N极、S极相互抵消，不呈现磁性。而在裂纹部位，由于裂纹面造成材料开裂，磁性不连续，两个裂纹面聚集异性磁荷，呈现不同的磁极，磁粉吸附在裂纹位置从而指示缺陷。

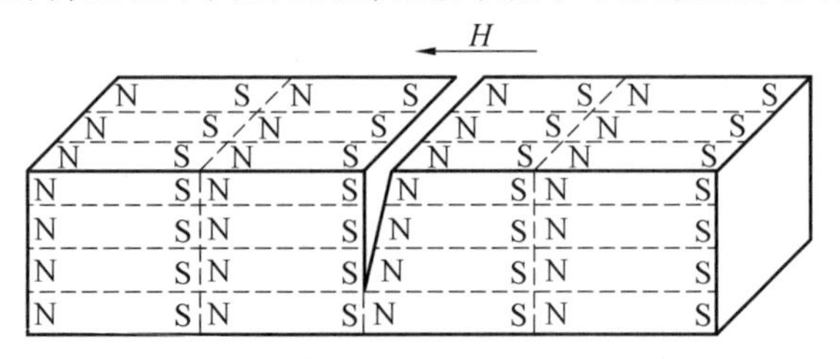

图5.2　磁棒的磁极

材料缺陷部位的漏磁场强度与磁通密度成正比，其强度和分布取决于缺陷的尺寸、缺陷的位置及试件的磁化强度等。表面开口缺陷形成的漏磁场最为强烈，漏磁场强度大，缺陷部位就容易吸附磁粉，磁痕显示最为清晰；当缺陷位于材料内部，缺陷离零件表面较远时，磁力线难于泄漏到零件表面，表面漏磁场很弱，不能吸引磁粉，无法显示磁痕指示缺陷。近表面的缺陷，如皮下缺陷，虽然相比较内部缺陷会有少许磁力线泄漏到表面，但漏磁场强度仍然较弱，显示的磁粉痕迹不清晰，对缺陷的判别就依赖于检测人员的经验。

当缺陷延伸方向和磁力线具有一定夹角甚至相互垂直时，缺陷对磁力线的阻碍最强，磁力线畸变最严重，漏磁场最强，缺陷也最易被发现。如果磁力线方向和缺陷方向一致，则缺陷不能阻碍磁力线通过，磁力线既不弯曲也不泄漏，难以形成漏磁场，也就不能吸引磁粉，而显示磁痕。因此，进行磁粉检测时，为了保证能检查出不同方向的缺陷，需要对零件进行不同方向的磁化，以产生几种不同方向的磁力线来检测各个方向的缺陷。

5.1.1.2　磁粉检测技术的发展历史

磁粉无损检测技术是美国人Major William E. Hoke于1922年提出的，他在制作计量基准的高精度量块时发现从具有磁性夹具夹持的硬钢块上磨削下来的金属粉末，有时会在钢块上形成一定的花样，该花样经常与钢块表面裂纹形态相一致。Hoke将此结果申报为专利，由于受当时磁化技术的限制和没有合格的磁粉，该专利没能实现商业化。

1928年Alfred de Forest在为SpangChalfant公司分析解决某些油井钻杆断裂失效原因时，发展了对部件直接通电使之磁化的技术，提出了使用尺寸和形状受控的、具有磁性的显示介质的设想，基本完善了磁粉检测方法。Forest和匹兹堡实验室的F. B. Doane合作成立磁粉检测公司，1934年该公司演变成 Magnaflux(磁通) 公司。

20 世纪 30 年代,人们针对特定检验对象开发了很多专门的磁粉检测系统,这些系统在铁路机车、电力冶金、海军舰船等领域大量使用。20 世纪 50 年代中期,磁粉检测技术有了许多新的应用,在航空航天领域它是喷气式发动机的维护手段;钢厂采用磁粉检测技术发现钢材缺陷;汽车行业使用湿法卧式系统检测承受高载荷的部件;修船厂用它来检验尾轴、螺旋桨、舵和尾柱等;在油田常用便携式磁化电源检测钻杆、套筒、油管、活塞杆和环缝等。

磁粉检测技术实施起来非常简单,但其基础的电磁现象需要采用复杂的场论来阐明,在磁化、磁粉施加、解释评价和退磁技术方面仍有一些问题需要解决。一方面,磁粉检测技术作为常规的外加磁化检测手段仍然具有强大的生命力,自发明至今一直用于检测铁磁材料的不连续性缺陷;另一方面,它也需要积极吸纳新技术、新材料来弥补其不足,适应科技进步、时代发展的新需求。

5.1.1.3　对磁粉的要求

磁粉检验技术的目标是形成不连续的可靠指示,这依赖磁粉的选择和使用,从而在给定条件下获得最佳的特征指示。磁粉显示介质选择不合理,可能导致磁痕无法形成或过于细小或产生畸变,产生错误判断。

根据磁粉的状态,磁粉检测分为干法和湿法两种。干法是将干磁粉洒在零件上进行检测,称为干粉法。干法检测时,磁粉的施加无须另外的载体。湿法检测是将干磁粉与煤油、变压器油混合后制成磁悬液,检测时将磁悬液喷洒在零件上进行检测的方法。湿法检测时需要用磁悬液溶解磁粉。

磁粉是由氧化铁磁材料的粉末制成,其形状有不规则的、球状的、片状的或针状的。磁粉的材料、形状和种类不同,则其特性有很大差异。此外,磁粉还要有尽可能高的磁导率和尽可能低的矫顽力,以便被不连续形成的漏磁通磁场吸引,形成可见的磁痕指示缺陷位置。但是,磁粉材料的磁导率要与其尺寸、形状及磁化方式相匹配,必须规定其磁导率和矫顽力适当的取值范围。

5.1.1.4　磁粉施加方法

1. 剩磁法

剩磁法又称剩余磁场法,它是在去掉外加磁场的情况下,利用被探测零件所能保留的剩余磁场强度进行检测的方法。零件通电磁化后就切断磁化电流或取消外加磁场,这时零件上仍有一定的剩余磁场(剩余磁场强度一般要求大于8 000 Gs)，在零件上撒上干磁粉或磁悬液(在零件上浇以磁悬液2 ~ 3次，使整个零件上均匀地分布着一层自流状态的磁悬液，或将零件浸入磁悬液内稍停留一定时间，一般为20 ~ 40 s，然后取出)，对其进行观察以发现零件缺陷。

由于剩余磁场强度总比磁化电流通过时的磁场强度弱，因此剩磁法产生的漏磁场也弱，这样磁粉聚集所形成的磁痕就不是特别清晰，剩磁法检测的灵敏度也降低。只有当零件材料的磁学参数满足一定要求时才能采用剩磁法检测。剩磁法只适用于具有足够剩磁的材料，剩余磁场的强度必须足以产生泄漏磁场形成可见的磁痕指示。剩磁法对表面不连续的检测可靠性最高。剩磁法检验既可施加干磁粉，也可施加湿磁粉。采用湿法显示时，可将已磁化的部件浸浴在磁悬浮液中，也可以喷淋方式将磁悬液喷洒在被检工件表面。

2. 连续法

在被检构件通电磁化的同时施加磁粉的方法，称为连续法。当磁化电流加载于铁磁工件时，磁场强度升高达到最大值。在磁化电流去除后，工件的剩余磁场强度总是低于施加磁化电流时产生的磁场。两者之差取决于部件材料的 $B-H$ 曲线，采用连续法检验，在磁化电流去除后，在磁化电流值符合规范的任何场合，其灵敏度总是高于剩磁法。连续法不仅用于低碳钢或矫顽力较小的铁，而且可以采用交流电对这些材料磁化，因为交流电可使磁粉的活动性增强。

5.1.1.5　外加磁场磁化方式

磁粉检测时，根据通电电流种类与磁粉喷洒方式不同，外加磁场可分为以下3种类型：

1. 直流电磁化法

使用低压直流电磁化零件的磁粉检测方法称为直流电磁化法。采用直流电磁化时，磁力线比较稳定，磁场强度高，磁力线可以深入到零件内部较深的位置，缺陷探测的灵敏度高。但直流电磁化的设备复杂，检测成本高，检测结束后零件易残留剩磁，并且退磁困难。

2. 交流电磁化法

使用交流电磁化零件进行检测的方法称为交流电磁化法。交流电源使用方便，工序及设备简单，零件残磁较弱，退磁更容易。但交流电具有集肤效应，其产生的磁场在零件表面较强，在零件内部较弱，不易发现零件深处的缺陷。

3. 半波整流磁化法

采用半波整流磁化零件进行检测称为半波整流磁化法。该方法利用相位差为120°的三相半波整流器整流出电流，在3个互相垂直的方向上对零件进行磁化，以检查不同方向上的缺陷。由于是半波整流，相对直流而言其峰值较高，可以检查缺陷的深度更大，同时由于电流是脉动变化的，可以搅动干磁粉形成磁痕，灵敏度更高。

5.1.1.6　磁力线分布方式

1. 纵向磁化法

将导线在零件表面绕成线圈后通电磁化，或将电磁铁两极放在垂直于零件纵向方向的表面上，此时，零件内部便会产生与零件纵向方向一致的磁力线，称为纵向磁化，如图5.3所示。

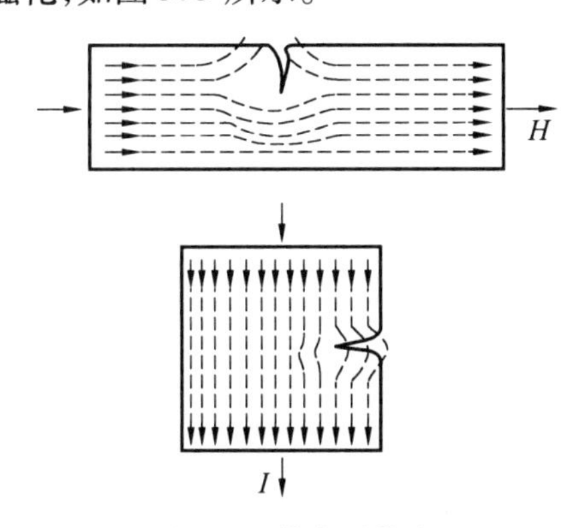

图5.3　纵向磁化法

根据电磁检测原理，纵向磁化法只能检测与磁力线垂直的裂纹，对于轴类零件来说就只能检测横向裂纹，而不能检测与磁力线平行的纵向裂纹。根据磁化时所用设备的不同，纵向磁化可分以下5种类型：

(1) 磁轭磁化法。

在一个U形铁芯上绕上线圈，将零件放在U形铁芯的开口端(即两极处)之间，对线圈通以电流，使磁力线通过零件构成一个闭合磁回路如图5.4所示。该方法使用非常方便，但易产生气隙，磁场会变得很微弱。

(2) 线圈开端磁化法。

在被探测零件上绕上电线作为线圈，或用一个已经绕好的线圈套在零件上，线圈产生与零件轴向相平行的磁力线，从而纵向磁化零件。因磁力线通过零件后散开，此法称为线圈开端磁化法，如图5.5所示。该方法结构简单，使用方便，但零件端部的磁性较强，其缺陷不易发现。

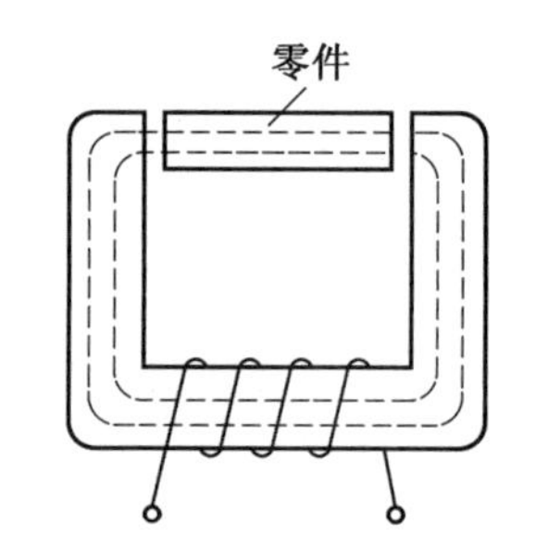

图5.4　磁轭磁化法

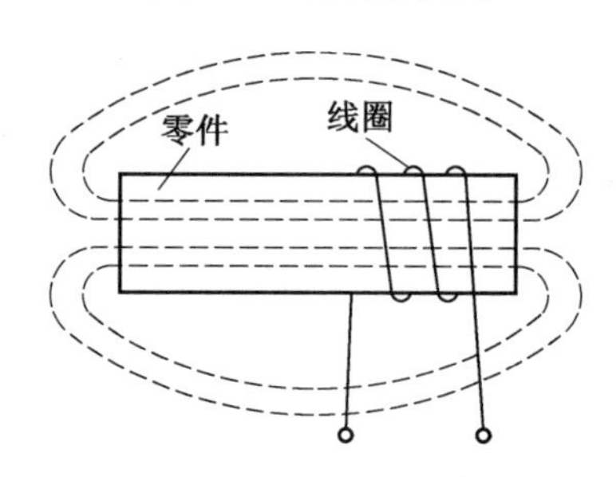

图5.5　线圈开端磁化法

(3) 线圈闭端磁化法。

线圈闭端磁化法与线圈开端磁化法的原理基本一致。不同的是,为了减少线圈开端磁化法中磁力线经空气形成回路所造成的损失,改善零件两端的磁化情况和增加磁场强度,线圈闭端磁化法利用U形铁芯将零件全部或部分连成闭合磁回路,使磁力线从零件和U形铁芯通过一闭合磁回路,如图5.6所示。线圈闭端磁化法只适合较小零件的检测,因为零件太大会使铁芯移动困难。

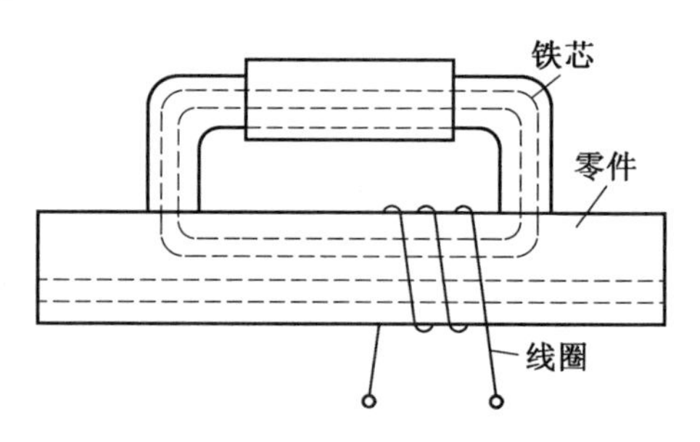

图5.6　线圈闭端磁化法

(4) 直角通电法。

直角通电法是指在与被探测零件轴向呈直角的方向上直接通一电流,

获得轴向磁场,从而对零件上的横裂纹进行检查的方法,如图 5.7 所示。

(5) 磁力线贯通法。

将磁性导体贯穿环形零件,在磁性导体上绕上线圈,通上电流时,零件上产生纵向磁场,从而检查出零件上的横裂纹或其他缺陷,这种方法称为磁力线贯通法,如图 5.8 所示。

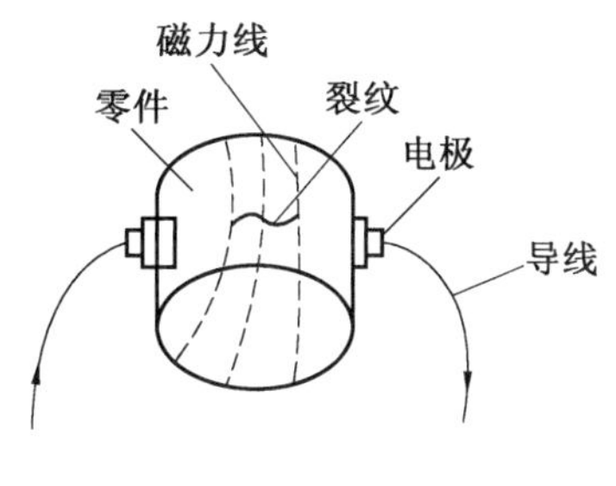

图 5.7 直角通电法

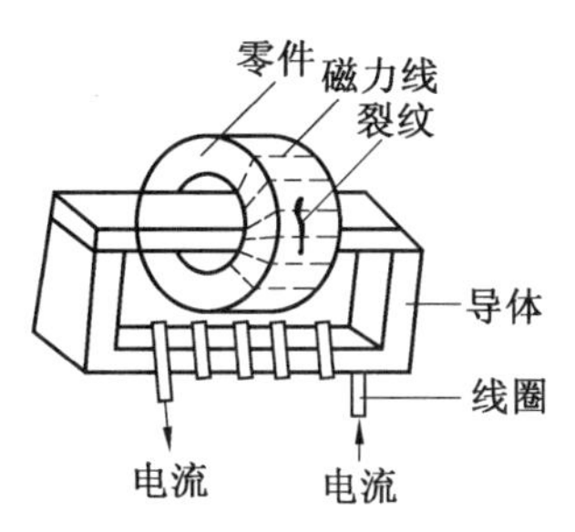

图 5.8 磁力线贯通法

2. 周向磁化法

周向磁化法的原理是:将磁化电流从零件纵向通入,因而产生的磁力线呈同心圆形,均与电流流动的方向垂直,零件被磁化以后,磁力线围绕着自身形成闭合回流,磁力线是连续的,当零件上有纵向裂纹时,连续的磁力线被切断,在切口处磁力线外泄,形成局部漏磁场,撒在零件上的磁粉便会有磁化现象,因此,周向磁化法能检查出纵向裂纹(即与轴线平行的裂纹)。而对于横向裂纹,则由于其方向与磁力线方向平行而检查不出来。其原理示意图如图 5.9 所示。由于磁化设备不同,周向磁化分为以下 3 种类型。

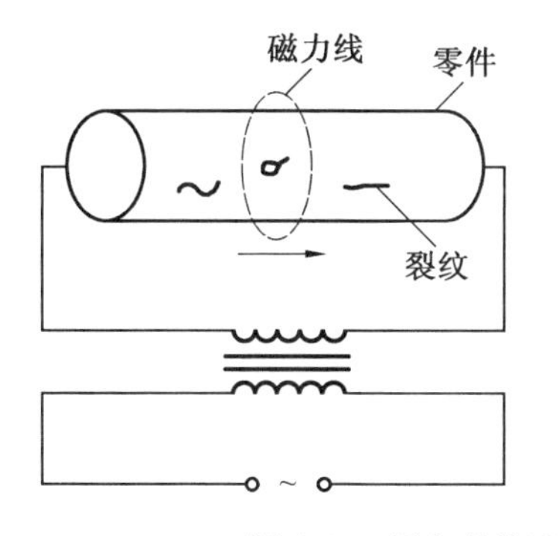

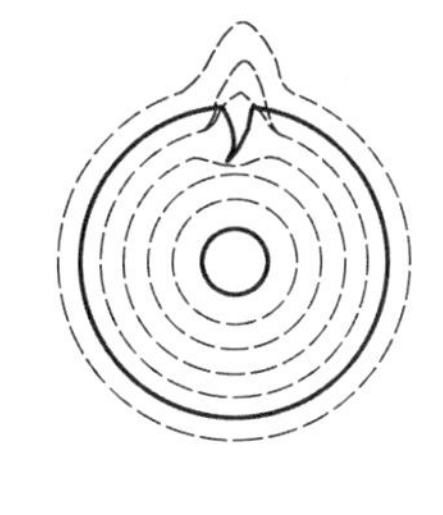

图 5.9 周向磁化法原理示意图

（1）直接通电磁化法。

直接通电磁化法是轴向磁化法中最简单的一种，它是在零件两端直接通以强大的电流使零件磁化，以检查零件上的缺陷。用这种方法进行检测时，检测仪要有良好的能与零件接触的电极，一般用铅作为衬垫，以保证导线与零件接触良好。当零件过长时，也可以一段一段地通电，逐段进行检查。直接通电时，零件内部的磁通密度是不均匀的，在零件的中心处磁通密度为零，磁通由中心向表面扩展，在表面达到最大值。对于空心钢件，采用直接通电法虽然可以检查外表面的缺陷，但不能检查内表面的缺陷，因为内表面磁场强度为零。

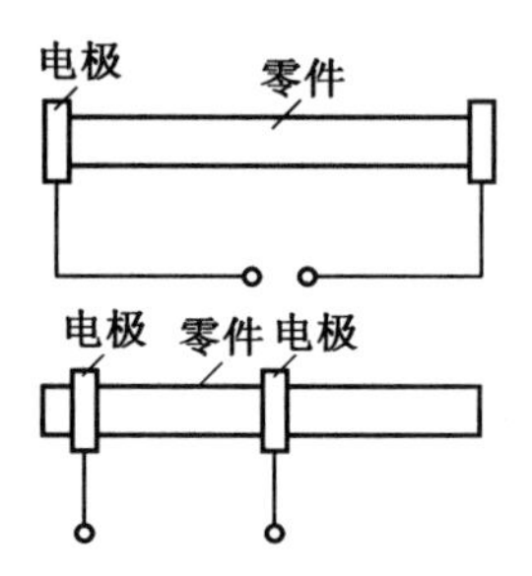

图5.10　直接通电磁化法

（2）刺入法。

刺入法也属于直接通电磁化法。如图5.11所示，探伤器有两个形似手枪的电极，检测时只需要将这两个电极的一端接上电源，另一端接触零件，则零件上两电极之间产生轴向磁力线，即可进行检测。此法不宜用于抛光的零件，因为零件局部可能被烧伤，钢中碳的质量分数在0.3%以上时发生烧伤的可能性较大。刺入法检测极为简便，常用于检查电焊焊缝及平面零件上局部区域的裂纹。刺入法检测时要特别注意不要烧伤零件（接触部位有脏物，接触压力不足或电流过大，易引起烧损）。为此，可在电极与零件之间加上一层铜网纱（或加一层铅垫板），并尽量保持电极接触良好。由试验得知，当两电极之间的距离为150 ~ 200 mm时，磁化效果最好。

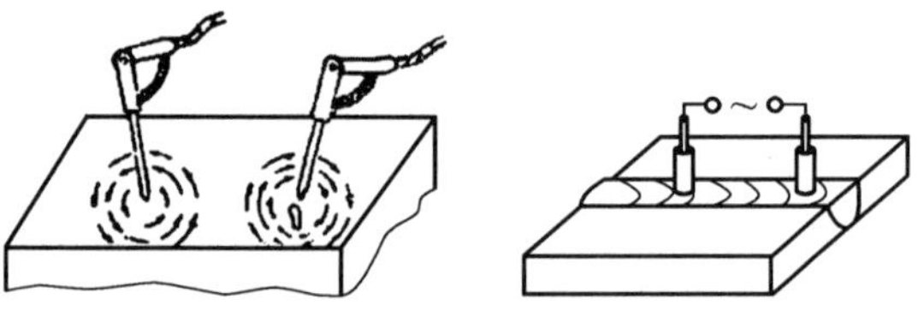

图5.11　刺入法

(3) 心杆磁化法。

当检测空心管状零件时,可用一根铜杆或铜管插入零件的空心部分,然后在铜杆上通以电流,这时铜杆周围将产生周向磁场,使被探测零件磁化,以进行检测,这种方法称为心杆磁化法,如图 5.12 所示。这种方法可检测出与磁力线方向相垂直的各种缺陷,适合检查管材内外壁的纵向裂纹和缺陷,以及两端面的径向缺陷,还可以用于检查铆钉孔和螺钉孔直径方向的缺陷。

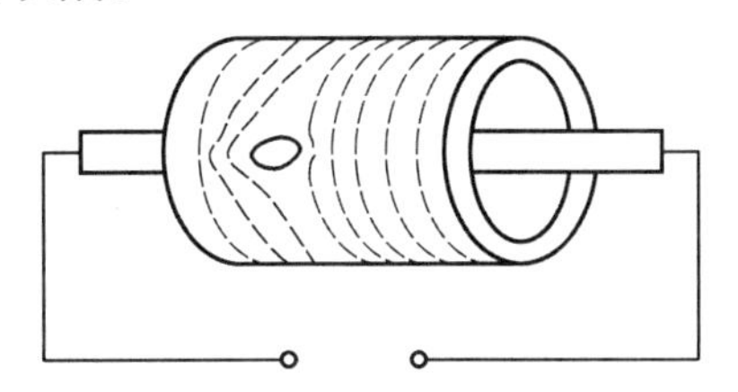
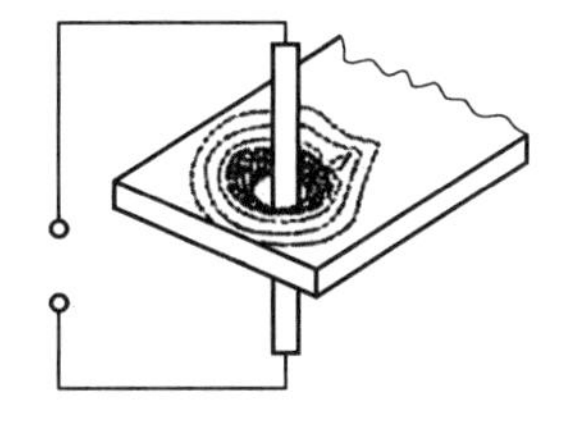

图 5.12　心杆磁化法

对铜杆的技术要求:铜杆的直径不能小于被探测零件内径的1/3,这样才能保证被探测零件的内表面(即内壁)有足够的磁场强度。尤其是用心杆磁化钢管时,只有满足技术要求的铜杆才能使磁感应强度在钢管内部表面具有最大值。

(4) 平行电流磁化法。

心杆磁化法除了可以检查空心管状零件外,还可以利用该磁场去磁化心杆附近的平面零件,以检查零件的缺陷,这种检测方法称为平行电流磁化法,如图 5.13 所示。这种方法主要用于一些不便于直接通电的零件,常用来检查金属结构及钢板电焊焊缝的质量。

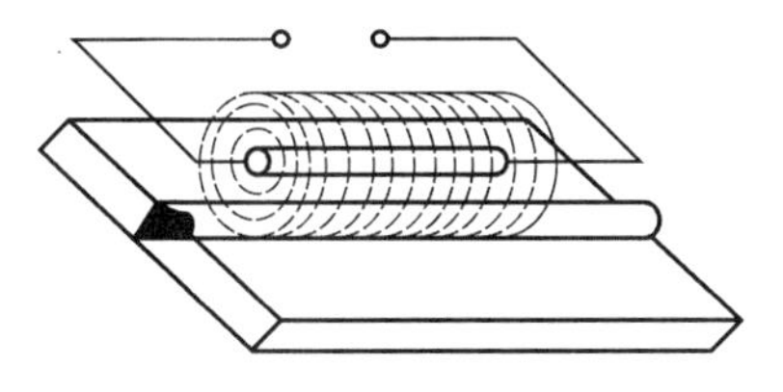

图 5.13　平行电流磁化法

(5) 局部周向磁化法。

当使用马蹄形电磁探伤器检查圆形铁磁材料的缺陷时,可以检测被探测零件的纵向裂纹,但是此时的磁力线并不完全是圆形的。因此,把利用这种磁化方法进行检测的方法称为局部周向磁化法。采用这种方法检查圆形零件时,由于只磁化了被探测零件的一部分,故必须将零件转动,一部分一部分地进行检测，如图5.14所示。这种方法也可以检测零件上存在的横向裂纹。

（6）环形磁化法。

对环形零件进行检测时，可直接在环形零件上绕线圈，通电后可获得周向磁场，从而检测零件的缺陷，这种检测方法称为环形磁化法，如图5.15所示。此法可用来检测环形零件上的径向缺陷，通常在环形零件上绕2～6匝线圈，匝间要均匀分布。

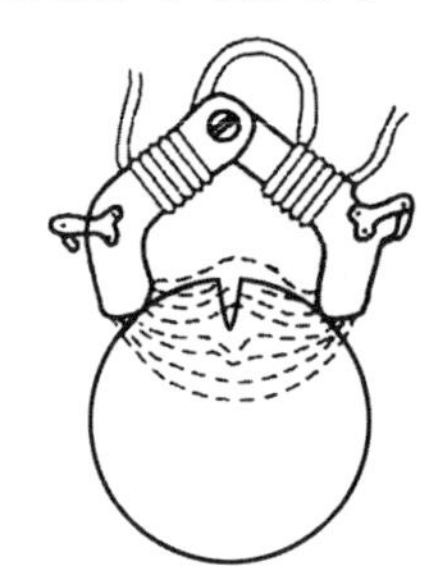

图5.14　局部周向磁化法

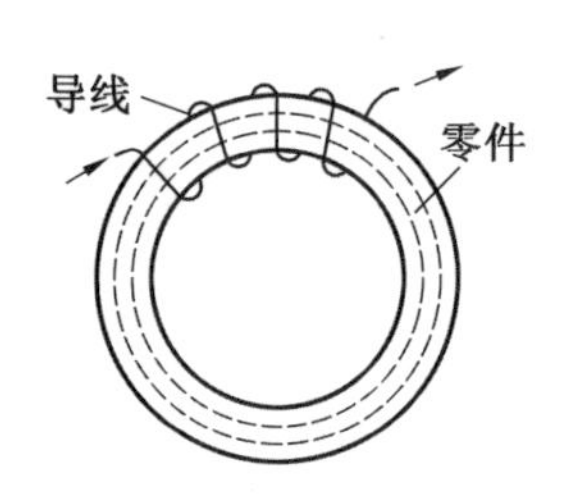

图5.15　环形磁化法

3. 复合磁化法

为了检测各种不同方向（既有纵向又有横向）的缺陷，可采用复合磁化法进行检测。这种检测方法的优点是可以减少被探测零件在探伤机上的装卸次数，从而加快检测速度。这对于成批量生产中的零件检测具有重要意义。

（1）轭铁复合磁化法。

轭铁复合磁化法与轭铁磁化法的原理基本相同，只不过在轭铁中部嵌入一层绝缘体（其磁阻不宜过大，以免降低轭铁的导磁性能）。如图5.16所示，在被绝缘体隔开的轭铁的两个部分分别接上低电压高电流变压器的二次电流，这样轭铁不但可以让零件纵向磁化，而且可以使电流导入零件而造成局部周向磁化。利用该原理制成的磁粉探伤机进行纵向磁化和周向磁化时，不必更换零件的位置和夹头，一次就可完成这两种磁化。在进行纵向磁化和周向磁化时，如果这两个磁场中有一个使用交流电的交变磁场，那么，由于两个磁场的强度不同，得到的实际磁场就会以一个相当大的角度在零件纵轴上往复摆动，形成螺旋形旋转磁场。不但可以在同一个操作中检查出纵向缺陷及横向缺陷，而且还可以将其他方向上的缺陷同时显现出来。

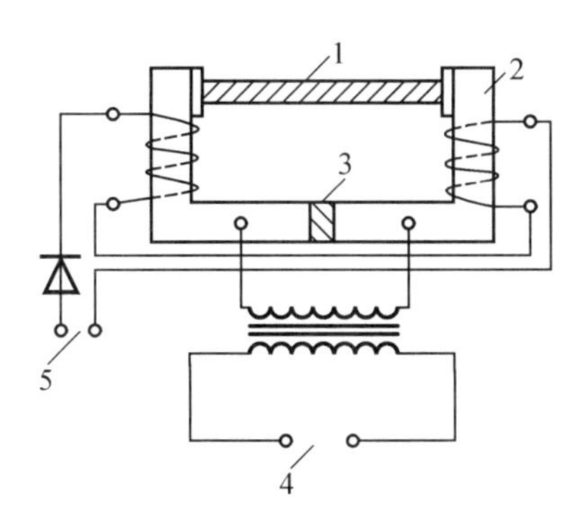

图 5.16　磁轭复合磁化法

1— 零件;2— 轭铁;3— 绝缘体;4— 周向磁化电源;5— 纵向磁化电源

(2) 交叉线圈式磁化法。

交叉线圈式磁化法是一种新的磁化方式,它利用交叉线圈(也有采用电磁铁线圈的)通以移相电流产生旋转磁场,对零件的各个方向进行交替磁化来检测零件表面各个方向的缺陷。这种磁化方法的操作原理是通过启闭装置对两个交叉线圈通以三相电流,这时相位不同的电流通过相互交叉的两个线圈,当零件穿过线圈时,在交点正下方的零件表面就产生旋转磁场,当旋转磁场的磁力线横切缺陷时,发生漏磁现象,若此时撒上磁粉,就可显示缺陷磁痕,从而检测出缺陷。

5.1.1.7　磁粉检测的校准试片

采用磁粉检测时,试件的磁化强度或磁化电流值是根据磁化方法以及磁粉与试件的材质、形状、尺寸等因素综合决定的。一般来说,作为估计试件磁化程度的度量,采用与试件表面平行的表面磁场强度(称为表面有效磁场)。磁化时要根据试件的磁化特性来选择足够的磁化电流值,使表面有效磁场的磁通密度达到饱和磁通密度的 80% ~ 90%。为确认实际的表面有效磁场强度及方向,一般采用标准试片来校验。

A 型标准试片主要用来确定磁化方法、磁化电流和检测有效范围,既可用来检查检测面任意位置上的有效磁场方向及强度,也能用来检查装置、磁粉、磁悬液的性能及操作条件是否适宜。

A 型标准试片分为 A_1 和 A_2 两种类型,另外又按试片厚度及人工缺陷深度分为若干类别。厚 50 μm 的试片适用于有曲率的检测面,厚 100 μm 的试片适用于平的检测面。人工缺陷的形状,A_1 型试片为圆形和直线形,A_2 型试片只有直线形缺陷。A_2 型试片以电磁软铁片经冷轧后制成,所以轧制方向与它相垂直的方向之间的磁特性有差异。使用圆形槽为人工缺陷时将会出现磁痕的磁场强度方向不同而有所不同。A_1 型试片进行了退火处理,其各向异性很小。另外,退火处理后对材料的磁性也有相应提高,与未经退火的试片相比,在较弱的磁场强度下即能显示磁痕。采用连续法检出的 A 型试片人工缺陷的磁痕,基本不受被检对象材质的影响,仅与被检零件表面的磁场强度有关。采用剩磁法时,A 型试片与检测面的接触状态、试件的材质、试件产生的磁极等都影响被检试件的剩磁通密度,所以不能用 A 型试片直接测试件的剩磁通。

A 型标准试片及磁痕显示如图 5.17 所示,它是在电磁软铁片(大小为 20 mm ×20 mm,厚度为0.05 mm或0.01 mm)的表面上加工出深度为7 ~ 60 μm 的直线槽或圆形槽。使用时用透明胶带将试片有槽的一面贴在试件表面上,无槽的一面向外。使用 A 型标准试片时,用连续法施加磁粉,根据所显示的磁粉痕迹来确定磁场的方向。另根据所显示磁粉痕迹的 A 型标准试片的种类(如板厚、槽深等)来估计磁场强度。A 型标准试片还可用来检验检测装置、磁粉、磁悬液的性能以及检测操作是否正确。

图 5.17　A 型标准试片及磁痕显示

除 A 型标准试片外,还有 B 型标准试片、C 型标准试片可以用来检验磁化装置、磁粉和磁悬液的性能。B 型标准试片通常采用电磁软铁材料,也可根据用途采用与试件相同的材质。使用 B 型标准试片时,将表面绝缘的导体通入贯穿试片孔的中心,用连续法在圆柱面上施加磁粉。因为试片的人工缺陷是离检测面较远的皮下缺陷,使用 B 型标准试片时施加磁粉的方法应为连续法。

C 型标准试片适用于焊接坡口等狭窄部位的检测,即在检测对象使用 A 型标准试片有困难时,用 C 型标准试片来代替 A 型标准试片。

磁粉检测是通过磁痕来判断缺陷的类型和性质。由于磁粉聚集产生磁痕的原因不仅仅是漏磁场,还涉及磁粉性能、磁化参数设置、被检对象特点等,因此为了避免误判,必须要充分了解零件材料的化学成分、机械性能、制造过程和服役工况等,还要了解零件缺陷产生的原因、类型及分布规律,以此来确定检测的重点部位,这样才能有效区分真缺陷与伪缺陷。

5.1.2　漏磁检测技术

漏磁检测与磁粉检测的原理相同,只是显示缺陷的介质不同。当用磁化器磁化被检测铁磁材料时,若材料的材质连续均匀,则材料中的磁感应线将被约束在材料中,磁通是平行于材料表面的,几乎没有磁感应线从表面穿出,被检表面没有磁场。当材料中存在切割磁力线的缺陷时,材料表面的缺陷或组织状态变化会使磁导率发生变化,由于缺陷的磁导率很小,磁阻很大,使磁路中的磁通发生畸变,磁感应线改变途径,除了一部分磁通直接通过缺陷或在材料内部绕过缺陷外,还有部分磁通会离开材料表面,通过空气绕过缺陷再重新进入材料,在材料缺陷处形成漏磁场。若采用磁粉检测漏磁通,则该方法称为磁粉检测法;若采用磁敏传感器检测,则称为漏磁检测法。

漏磁检测是通过测量被测对象本体外的磁场,一般是磁感应强度及其分布(二维或三维),来检测和评价被测对象的裂纹、锈蚀、气孔等缺陷状况以及被测物体的几何形状、位置关系等。采用有源磁场检测时,被测磁场往往是磁回路各组成元本体中向外泄漏的磁场,因此称为漏磁检测。

漏磁检测通常与磁粉、涡流、微波、金属磁记忆技术等一起被列为电磁无损检测方法。该方法主要用于输油管线、储油罐底板、钢丝绳、钢板、钢管、钢棒、链条、钢结构件、焊缝、埋地管道等铁磁性材料表面以及近表面的腐蚀、裂纹、气孔凹坑、夹杂等缺陷的检测。

5.1.2.1　漏磁检测技术的发展历史和特点

漏磁检测起源于磁粉检测,1923 年,美国的斯佩里首次提出一种用 U 形磁铁作为磁轭式磁化器对待检测铁磁材料进行磁化后,再用感应线圈捕获裂纹处的漏磁场,最后通过电路耦合形成缺陷存在的异变输出信号而完成检测的方法,并于 1932 年获得专利,这是最早的漏磁检测技术。1947 年,美国标准石油开发公司的贝伊等发明了用于在役套铣管的或埋藏在管内进行缺陷检测的漏磁检测“管道猪”。其中 U 形磁铁被用来对管道进行局部周向磁化,与感应线圈一起做螺旋推进扫查检测,这是最早的周向磁化漏磁检测技术。1949 年美国 Tuboscope 公司的 D. Lloyd 提出了钢管轴向磁化漏磁检测技术,将穿过式线圈磁化器和感应线圈固定连接为一体,沿着钢管轴向移动扫查来检测横向缺陷;1952 ~ 1959 年,该公司的 B. G. Price、F. M. Wood 等采用通电棒穿过钢管中心对钢管施加磁化的方式来完成漏磁检测,检测探头同时做旋转扫查运动。1960 年,美国机械及铸造公司的 H. A. Deem 等直接采用 N - S 磁极对构成的周向磁化器呈 180° 对称状布置于钢管外壁,来实现油管纵向裂纹的周向磁化漏磁检测,检测主机做旋转扫查运动;1967 ~ 1969 年,该公司的 D. R. Tompkins 提出了钢管螺旋推进的漏磁检测方法,A. E. Crouch 发明了同时具有周向磁化检测纵向缺陷和轴向磁化检测横向缺陷功能的“管道猪”。此时,F. M. Wood 等也开始明确了钢管上纵向和横向缺陷一并检测时,根据所需的周向和轴向磁化的检测关系,发明了同时具有周向磁化和轴向磁化的固定式漏磁检测设备,对钢管进行螺旋推进扫查。至此,漏磁检测技术在应用层面上已覆盖了钢管缺陷检测的全部范围,并且一直沿用到现在。

漏磁检测应用于钢管上横向和纵向缺陷的全面检测时,分别利用轴向磁化和周向磁化进行外加磁激励,然后采用钢管与检测探头之间的相对螺旋扫查方式来完成检测。相对螺旋扫查方式有两种:一是探头旋转 + 钢管直进;二是探头固定静止 + 钢管螺旋推进。在实际的钢管检测中,针对不同钢管的检测需要,可选用所需的横向缺陷检测技术或纵向缺陷检测技术,或二者同时选用。

由于漏磁检测是用磁传感器来检测缺陷,相对于磁粉检测方法,具有如下优点:

(1)易于实现自动化。

漏磁场检测方法由磁传感器获取信号,用计算机判断有无缺陷,这一特点非常适合组成自动检测系统。在实际工业生产中,漏磁检测方法被大量应用于钢坯、钢棒、钢管的自动化检测。特别是对埋地输油管线,该方法是最主要的检测方法。采用漏磁检测技术的“管道猪”,能可靠地检测出壁厚10% 的缺陷,检测壁厚范围可从几乎很小到30 mm,“管道猪”可在地下管道中爬行 300 km。当管壁厚度达 30 mm 时,可检测内外壁缺陷。

(2)检测可靠性高。

计算机根据检测到的信号来判断缺陷的存在与否,可从根本上解决磁粉、渗透方法中人为因素的影响,具有较高的检测可靠性。

(3)可实现缺陷定量化。

缺陷的漏磁信号和缺陷形状具有一定的对应关系,特别是漏磁通信号的峰值和表面裂纹深度具有很好的线性关系。缺陷的量化使得漏磁检测不仅可以发现缺陷,更重要的是还可以对缺陷的危险程度进行初步判断。

(4) 高效无污染。

自动化检测可以获得很高的检测效率。如德国 Foerster 研究所的 ROTOMAT 检测钢管的检测速度可达 10 ~ 60 m/min。检测方法本身也决定了其对环境无污染性。

漏磁检测有 4 个主要步骤:① 磁化工件,从而使不连续性缺陷形成畸变磁场;② 采用磁敏探测器扫查工件表面;③ 处理探测器所得的原始数据;④ 显示探测结果。

要确定来自不连续的漏磁通,必须知道不连续缺陷相对于被检表面的位置、不连续缺陷的相对磁导率以及其附近的磁场强度 H 和磁通密度 B 的水平。即使已知这些条件,解磁场方程式仍然很困难,通常不能得到精确的代数解。需要做出简化假设来导出相对简单的漏磁通表达式。其中最简单的近似是由福斯特导出的,它能说明含狭缝漏磁场的许多基本特性。

5.1.2.2 磁化技术

漏磁检测大多采用与磁粉检测相同的磁化技术,但由于漏磁检测采用磁性传感器检测漏磁场,因此相应的磁化方法又有其特点。磁化技术根据试件的磁化范围,可分为局部磁化和整体磁化;根据磁化电流类型,可分为直流磁化和交流磁化。

按照漏磁检测的原理,传感器在其检测的有效区域内检测到有无漏磁通即可完成检测,因此磁化面积满足传感器有效检测区域即可。在实际的漏磁检测时,整体磁化虽然能获得较为均匀的磁化场,但需要庞大的磁化设备和能源消耗,检测成本提高,只能在必要的场合使用。相比较而言,局部磁化更为常用。

漏磁检测中交流、直流磁化电流均有使用。交流磁化的灵敏度高于直流磁化,可以检测表面较为粗糙的试件,信号的幅度与缺陷的深度之间具有更好的关联。应用集肤效应可以对试件进行局部磁化,适合检测较大工件。但交流磁化带来的集肤效应也使得磁化深度随着电流频率的增高而减小,其检测深度较直流磁化浅,这种磁化方式只能检测构件表面和近表层的裂纹缺陷。

此外,漏磁检测采用交流磁化方式时,其交流电的频率不再像磁粉检测一样局限于 50 Hz 的工频交流电。这是因为检测到的漏磁磁场信号是被磁化场载波的,从检测信号的处理角度,载波频率要远大于被载信号频率。为了更完整地得到缺陷信息,漏磁交流磁化的频率一般为几千赫兹。

5.1.2.3 缺陷的漏磁场

漏磁检测要通过分析传感器采集的漏磁场信号特征来定位、定量缺陷,因此对漏磁场的表征就成为漏磁检测的关键。准确认识漏磁场的特征是比较困难的,因为缺陷的漏磁场是一个三维空间极小磁场,通常漏磁场的宽度是缺陷宽度的2 ~ 5倍,同时漏磁场又是磁场强度 H 的非线性场。

漏磁场的分布计算采用解析法和数值法两种方法。

(1) 解析法。

解析法是用解方程的方法解出所求的量,这需要建立确定可解的、反映客观规律的数学模型。目前,漏磁场最简单的数学模型就是磁偶极子模型。该模型认为缺陷的漏磁场由极性相反的偶极子产生,是经典电磁理论中空间电荷产生电场的一个推广。这个模型较好地解决了漏磁场的空间分布问题,但磁偶极子模型是一个简化的模型,使复杂磁问题简单化,当边界条件恶劣时,若缺陷形状复杂,这一模型就无法确定偶极子分布,进而影响对缺陷的评价。

(2) 数值法。

对漏磁场进行数值模拟时主要采用有限元法。此方法的基本思想是把待分析的问题模型首先进行单元剖分,剖分后的单元与单元之间利用节点相互连接,且单元与单元之间既不相互重叠也不相互分离。对每一单元建立节点量之间的方程式,然后将所有单元的方程联立组成总的方程组,用来对待分析问题进行描述。利用边界条件对方程组求解,就可得到对分析问题解的数值描述。有限元法分为4个步骤:区域的离散、插值函数的选择、方程组的建立及方程组的求解。

5.1.2.4　漏磁场检测的磁敏元件

漏磁检测需要将磁场转化为电信号再进行分析处理。磁敏元件用来拾取漏磁产信号,采用的磁敏元件必须满足漏磁场的空间极小场和动态频宽的检测要求,具有最佳的灵敏度和空间分辨率,稳定性好,可靠性高。在实际检测中,磁敏元件主要有以下4种类型:

1. 感应线圈

感应线圈是通过线圈切割磁力线产生感生电压。感生电压的大小与线圈匝数、穿过线圈的磁通变化率或者线圈切割磁力线的速度呈线性关系。感应线圈测量的是磁场的相对变化量,并对空间域上高频率磁场信号更敏感。根据测量目的不同,感应线圈可以做成多种形式,线圈匝数和相对运动速度决定了测量的灵敏度,线圈缠绕的几何形状和尺寸决定了测量的空间分辨力、覆盖范围、有效信息等。

2. 磁通门传感器

磁通门是基于法拉第电磁感应定律和某些材料的磁化强度 $\boldsymbol{M}$ 与磁场

强度 $\boldsymbol{H}$ 之间的非线性关系而实施检测的。典型的磁通门有3个绕组，即激励绕组、输出绕组和控制绕组。磁通门的灵敏度很高，可以测量 10^{-7} ~ 10^{-5} T 弱磁场。

3. 霍尔元件

霍尔元件是漏磁检测中应用最广泛的传感器。霍尔元件基于霍尔效应原理工作，用来测量绝对磁场大小。霍尔元件可以做得很小，适合测量非均匀磁场，有较宽的响应频宽。其制造工艺成熟，稳定性和温度特性好。

4. 磁敏二极管

磁敏二极管是新型磁电转换元件，在磁敏二极管上加一正向电压后，其内阻的大小随周围磁场的大小和方向的变化而变化。通过磁敏二极管的电流越大，则在同样磁场下输出的电压越大，当所加的电压一定时，在正向磁场作用下，电流减小，反向磁场时电流增大。磁敏二极管具有体积小、灵敏度高的优点，受温度影响大，转换效率低，故应用不多。

5.1.2.5 漏磁场的测量方法

选定检测元件后，磁场的测量应根据被测对象的特点和检测目的，选择最佳的测量方法，包括元件的布置、安装、相对运动关系、信号处理方式等。根据检测目的和要求的不同，磁场信号的测量中可采用下述3种方法或其组合形式：

1. 单元件单点测量

单元件测量的是磁敏元件敏感面内的平均磁感应强度，当元件的敏感面积很小时，可以认为测得的是电磁场。单元件测量所需的信号处理电路和设备相对简单，成本低。

2. 多元件阵列多点测量

当需要提高测量的空间分辨率、检测范围和防止漏检时，采用多元件阵列组合进行检测。多元件阵列多点测量与单元件单点测量相比较要复杂得多。在处理测量信号时，由于采用相互独立的通道处理每个元件的输出，增大了信息量输出，降低了有效信息比。为了得到灵敏度一致的输出，对每个元件和对应通道要进行严格标定。多元件测量时，要精心选择灵敏度、温度特性较一致的元件。

3. 差动测量

当需要排除测量过程中的振动、晃动及被测构件中非被测特征的影响，或需要提高测量的稳定性、信噪比和抗干扰能力时，检测时适当布置一对冗余测量单元，并将两单元测量信号进行差分处理，形成差动测量。

5.1.2.6　漏磁检测的信号处理

磁敏元件采集的缺陷部位的信号处理是漏磁检测的关键,它决定着漏磁检测工作的成败。工业现场获得原始漏磁信号包含很多噪声,如磁化场噪声、空间电磁噪声、电路噪声、被检测件或磁极形状噪声。信号处理就是把磁探头输出的检测信号进行不失真地放大、滤波、降噪等,提高检测信号的信噪比和抗干扰能力,来呈现出缺陷的特征信号,达到检测的目的。

1. 信号放大

磁场测量探头输出的信号通常比较微弱,需要经过放大后才能进一步处理。检测信号放大电路的设计,应综合考虑磁敏测量元件的特性、测量信号特点和检测实施方式等。磁场信号一般分为两类:一类是在空间局部区域内突变的磁场,如铁磁材料中的裂纹、孔洞、锈蚀斑点、气隙等磁化后产生的漏磁场信号,随磁场测量方式不同,局部漏磁场的电信号特征不同;另一类磁信号是在长距离的空间位置内缓慢变化的信号。针对不同磁场信号采用不同的放大技术,局部变化的磁信号可以采用交流放大技术,通过耦合和偏置调整来消除信号中的低频或直流分量,其放大电路结构较简单。缓慢变化的信号则需要采用直流放大技术或调制解调技术,因为调零、温度补偿等会增加电流的复杂性。

2. 信号滤波

漏磁检测信号滤波从两方面进行:一方面是对磁场信号的滤波处理,信号工作在空间域上,采用空间滤波方法;另一方面是对磁电信号的滤波处理,信号工作在时间域上,采用时域滤波方法。当检测探头与被测漏磁场之间相对运动速度 v 恒定时,空间域上的磁场信号频率成分 f_s(单位为 m^{-1})与时间域上的电信号的频率成分 f_t(单位为 Hz)之间存在对应关系,即

$$f_t = f_s v \tag{5.1}$$

当速度 $v(t)$ 变化时,空间域和时间域上的信号 $x(s)$、$y(t)$ 间的频率对应关系为

$$y(t) = x(s)v(t) \tag{5.2}$$

$$F[y(t)] = F[x(s)]F[v(t)] \tag{5.3}$$

对于恒定时不变场、时间域和空间域上的滤波处理是相互对应的,且可以替换。

(1) 空间域滤波。

磁信号在空间域上的滤波处理通过空间滤波器来实现。其基本原理

是通过导磁性能优良的材料主动引导空间分布的磁场，实现不同空间频率成分磁场分流，从而有选择性地获得测量回路上的磁场信号。空间滤波器属于结构型功能构件，应根据检测的对象、条件和目的进行设计。空间滤波器不但有频率选择性，而且有方向性。

（2）时间域滤波。

当测量速度恒定不变时，可根据空间滤波的要求和时间域滤波的要求设计磁电信号滤波器，并根据速度的变动调整滤波器的截止频率。放大器和测量通道自身会产生噪声，为提高检测电信号的信噪比，必须有效地滤除这部分噪声信号。因此在选择恒定的测量速度时，应选择适当的速度范围，使得测量的有用磁场信号对应的电信号的频率与电路噪声信号频率相距较远，同时避免它出现在 50 Hz 的工频干扰附近。

（3）时空混合滤波。

当测量速度波动时，可以采用时域滤波的方法来实现空间域滤波。这要求时域滤波的特征频率随探头扫描运动速度的波动而变化。比较有效的方法是采用开关电容来设计滤波器（即开关电容滤波器），通过一个位移测量装置测定相对移动的位置，并对位移进行编码，每隔一定空间间隔发出一个脉冲，脉冲疏密对应着运动速度的快慢，该脉冲用来控制开关电容的运作，改变电容的大小，进而改变滤波器的特征频率，实现速度跟踪滤波。时间装置中通常将时间域滤波方法与空间域滤波方法结合应用，一方面确保对磁场信号的选择性，另一方面排除或减小处理电路的电噪声。

3. 信号调理

放大后的信号需要进行适当调理，主要包括增益调整、零点调节、温漂补偿、电平偏置、电压电流转换、电压频率转换等。

4. 诊断识别

采用模拟电路对检测信号的诊断与识别，主要依靠信号幅值及能量、功率、有效值、峰值、过零点和极点等特征，通过模拟电路运算并设置对应的阈值来提取磁性检测量值。当检测信号的信噪比较高时，这一处理方法的效果骤减且电路复杂。对定性检测场合，模拟信号处理方法以其低成本和简单结构具有明显优势；当检测要求较高或需要定量检测时，这种处理方法就不能胜任。

5.1.2.7　漏磁检测的缺陷量化

根据漏磁检测信号确定对应缺陷的长、宽、深等尺寸的过程，称为对漏磁信号的反演过程。在此过程中，只有漏磁场是已知参数，而缺陷形状、尺寸等需要确定的参数有若干个，且对于不同几何形状及不同尺寸的缺陷还可能产生相似的磁场分布。因此漏磁检测的反演结果并不唯一。

目前有关漏磁场与缺陷量化的相关性有如下结论:①在一定缺陷宽度范围内,漏磁检测信号的幅值与缺陷的深度近似呈正比关系;② 借助于人工缺陷的对比信号,可由漏磁检测信号的持续长度判断缺陷的长度,由缺陷所覆盖传感器的空间分布来确定缺陷的宽度。

目前,漏磁检测缺陷量化的计算方法分为映射法和信号法两种。映射法又分为统计法和人工神经网络法;信号法属于定型方法,不直接给出缺陷的外形尺寸。

1. 统计法

通过多个特征量来决定缺陷的某一个特征参数,而这多个特征量之间又存在非线性的关联关系。对于这一类问题,可以利用统计学中的多元非线性回归方法、主成分分析方法、线性模式分类器和非线性判别函数等方法加以解决。统计方法的准确性,由训练模式样本与未知模式样本间的一致性、特征抽取的准确性等多个因素决定,实现的关键在于特征量的选取。

2. 人工神经网络法

人工神经网络法是映射法的一种,它在反演领域的应用始于 20 世纪 80 年代,其作用不是寻找一个确定的数学表达式,而是把样本集合中的输入向量输入给网络,然后依据一定的算法,使网络的实际输出在某种数学意义下是理想输出的最佳逼近。

对人工神经网络的训练,常采用误差反向传播算法,简称 BP(Back Prepagation) 算法,相应的人工神经网络被称为 BP 神经网络或 BP 网络。使用 BP 算法做定量分析,存在训练速度较慢、容易陷入局部极小值、识别准确度降低等缺点,且该算法偏重于对已有检测结果的归纳分析,而对任意缺陷的适应能力不足。

径向基函数神经网络是一种单隐含层前馈网络。网络的输入层节点输入信号到隐含层,由径向基函数构成的隐含层节点采用非线性优化策略对作用函数的参数进行调整,输出层节点则采用非线性优化策略对作用函数的参数进行调整,网络的性能主要取决于样本数量、基函数及其中心的选择方法。径向基函数神经网络也具有 BP 神经网络的任意精度的逼近能力,还具有唯一的最佳逼近的特点,且无局部极小问题。但是,其逼近的函数表达不唯一,使得网络节点的冗余度较高。径向基函数神经网络的性能主要由样本数量、基函数及其中心的选择方法决定。

小波基函数神经网络可看作是以小波函数为基底的一种函数连接型

神经网络,也可以被认为是径向基函数神经网络的推广。该神经网络具有函数逼近能力强、收敛速度快、网络参数(隐层节点数和权重)选取依据充分、能有效避免局部最小值等优点,但它同时存在构造较复杂、容易产生“维数灾”、运算量较大等不足。小波基函数神经网络的性能,主要由小波函数的选择以及尺寸参数决定。

5.1.2.8 漏磁检测的发展趋势

1. 可视化漏磁检测

数据可视化是近年来研究的热点之一,是将反映物体特征的传感器检测数据在计算机中生成可视的实体模型,能为检测者提供形象直观、易于分析的缺陷信息。可视化漏磁检测技术的深入研究能极大地促进电磁无损检测技术的迅速发展。对漏磁检测三维可视化技术而言,目前需要解决两个关键技术问题:一是空间漏磁场的拓扑解释,即由离散的漏磁场检测数据如何重构缺陷轮廓,即漏磁信号的定量解释;二是如何合理地建立空间三维点的拓扑联系。

2. 多传感器信息融合方法

多传感器信息融合的主要特征就是利用多个同类或异类传感器测量同一对象,从而得到该对象的多源信息,并将这些信息融合,以形成比单一传感器更准确、更完全的描述。将多传感器信息融合技术应用于漏磁检测系统,不仅能为缺陷识别和定量评价提供互补或冗余信息,还可根据具体缺陷类型选择或设计合适的信息融合方法,从而解决局部缺陷建模的中介过渡性和模糊性,消除传感器本身固有随机性和干扰噪声的影响,在一定程度上能够获得精确的缺陷特征参数,提高缺陷识别的准确性和量化精度。目前,用于漏磁信号定量解释的主要有基于多Hall传感器以及Hall传感器与其他传感器的漏磁信号融合解释方法研究,均相对比较活跃。多传感器信息融合的漏磁信号定量解释,其核心问题是模式识别和目标参数估计,以及缺陷分类和缺陷特征参数融合估计问题。只有解决了原始信号的特征提取、传感器建模、融合模型及算法的性能评价等问题,信息融合技术才能真正应用于漏磁信号定量解释领域。

经验模态分解是最新发展起来的处理非线性非平稳信号的时频分析方法。这种方法吸取了小波变换多分辨率的优点,同时又克服了小波方法中基函数选择困难且不具备自适应性的缺点,因而可以较好地用来对非平稳信号进行滤波和降噪。该方法的主要思想是把一个时间序列的信号分解成若干不同尺度的本征模态函数和一个残余量。各个本征模态函数反映了信号的局部特性,残余量反映了信号的趋势或均值。经验模态分解能够自适应地将漏磁信号分解成不同频段的本征模态函数,可通过有选择地组合实现噪声分离和缺陷信号提取。与小波变化相比,本征模态函数直接由原始信号得到,不受傅里叶变换及测不准原理的限制。

5.2　自发磁化的磁性检测技术

自发磁化的磁性检测技术,是利用铁磁材料自身产生的磁性增强现象进行损伤检测评价的技术。铁磁材料易于磁化,在外磁场的作用下会产生强烈的磁性。一直以来人们正是利用铁磁材料的激励磁化特性开展检测评价工作,但却忽视了铁磁材料在无激励磁场的服役载荷条件下,具有自发磁化的磁现象。利用铁磁材料的自发磁化现象发展起来的无损检测技术就是金属磁记忆检测技术。

5.2.1　金属磁记忆检测的基本原理

铁磁构件在加工及使用过程中,由于受工作载荷和地磁场的共同作用,磁畴结构和分布将发生改变,出现残余磁场和自磁化的增长,形成磁畴的固定节点,以漏磁场的形式出现在铁磁材料的表面,在应力和变形集中区域发生磁畴组织定向和不可逆的重新取向,在工作载荷消除后仍然保留。这一增强的磁场能够“记忆”部件表面缺陷和应力集中的位置,此即为磁记忆效应。

在缺陷及应力集中部位出现的漏磁场 $\boldsymbol{H}_p$,其法向分量 $\boldsymbol{H}_p(y)$ 具有过零点及较大梯度值,水平分量 $\boldsymbol{H}_p(x)$ 则具有最大值,如图5.18所示。因此,通过检测磁场强度分量 $\boldsymbol{H}_p$ 的分布情况,就可以对缺陷及应力集中程度进行推断和评价。

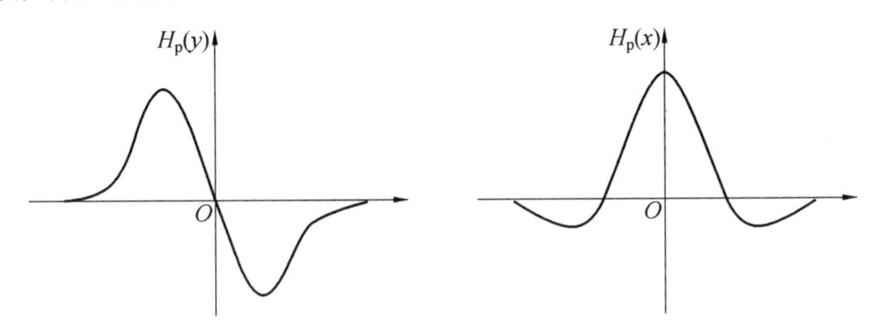

图5.18　应力集中部位漏磁场 H_p 信号分布

与其他无损检测技术相比,金属磁记忆检测技术具有以下优点:

(1) 不仅能够检测缺陷,还能够反映工件应力集中区域。

(2) 无须激励磁场,设备体积小,便携灵活。

(3) 不需对工件表面进行处理,可降低工作时间和劳动强度,适合现场检测。

(4) 可采用非接触检测,提离效应对检测结果影响小。

(5) 检测结果重复性好,可靠性高。

5.2.2 金属磁记忆检测技术的应用现状

金属磁记忆方法由俄罗斯学者 Dubov 提出。该方法创立之初,仅定位于该技术能够发现铁磁材料应力集中部位。Dubov 提出自有漏磁场在应力集中位置形成,它的法向分量 $H_p(y)$ 过零点,水平分量 $H_p(x)$ 具有最大值。为明确金属磁记忆信号的表征对象,国内外研究者不断探索磁记忆信号与应力集中、损伤程度的对应关系。

在工程应用方面,Dubov 将磁记忆技术应用于化工设备、锅炉、涡轮叶片、管道的现场检测,并提出了用金属磁记忆技术来判断金属性能的方法;通过对带有缺陷的铁磁性管件受力时自有漏磁场特点的研究,提出了确定铁磁性材料产品中应力的方法,并利用金属磁记忆方法来控制焊接质量;Lesiak 等将神经元分类器应用于铁轨的磁记忆检测,Wilson 等通过拉伸试验研究用磁记忆技术测量应力。Maciej Roskosz 对焊接接头进行了金属磁记忆检测,并将检测结果与射线检测进行对比。试验结果表明:金属磁记忆检测技术不但能够检出焊接过程中产生的包括缺陷在内的不连续性,还能够检测使用过程中焊接接头产生的缺陷,为焊接接头的在役检测提供了试验支撑。

国内对磁记忆技术的应用也进行了大量研究,李午申等对焊接裂纹磁记忆信号的零点特征及特征提取、定量化进行了比较深入的研究;张卫民等将磁记忆技术应用到应力腐蚀、压力容器、承载铁磁性连接件等金属零部件。邢海燕等研究了正、反两面拉、压载荷下钢板焊缝磁记忆信号的变化规律,以及热处理质量对磁记忆信号的影响。研究结果表明,拉伸载荷下磁记忆信号较压缩载荷下变化明显,焊缝正面应力集中较大,焊逢的热处理效果可以在磁记忆特征信号上得到体现,磁记忆检测技术可以对焊缝质量进行早期评价。龚洪宾等对压力容器焊缝热处理前后的磁记忆信号进行了检测,发现热处理前的磁记忆信号幅值明显大于热处理后,各通道磁记忆检测信号磁场梯度变化的平均值在热处理后亦有大幅下降,可以使用磁记忆检测信号磁场梯度变化的平均值对构件的应力损伤程度和裂纹进行检测。吴大波等通过三点弯曲疲劳试验研究了热处理条件下焊板的磁记忆信号。结果表明，磁记忆检测信号能够很好地反应焊接过程中焊接应力和焊接缺陷等的影响，在疲劳载荷作用下，随着裂纹的不断扩展，磁记忆信号曲线底端凸出，曲率不断增大，而当失稳破坏发生时，磁记忆信号曲线底端则逐渐变得平滑，且尖端曲率减小。

虽然磁记忆检测技术经过十多年的发展已经得到各行业的认可，但该技术还存在许多需要解决的问题。

(1) 在基础理论方面，虽然国内外学者已经开展了系统研究，但是由于金属磁记忆检测技术涉及多学科交叉，如铁磁学、磁性物理学、弹塑性力学、断裂力学等诸多学科，其理论模型不明确，微观机理不明晰，影响因素不确定，目前很难建立一个普适的理论模型，还需要对磁记忆现象微观物理机制进行深入探索，进而形成准确严密的理论体系。

(2) 金属磁记忆检测时，材料参数、检测环境等的影响结果和影响机制还不明确，各种作用因素之间是否会相互影响也不清楚，如何剔除这些不利影响，尽可能精确地提取铁磁性构件表面真实的磁记忆信号有待进一步深入的探讨和研究。

(3) 如何确定哪些磁记忆检测信号的特征参量是有用的，引入更多先进的、可靠的特征参量提取方法仍然不是很明确，只有能够合理地运用这些特征参量才能够提高金属磁记忆检测技术定量检测工件应力损伤程度和预测工件疲劳寿命的能力。

5.2.3　磁记忆现象的理论分析

5.2.3.1　磁偶极子理论模型

金属磁记忆技术本质上与漏磁检测技术相同，可以将地磁场作为外加激励磁场。漏磁检测理论是从磁偶极子解析计算缺陷漏磁场分布而开始的。磁偶极子法是应用假想磁荷的概念，把磁化体看成密布的磁偶极子。图5.19所示为一磁荷为 $\pm q_m$，距离为 d 的磁偶极子，以此图为基础进行漏磁场分布的推导。

其偶极距为 $m = q_m d$，方向为 $-q_m$ 指向 $+q_m$，此磁偶极子在空间任一点产生的磁位为

$$u_m = \frac{q_m}{4\pi}\left(\frac{1}{r_1} - \frac{1}{r_2}\right) \tag{5.4}$$

式中，r_1、r_2 分别为 $-q_m$ 和 $+q_m$ 磁荷与空间场点 Q 的距离。

因磁荷之间的距离 d 远小于偶极子对场点 Q 间的距离，可认为 $r_1 \cdot r_2 =$

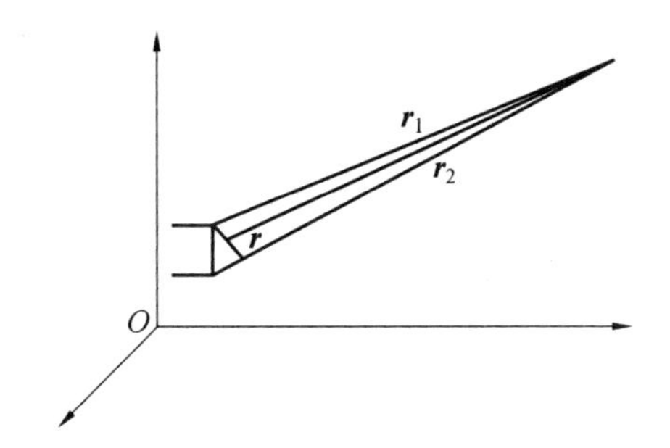

图 5.19 磁偶极子示意图

r^2, $r_2 - r_1 = d\cos\theta$,故

$$u_m = \frac{1}{4\pi}\frac{q_m d\cos\theta}{r^2} = \frac{1}{4\pi}\frac{mr}{r^3} = \frac{1}{4\pi}\cdot\nabla\left(\frac{1}{r}\right) \tag{5.5}$$

式中,$\nabla\left(\frac{1}{r}\right)$ 为对源点的空间微商,$\nabla\left(\frac{1}{r}\right) = \frac{r}{r^3}$;$r$ 的方向指向场点。

因 u_m 是标量,磁介质内个偶极子对场点引起的总磁位 U 为 u_m 之和,对于各项同性的均匀磁介质,可写出

$$U = \int_v \frac{1}{4\pi}\boldsymbol{M}\cdot\nabla\left(\frac{1}{r}\right)\mathrm{d}v \tag{5.6}$$

式中,v 是磁介质的体积;M 为磁化后的磁偶极距的体密度,即磁极化强度。

由恒等式

$$\nabla\left(\frac{1}{r}\boldsymbol{M}\right) = \nabla\left(\frac{1}{r}\right)\cdot\boldsymbol{M} + \frac{1}{r}\nabla\boldsymbol{M} \tag{5.7}$$

可将式(5.6)化为

$$U = \frac{1}{4\pi}\int_v -\frac{\nabla\boldsymbol{M}}{r}\mathrm{d}v + \frac{1}{4\pi}\int_v \nabla\frac{\boldsymbol{M}}{r}\mathrm{d}v \tag{5.8}$$

再利用高斯积分公式$\int_v \nabla R\mathrm{d}v = \oint_s Rn\mathrm{d}a$,将式(5.8)进一步写成

$$U = \frac{1}{4\pi}\int_v -\frac{\nabla\boldsymbol{M}}{r}\mathrm{d}v + \frac{1}{4\pi}\oint_s \frac{\boldsymbol{M}n}{r}\mathrm{d}a \tag{5.9}$$

荷电体中自由体密度 ρ 与自由电荷面密度 σ 产生的电位公式为

$$\varphi = \frac{1}{4\pi\varepsilon_0}\int_v \frac{\rho}{r}\mathrm{d}v + \frac{1}{4\pi\varepsilon_0}\oint_s \frac{\sigma}{r}\mathrm{d}s \tag{5.10}$$

将式(5.9)与式(5.10)类比,可得

$$\varphi = \frac{1}{4\pi\varepsilon_0}\int_v \frac{\rho_m}{r}\mathrm{d}v + \frac{1}{4\pi\mu_0}\oint_s \frac{\sigma_m}{r}\mathrm{d}s \tag{5.11}$$

其中，ρ_m 为等效的体磁荷密度，$\rho_m = -\mu \nabla \boldsymbol{M}$；$\sigma_m$ 为等效的面磁荷密度，$\sigma_m = \mu_0 \boldsymbol{M} n$。

对均匀磁化的磁介质 M 为常数，$\rho_m = -\mu \nabla \boldsymbol{M} = 0$，只有面磁荷 σ_m 存在，否则同时有两种磁荷存在。

磁介质被磁化后，其中偶极子取大体上一致的排列。所以，计算磁化体在空间形成的磁场，只需先计算一个磁偶极子产生的磁场，再取磁介质面积（或体积）的积分即可。

5.2.3.2　单个狭缝表面磁信号理论模型

对于无限深的狭缝，与狭缝中心水平和垂直距离分别为 x 和 y 处漏磁场信号分量分别为 H_x 和 H_y，福斯特给出下列计算公式：

$$H_x = \frac{H_g a}{\pi} \frac{y}{x^2 + y^2} \tag{5.12}$$

式中，x 为检测位置与狭缝中心之间的水平距离；y 为检测位置与狭缝中心之间的垂直距离；H_g 为狭缝内的磁场强度，与材料内部磁场强度 $\boldsymbol{H}_0$ 有如下关系：

$$H_g = \frac{l + a}{l + \mu a} \mu \boldsymbol{H}_0 \tag{5.13}$$

式中，μ 为金属材料的磁导率；a 为狭缝长度；l 为金属材料的长度。

狭缝深度有限时，狭缝深度会对试件表面漏磁信号强度产生一定影响，它对漏磁信号的影响可以用从狭缝底部开始向上填充金属的方法解释，如图5.20所示。对铁磁材料中深度为 b 的狭缝，它可以看成区域1的一个通缝和区域2的无裂缝材料的组合。

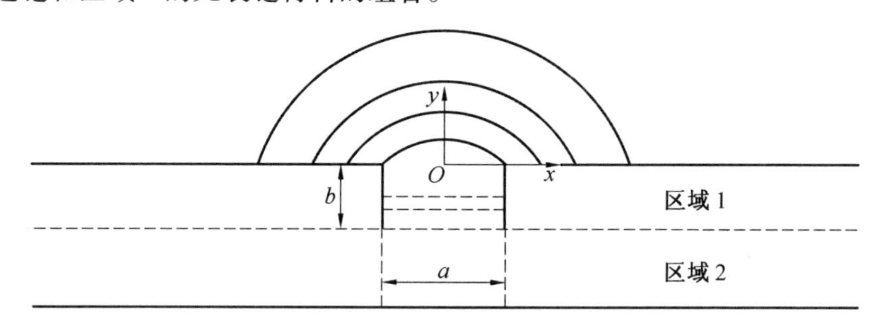

图5.20　狭缝深度对漏磁信号的影响

此时，对于与狭缝中心水平和垂直距离分别为 x 和 y 处漏磁场信号分量 H_x 和 H_y，福斯特给出下列计算公式：

$$H_x = \frac{H_g a}{\pi}\left[\frac{y}{x^2 + y^2} - \frac{y + b}{x^2 + (y + b)^2}\right]$$

$$H_y = \frac{H_g a}{\pi}\left[\frac{x}{x^2 + y^2} - \frac{x}{x^2 + (y + b)^2}\right] \tag{5.14}$$

式中,b 为狭缝深度。

图 5.21 所示是理想状态下典型的漏磁信号,其 y 方向分量具有双峰,两峰关于信号中心点奇对称;x 方向分量只有单峰,关于中心点偶对称。需要说明的是,这是理想状态下的漏磁信号,实际的漏磁信号由于诸多原因,与图示存在一定差别,略有“变形”。

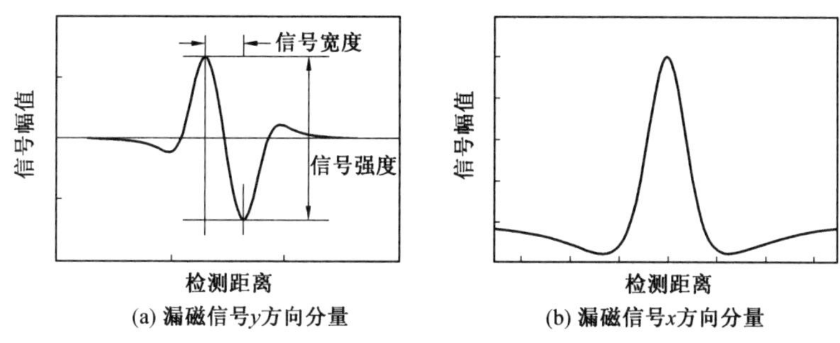

图 5.21 典型的狭缝表面磁信号

对于构件磁记忆信号检测,试件内部的磁场强度是大地磁场及应力致磁场矢量叠加的结果,由文献可知,试件在弹性范围内受到拉应力 σ 作用时,试件内部的磁场强度 $\boldsymbol{H}_0$ 可以表示为

$$\boldsymbol{H}_0 = \boldsymbol{H}_E = \frac{\boldsymbol{H}_E \boldsymbol{M}_S(\alpha\mu_0 + 3\gamma\sigma)}{3\alpha\mu_0 - \boldsymbol{M}_S(\alpha\mu_0 + 3\gamma\sigma)} \tag{5.15}$$

式中,$\boldsymbol{H}_E$ 表示大地磁场的磁场强度;$\boldsymbol{M}_S$ 表示材料的饱和磁化强度;μ_0 表示真空磁导率;α 表示分子场参数,对于已经确定的材料,α 是常量;γ 表示和磁致伸缩系数有关的常量。

从式(5.15)可以看出,当环境稳定,材料确定时,试件的磁场强度 $\boldsymbol{H}_0$ 仅与其所受轴向拉应力有关。如果施加的工作应力幅值确定,加载后试件内部磁场强度 $\boldsymbol{H}_0$ 是常量。

将式(5.13)及式(5.15)代入式(5.14),得到磁记忆信号检测时,与有限深狭缝中心水平和垂直距离分别为 x 和 y 处漏磁场信号分量 H_x 和 H_y 的计算公式为

$$H_x = \left[H_E + \frac{H_E \boldsymbol{M}_S(\alpha\mu_0 + 3\gamma\sigma)}{3\alpha\mu_0 - \boldsymbol{M}_S(\alpha\mu_0 + 3\gamma\sigma)}\right] \cdot \frac{\mu(l + a)a}{\pi(l + \mu a)} \cdot \left[\frac{x}{x^2 + y^2} - \frac{x}{x^2 + (y + b)^2}\right] \tag{5.16}$$

5.2.3.3　多个狭缝表面磁信号理论模型

长为 l,厚为 d,表面具有 n 个有限深狭缝的铁磁性材料的横截面二维图如图5.22所示。其中 a_i、b_i 分别是第 i 个矩形缺陷的宽度和深度,进行磁记忆信号检测时,探头提离值为 h,扫描速度为 v。

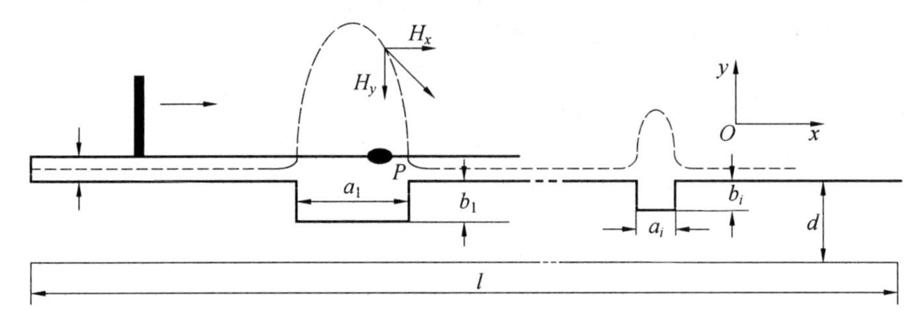

图5.22　铁磁材料表面漏磁信号示意图

缺陷的漏磁信号与材料内部磁场强度 H_0、材料的性质、缺陷的尺寸(长、宽、深)、传感器的提离值和位置等诸多因素有关。检测点 P 处的磁场是 n 个有限深狭缝漏磁场的矢量叠加,用公式可表示为

$$\begin{cases} H_x(P) = \sum_{i=1}^{n} m_{xi}(\{\boldsymbol{H}_0, p_i, s_i, l, o_i\}, P) + w_x(P) \\ H_y(P) = \sum_{i=1}^{n} m_{yi}(\{\boldsymbol{H}_0, p_i, s_i, l, o_i\}, P) + w_y(P) \end{cases} \tag{5.17}$$

式中,$m_{xi}(\{H_0, p_i, s_i, l, o_i\}, P)$($m_{yi}(\{\boldsymbol{H}_0, p_i, s_i, l, o_i\}, P)$)为第 i 个缺陷的漏磁场在 P 点处 x、y 方向的分量,其中 p_i、s_i、l、o_i 是第 i 个缺陷的材料性质、尺寸、提离值和缺陷位置等材料本身一些因素产生的影响因子;$W(P)$ 为位于 P 点位置处的干扰磁场。

5.2.4　磁记忆信号与单调工作应力的关系

5.2.4.1　静载拉伸过程中 $H_p(y)$ 信号的变化

选用特种合金钢,设计加工表面含多狭缝切口的板状试件。各试件上等间距加工5个横向贯穿的矩形狭缝,同一试件矩形狭缝的深度相同,狭缝宽度不同。不同试件的狭缝宽度及深度按一定要求变化。多狭缝切口的板状试件如图5.23所示。

对多狭缝切口试件进行静载拉伸,分别施加六级不同幅值的轴向应力,加载至预定应力后,卸载取下试件,检测试件上表面的磁记忆信号。下面研究在工作应力作用下,预制的狭缝切口磁记忆信号分布特征。图5.24

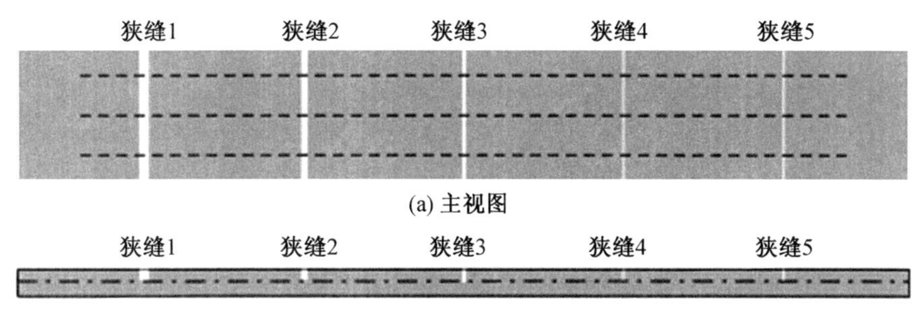

图 5.23　多狭缝切口的板状试件

展示其中一个板状试件拉伸过程中表面磁信号法向分量 $H_p(y)$ 的变化规律。

从图 5.24 可以看出，初始状态时(图 5.24(a)，$\sigma = 0$)，信号幅值小且较为杂乱，无法清楚地分辨矩形狭缝位置，施加轴向载荷后(图 5.24(b)，$\sigma = 30$ MPa)，信号幅值显著增加，矩形狭缝位置磁信号梯度变化较大，能够清楚地指示狭缝位置。此后，随着应力水平的增加(图 5.24(c) ~ 5.24(g))，信号幅值继续增大，矩形狭缝位置处信号梯度变化随之加剧。工作应力与狭缝表面的磁信号具有显著的相关性。

为了能够定量地研究试验结果，以试件中心检测线的检测信号为研究对象，不同应力水平时，试件中心检测线表面漏磁场信号 $H_p(y)$ 的变化情况如图 5.25 所示。从图中可以看出，在初始状态，试件表面磁信号纯净，数值为28 ~1 A/m，在地磁场范围内，存在波峰波谷的变动。信号在各矩形狭缝位置处存在一定梯度变化，可以此判断狭缝位置，其中 5 号狭缝位置处磁场梯度变化湮没于干扰信号当中，因不具有明显特征而无法准确辨别，若预先不知道该处狭缝的存在，将难以发现该处预制缺陷的存在，如图 5.26 所示。

施加轴向载荷后，试件表面的磁信号数值(绝对值)增大，呈现较强的磁有序状态；信号在各矩形狭缝位置处形成完整的异变信号，能够标示出缺陷的存在。随着载荷的不断加大，试件表面磁信号幅值不断增加，整体信号顺时针转动，矩形狭缝位置处异变信号得到增强，信号特征更加明显。矩形狭缝位置处信号曲线与图 5.21(a) 所示一致，呈现双峰，只是双峰顺时针旋转了一定角度。

应力一旦作用于工件上，就会驱动磁畴结构重组，在缺陷部位形成磁畴的固定节点，并且卸载后依然保留；随着载荷的增大，这种作用不断增

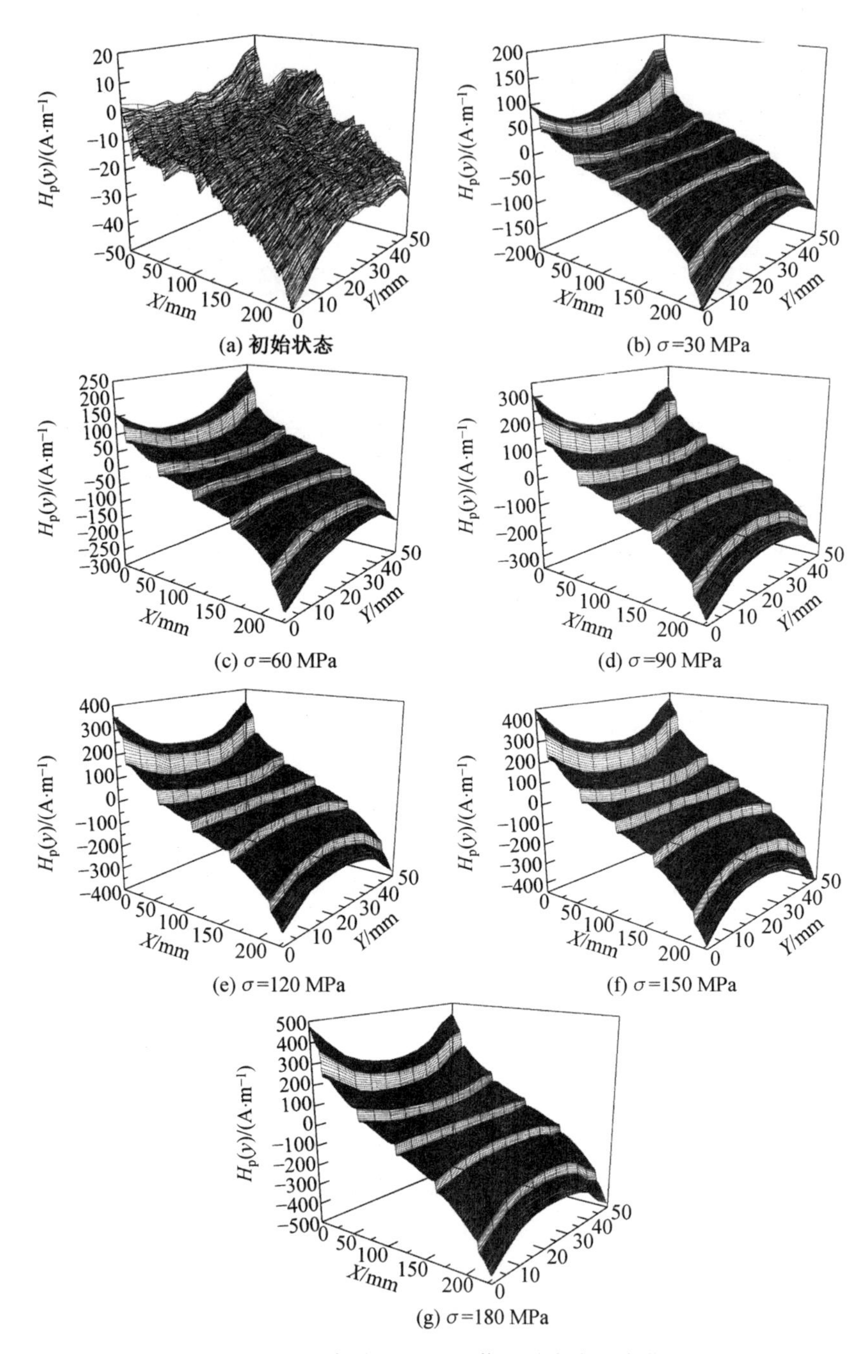

图 5.24　试件表面 $H_p(y)$ 信号随应力的变化

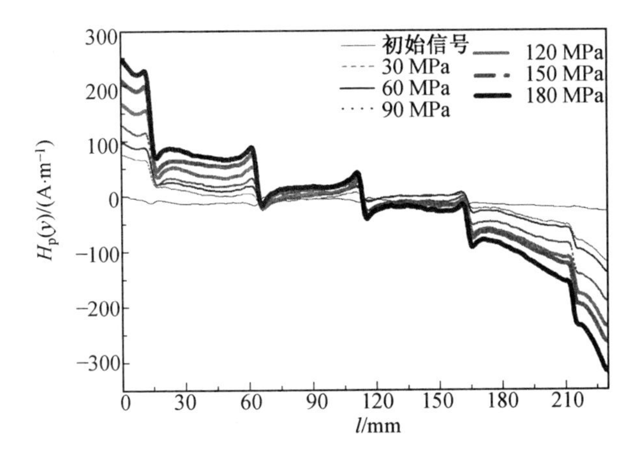

图 5.25　不同应力时 B3 试件表面 $H_p(y)$ 信号

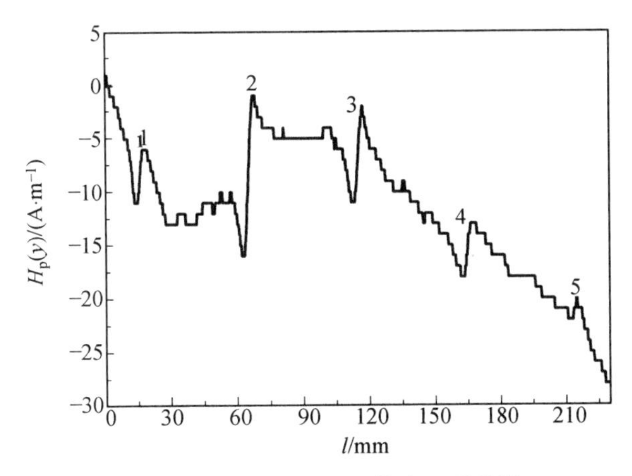

图 5.26　初始状态 B3 试件表面磁信号

强，使缺陷部位的磁信号特征更为明显。为了定量地分析磁信号与外加应力之间的关系，使用如下公式求出 $H_p(y)$ 信号在裂纹处的梯度变化值：

$$K = \frac{|H_p(y)_M - H_p(y)_m|}{\Delta l} \tag{5.18}$$

式中，$H_p(y)_M$ 表示矩形狭缝位置 $H_p(y)$ 信号的最大值；$H_p(y)_m$ 表示矩形狭缝位置 $H_p(y)$ 信号的最小值；Δl 表示 $H_p(y)_M$ 和 $H_p(y)_m$ 之间的距离。

分别提取不同应力水平下各矩形狭缝位置处 $H_p(y)$ 信号梯度变化值，如图 5.27 所示，发现在不同应力水平下，矩形狭缝位置处 $H_p(y)$ 信号梯度变化值与槽宽大致为 2 次分布，对其进行抛物线拟合。不同应力水平下 $H_p(y)$ 信号梯度变化值(k) 与矩形狭缝宽度(a) 的拟合公式见表5.1。

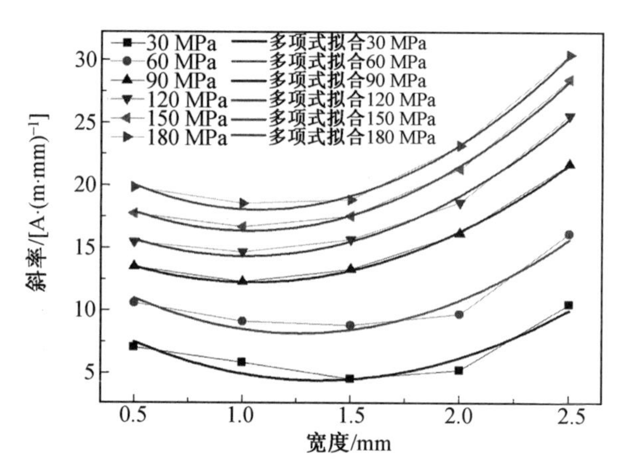

图5.27　$H_p(y)$ 信号梯度变化值与矩形狭缝宽度的关系

表5.1　不同应力水平下 $H_p(y)$ 信号梯度变化值(k)与矩形狭缝宽度(a)的拟合公式

应力值	函数关系式
30 MPa	$k = 12.18 - 11.58a + 4.29a^2$
60 MPa	$k = 15.94 - 12.38a + 4.91a^2$
90 MPa	$k = 17.02 - 9.19a + 4.43a^2$
120 MPa	$k = 19.54 - 10.21a + 5.03a^2$
150 MPa	$k = 22.28 - 11.45a + 5.57a^2$
180 MPa	$k = 25.08 - 13.04a + 6.09a^2$

从表5.1可以看出，各级应力水平时，$H_p(y)$ 信号梯度变化值与矩形狭缝宽度之间关系可用通式 $k=A+Ba+Ca^2$ 表示。因此，对于某一确定应力水平，式中 A、B、C 均为常数，根据试验结果求得 A、B、C 与应力值 σ 之间的关系为

$$\begin{cases} A = 10.069 + 0.0819\sigma \\ B = -10.755 - 0.00527\sigma \\ C = 3.895 + 0.0110\sigma \end{cases} \tag{5.19}$$

则

$$k = (10.069 + 0.0819\sigma) + (10.755 - 0.0053\sigma)a + (3.895 + 0.0110\sigma)a^2 \tag{5.20}$$

按照矩形狭缝深度不同，选取另外6个板状试件，各狭缝深度分别为1 mm、1.5 mm、2.0 mm、3 mm、3.5 mm和4 mm，将试件命名为B1~B6试件。比较不同应力水平下各矩形狭缝位置处 $H_p(y)$ 信号梯度变化值，如图5.28所示。

同理可得各试件$H_p(y)$信号梯度变化值(k)与矩形狭缝宽度(a)及应力水平(σ)之间的关系式,列于表5.2中。各试件矩形狭缝深度不同,从表5.2可以看出,不同矩形狭缝深度不同时,试件$H_p(y)$信号梯度变化值(k)与矩形狭缝宽度(a)及应力(σ)的函数关系可表示为$y = A + Ba + Ca^2 + Da \cdot \sigma + Ea^2 \cdot \sigma + F\sigma$。当矩形狭缝深度确定时,$A$、$B$、$C$、$D$、$E$、$F$均为参量,可从表5.2求得6个参量与矩形狭缝深度$b$之间的关系。

表5.2 各试件$H_p(y)$信号梯度变化值(k)与矩形狭缝宽度(a)及应力(σ)的函数关系

试件编号	函数关系式
B_1	$k = 4.140 - 3.537a + 1.423a^2 - 0.123a \cdot \sigma + 0.0476a^2 \cdot \sigma + 0.120\sigma$
B_2	$k = 9.489 - 11.225a + 4.210a^2 - 0.122a \cdot \sigma + 0.0443a^2 \cdot \sigma + 0.142\sigma$
B_3	$k = 13.808 - 17.600a + 5.604a^2 - 0.0185a \cdot \sigma + 0.00577a^2 \cdot \sigma + 0.0889\sigma$
B_4	$k = 10.248 - 9.4706a + 4.040a^2 - 0.00843a \cdot \sigma + 0.00384a^2 \cdot \sigma + 0.115\sigma$
B_5	$k = 12.687 - 16.829a + 5.543a^2 - 0.0705a \cdot \sigma + 0.0366a^2 \cdot \sigma + 0.151\sigma$
B_6	$k = 18.960 - 24.473a + 8.909a^2 - 0.0381a \cdot \sigma - 0.00660a^2 \cdot \sigma + 0.0996\sigma$

$$\begin{cases} A = -26.549 + 47.037b - 19.104b^2 + 2.543b^3 \\ B = 38.873 - 65.832b - 27.267b^2 - 3.693b^3 \\ C = -13.369 + 23.207b - 9.754b^2 + 1.335b^3 \\ D = -0.524 + 0.547b - 0.193b^2 + 0.022b^3 \\ E = 0.186 - 0.195b + 0.072b^2 - 0.009b^3 \\ F = 0.310 - 0.273b + 0.111b^2 - 0.014b^3 \end{cases} \tag{5.21}$$

得到$H_p(y)$信号梯度变化值(k)与矩形狭缝宽度(a)、深度(b)及应力(σ)的函数关系:

$$\begin{aligned} y = &(-26.549 + 47.037b - 19.104b^2 + 2.543b^3) + \\ &(38.873 - 65.823b - 27.267b^2 - 3.693b^3)a + \\ &(-13.369 + 23.207b - 9.754b^2 + 1.335b^3)a^2 + \\ &(-0.524 + 0.547b - 0.193b^2 + 0.022b^3)a \cdot \sigma + \\ &(0.186 - 0.195b + 0.072b^2 - 0.009b^3)a^2 \cdot \sigma + \\ &(0.310 - 0.273b + 0.111b^2 - 0.014b^3)\sigma \end{aligned} \tag{5.22}$$

由式(5.22)可知,磁记忆信号法向分量$H_p(y)$信号的梯度变化值一方面与预制切口的尺寸有关,另一方面,直接受到施加的轴向载荷的影响,不同幅值的工作应力将引起不同的磁信号梯度值。随着工作应力的增加,磁场梯度值增大。尽管试件是在卸载状态下检测表面磁信号,仍可以反映工作应力的作用历史。

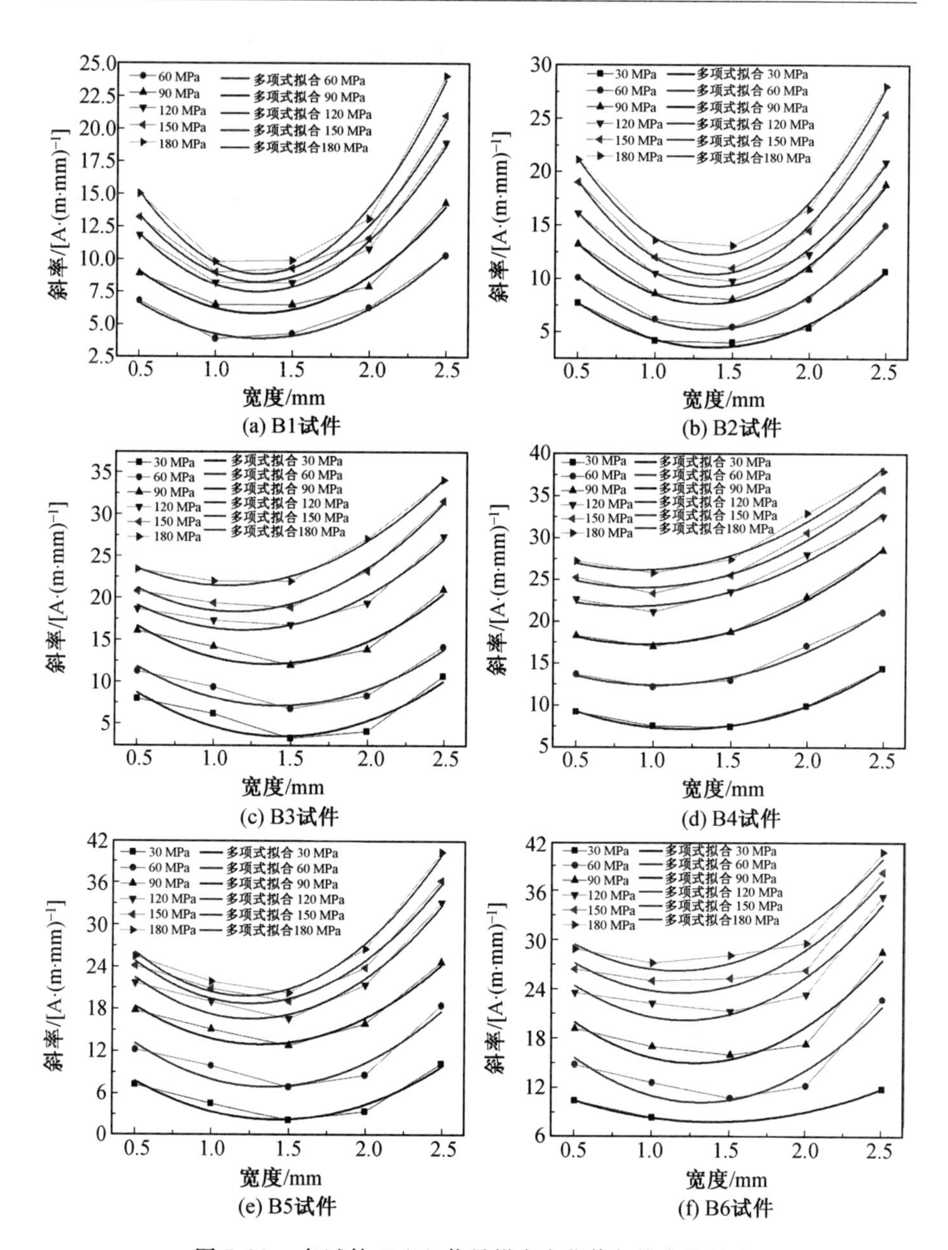

图5.28　各试件 $H_p(y)$ 信号梯度变化值与槽宽的关系

5.2.4.2　静载拉伸过程中 $H_p(x)$ 信号的变化

金属磁记忆信号是一个弱磁场信号，除法向分量外，还存在水平分量信号。

图 5.29 所示为矩形狭缝深度 2.0 mm 时的板状试件在不同应力水平时表面漏磁场 $H_p(x)$ 信号的变化规律。

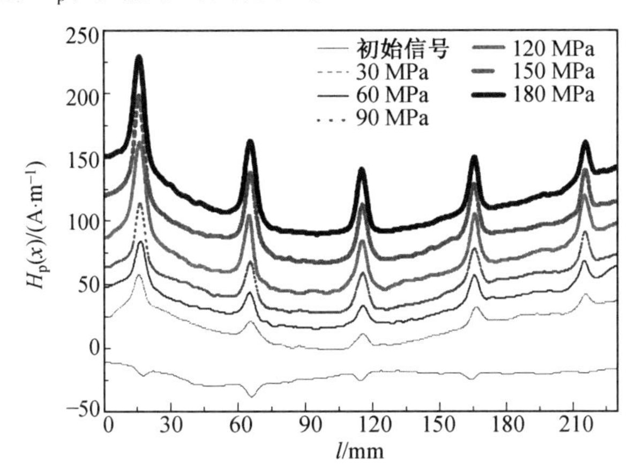

图 5.29　不同应力时 B3 试件表面 $H_p(x)$ 信号

从图 5.29 可以看出，初始状态时，试件表面磁信号纯净，数值为 -39 ~ 11 A/m，在地磁场范围内，各矩形狭缝位置处出现向下凹陷的尖峰，其中 1 ~ 4 号位置处尖峰较为明显，5 号位置处的尖峰不明显。

施加载荷后，试件表面 $H_p(x)$ 信号发生显著变化，信号幅值由负变正，信号整体呈向下凹陷状，即试件两端信号幅值大于试件中部的信号幅值；各矩形狭缝位置处出现向上凸起的尖峰，各尖峰峰值不同，但它并不与矩形狭缝的宽度呈线性关系。随着载荷的增大，试件表面磁信号幅值不断增加，信号整体向上平移，矩形狭缝位置处异变信号得到增强，信号特征更加明显。不同应力水平时，$H_p(x)$ 信号尖峰峰值如图 5.30 所示。

从图 5.30 可以看出，信号峰值与矩形狭缝宽度之间呈二次分布，按处理 $H_p(y)$ 信号类似的方法，得到 $H_p(x)$ 信号峰值 $H_{pp}(x)$ 与矩形狭缝宽度 (a)、深度 (b) 及应力 (σ) 的函数关系：

$$\begin{aligned}H_{pp}(x)=&(89.936-36.307b-7.894b^2)+\\&(-190.437+101.201b-21.583b^2)a+\\&(50.704-21.173b+4.666b^2)a^2+\\&(-1.981+1.186b-0.192b^2)a\cdot\sigma+\\&(0.929-0.624b+0.125b^2)a^2\cdot\sigma+\\&(1.367-0.530b+0.132b^2)\sigma\end{aligned}\tag{5.23}$$

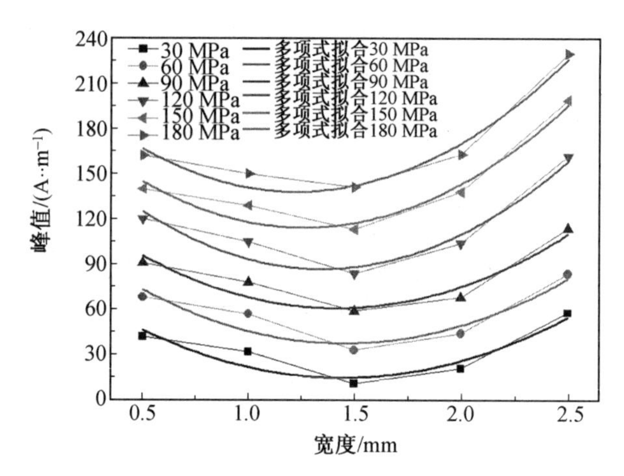

图5.30　信号峰值与矩形狭缝宽度之间的关系

5.2.5　磁记忆信号与交变工作应力的相关性

静载拉伸试验施加的轴向应力为静态应力，而在工程实践中，引起构件失效破坏的更为危险的受载形式是交变应力。对于交变应力，除考虑应力的幅值大小外，还存在交变应力作用次数的影响。为此，在实验室条件下，采用恒幅载荷对试件进行拉压疲劳试验，研究交变工作应力与磁记忆信号的相关性。试件形状如图5.31所示。试验前试件经过真空热处理退磁，试件在疲劳周次为8.2×10^5时产生裂纹，疲劳周次为856 174时断裂。加载前后试件表面的磁记忆信号如图5.32所示。

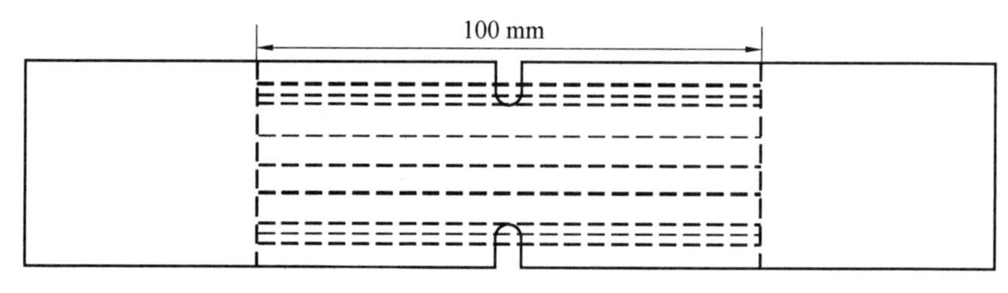

图5.31　试件尺寸及检测线布置示意图

从图中可以看出，由于经过真空热处理退磁，试件表面初始的磁记忆信号很微弱，$H_p(y)$信号幅值在20～30 A/m，在切口位置附近存在异变峰，切口左侧为负峰，右侧为正峰；$H_p(x)$信号幅值在－40～－20 A/m，在缺口位置存在一个向下的尖峰，峰值为－38 A/m。加载之后，$H_p(y)$信号逆时针旋转，信号幅值为－450～300 A/m，切口位置处的异变峰发生反转，切口左侧为正峰，右侧为负峰；$H_p(x)$信号向上平移，信号幅值为

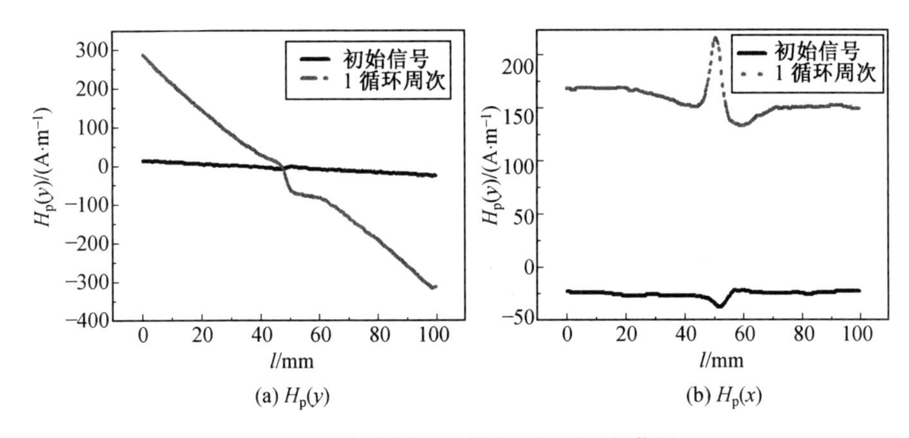

图 5.32　加载前后试件表面的磁记忆信号

150 ~ 220 A/m，切口位置出出现向上的尖峰，峰值为 216 A/m。

这是由于在真空热处理时，加热温度为 850 ℃，高于钢铁材料的居里点，使得在该温度下试件为顺磁性，在随后的冷却过程中，试件再次被地磁场磁化，形成一个弱磁体。由于材料与空气之间磁导率的差异，在缺口位置处形成一个异变峰；加载荷以后形成一个与地磁场方向相反的力致磁场，使得试件表面的磁记忆信号显著增强，且在切口位置处形成方向相反的异变峰。

疲劳过程中试件表面的磁记忆信号如图 5.33 所示。

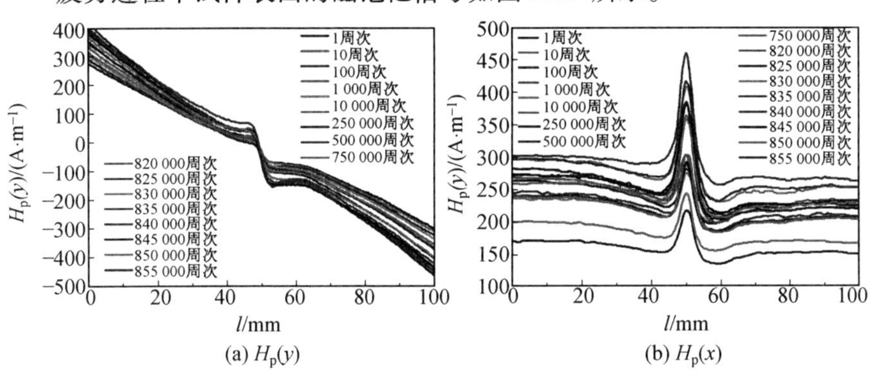

图 5.33　疲劳过程中试件表面的磁记忆信号

从图 5.33 中可以看出，疲劳过程中 $H_p(y)$ 信号曲线变化规律相似：信号在切口位置存在一个过零点，且在附近具有异变峰，左侧为正半峰，右侧为负半峰；加载初期，信号随着疲劳周次的增加而不断顺时针转动，而后信号处于稳定阶段，但存在一定的波动；裂纹萌生后，异变峰的峰值迅速增大，且随着裂纹的扩展，该值不断增大。$H_p(x)$ 信号的变化规律也相似：信号在切口位置处存在一个向上的尖峰，尖峰两侧信号幅值相当，基本为平直线；加载初期，信号随着疲劳周次的增加而整体向上平移，而后信号处于稳定阶段，但存在一定的波动，裂纹萌生后，尖峰的峰值迅速增大，且随着裂纹的扩展，该值不断增大。

为了能够进一步深入分析磁记忆信号在疲劳过程中的变化，按照下式提取 $H_p(y)$ 及 $H_p(x)$ 信号的特征参量：

$$\begin{cases} K = [H_p(y)_M - H_p(y)_m]/\Delta l \\ H_p(x)_M = \max[H_p(y)_i], \quad i = 1,2,\cdots,n \end{cases} \tag{5.24}$$

式中，$H_p(y)_M$ 及 $H_p(y)_m$ 分别为 $H_p(y)$ 异变峰信号的极大值和极小值；Δl 为两者之间的距离；i 为 $H_p(x)$ 的顺序点数。

疲劳过程中 $H_p(y)$ 及 $H_p(x)$ 信号的特征参量 K 及 $H_p(x)_m$ 的变化如图5.34所示。

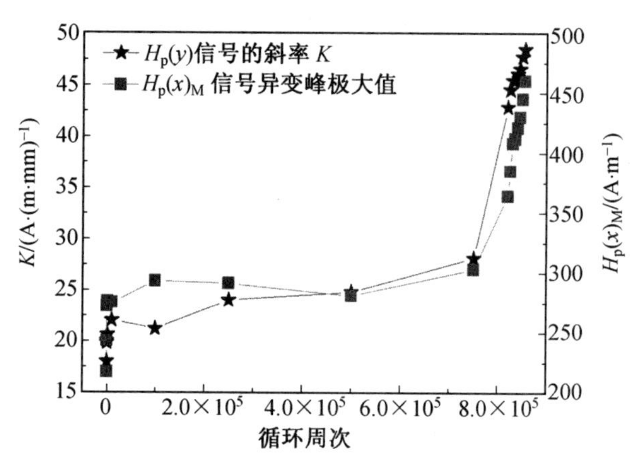

图5.34　疲劳过程中 K 及 $H_p(x)_m$ 的变化

从图中可以看出，K 及 $H_p(x)_M$ 的变化规律具有很好的一致性，两者除幅值不同，变化规律基本一致：初始阶段（$0 \sim 10^3$ 周次）迅速增大；稳定阶段（$10^3 \sim 8.2\times10^5$ 周次）基本稳定；裂纹扩展阶段（8.2×10^5 周次~断裂）再次迅速增大。这说明磁记忆信号的特征参量 K 及 $H_p(x)_M$ 可以用来监测交变应力导致的构件疲劳损伤情况。通过进一步的研究，磁记忆信号有可能用于机械构件的疲劳寿命的预测。

试件断裂前后表面的磁记忆信号如图5.35所示。从图5.35中可以看出，试件断裂前后，其表面的磁记忆信号再次发生了反转，试件两端的信号幅值降低，切口位置处 $H_p(y)$ 信号的异变峰左侧为负右侧为正，梯度变化剧烈,为133 A/(m·mm),远大于断裂前的 48 A/(m·mm);切口位置处 $H_p(x)$ 信号形成一个向下的尖峰,峰值急剧增大,为 640 A/m,远大于断裂前的 450 A/m。

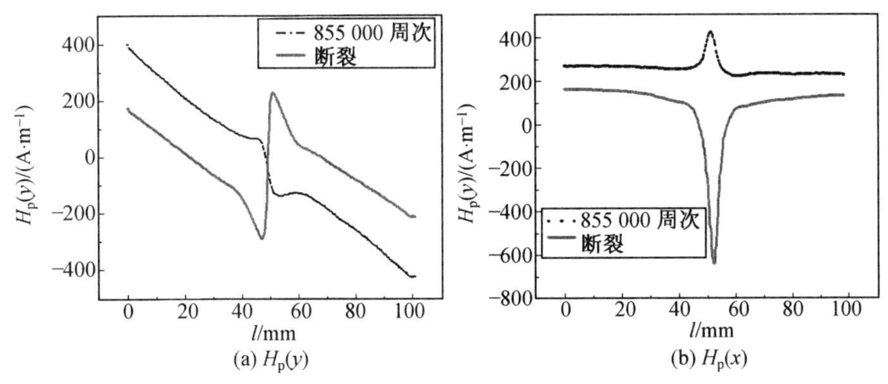

图 5.35 试件断裂前后表面的磁记忆信号

本章参考文献

[1] 戴明栎. 无损检测概论[M]. 上海:上海科学技术出版社, 1981.

[2] 刘福顺, 汤明. 无损检测基础[M]. 北京:北京航空航天大学出版社, 2002.

[3] 徐章遂, 徐英, 王建斌. 裂纹漏磁定量检测原理与应用[M]. 北京:国防工业出版社, 2005.

[4] 康宜华, 武新军. 数字化磁性无损检测技术[M]. 北京: 机械工业出版社, 2007.

[5] 李家伟, 陈积懋. 无损检测手册[M]. 北京: 机械工业出版社, 2002.

[6] 吴欣怡, 赵伟, 黄松岭. 基于漏磁检测的缺陷量化方法[J]. 电测与仪表, 2008, 45(509): 20-22.

[7] 宋小春, 黄松岭, 康宜华, 等. 漏磁无损检测中缺陷信号定量解释方法[J]. 无损检测, . 2007, 29(7): 407-411.

[8] 蔡少川. 经验模态分解在管道缺陷漏磁检测信号处理中的应用研究[J]. 中国机械工程, 2006, 17(21):2201-2203.

[9] DUBOV A A. A study of metal properties using the method of magnetic memory[J]. Metal Science and Heat Treatment, 1997, 39(9-10): 401-402.

[10] DOUBOV A A. Express method of quality control of a spot resistance welding with usage of metal magnetic memory[J]. Welding in the World, 2002, 46: 317-320.

[11] ROSKOSZ M. Metal magnetic memory testing of welded joints of ferritic and austenitic steels[J]. NDT&E International, 2011, 44: 305-310.

[12] 邸新杰,李午申,严春妍. 焊接裂纹的金属磁记忆定量评价研究[J]. 材料工程,2006(7): 56-60.

[13] 张卫民, 涂青松, 殷亮. 静拉伸条件下螺纹联接件三维弱磁信号研究[J]. 北京理工大学学报, 2010, 30(10): 1151-1154.

[14] 邢海燕, 陈鑫, 黄保富. 拉压载荷下焊缝的磁记忆表征及热处理评价[J]. 大庆石油学院学报, 2011, 35(1): 100-104.

[15] 龚洪宾, 江泉, 陈勤发. 磁记忆应力测定在压力容器焊缝热处理过程中的应用[J]. 焊接技术, 2009, 38(8): 60-62.

第6章　声发射检测技术

6.1　声发射检测技术概述

6.1.1　声发射检测技术的发展历史

最早观察到声发射现象的历史可以追溯到青铜器时代,“锡鸣”是人们首次观察到的金属中的声发射现象,即纯锡在塑性变形期间机械孪晶产生了可听得到的声发射信号。

地震时产生声发射信号是人们熟知另一类声发射现象。地震是地球内部岩石破坏造成的“声音”释放,因为破坏面大,震源远,波动的频率为数赫兹到数十赫兹。根据中国后汉书记载,132年张衡发明的第一台测定地震方位的地动仪,便是一种利用地震产生的声发射信号预报地震的科学仪器。

现代声发射技术的开始是以20世纪50年代初,Kaiser在德国所做的研究工作为标志。1953年谬汉工科大学的V. J. Kaiser发表了金属在拉伸试验中发现AE现象的论文。他观察到铜、锌、铝、铅、锡、黄铜、铸铁和钢等金属和合金在形变过程中都有声发射现象。他最有意义的发现是材料形变声发射的不可逆效应,即“材料被重新加载期间,在应力值达到上次加载最大应力之前不产生声发射信号”。人们称材料的这种不可逆现象为“Kaiser效应”。Kaiser同时提出了连续型和突发型声发射信号的概念。Kaiser的工作不仅在金属领域,而且在岩石、混凝土等领域都产生了极大的影响。

20世纪50年代末,美国人Schofield和Tatro经研究发现金属塑性变形的声发射主要由大量位错的运动所引起,而且还得到一个重要的结论:声发射主要是体积效应而不是表面效应。Tatro研究了导致声发射现象的物理机制,首次提出了声发射可以作为研究工程材料行为疑难问题的工具,并预言声发射在无损检测方面具有潜在的独特优势。

20世纪60年代初,Green等首先开始了声发射技术在无损检测领域的研究;Dunegan首次将声发射技术应用于压力容器检测的研究。整个20世纪60年代,美国和日本进行了广泛的声发射研究工作,除开展声发射现象的基础研究外,还将这一技术应用于材料工程和无损检测领域。

20世纪70年代初,Dunegan等开展了现代声发射仪器的研制,他们把试验频率提高到100 kHz ~ 1 MHz的范围内,这是声发射试验技术的重大进展。现代声发射仪器的研制成功为声发射技术从实验室研究阶段走向在生产现场用于监视大型构件的结构完整性创造了条件。

随着现代声发射仪器的出现,20世纪70年代到20世纪80年代,声发射机制、波的传播与声发射信号分析等方面的工作得到了广泛且系统深入的研究。此外,该技术在生产现场也得到了广泛应用,尤其在化工容器、核容器检测和焊接过程的控制方面取得了成功。

20世纪80年代初,美国声发射仪器研究公司将现代微处理计算机技术引入声发射检测系统,设计出了体积和质量较小的第二代源定位声发射检测仪器,并开发了一系列多功能高级检测和数据分析软件,通过微处理计算机,可以对被检测构件进行实时声发射源定位监测和数据分析显示。一方面,由于第二代声发射仪器体积和质量小、易携带,从而推动了20世纪80年代声发射技术现场检测的广泛应用;另一方面,由于采用更高级的微处理机和多功能检测分析软件,仪器采集和处理声发射信号的速度大幅度提高,仪器的信息存储量巨大,提高了声发射检测技术的声发射源定位和缺陷检测准确率。

进入20世纪90年代,美国的声发射研究公司开发生产了计算机化程度更高、体积和质量更小的第三代数字化多通道声发射检测分析系统,这些系统除能进行声发射参数实时测量和声发射源定位外,还可直接进行声发射波形的观察、显示、记录和频谱分析。

我国于20世纪70年代初首先开展了金属和复合材料的声发射特性研究,20世纪80年代中期声发射技术在压力容器和金属结构的检测方面得到应用。目前,声发射检测已在制造、信号处理、金属材料、复合材料、磁声发射、岩石、过程监测、压力容器、飞机等领域得到了广泛的应用。

现阶段,随着声发射技术中传感器研究、信号处理方法研究和其他电子设备研究的不断发展,使得声发射技术的应用变得越来越成熟。由于声发射信号比较微弱,并且在信号的传播过程中会发生波形的畸变和受到噪声的干扰,因此,声发射信号的处理是声发射检测技术中的重要环节。声发射信号处理方法包含参数分析法、模态分析法、小波分析法和神经网络等,这些信号处理方法在辨别材料损伤特征、噪声的消减和声发射源定位等方面起到了极大的作用。

6.1.2 声发射检测技术的基本原理

声发射简称AE,是Acoustic Emission的英文缩写。它是材料变形或者破坏时积蓄起来的应变能所释放的声音的传播现象。AE现象在生产生活中非常普遍,尤其是可听频率的AE,如折断树枝、岩石破碎、铅笔断芯等发出的声音都是声发射现象。

声发射检测与超声检测相似,声发射信号也是一种具有一定频率的机械波,但其与超声检测缺陷的实现方式又有差别。

超声波检测时通常使用两个超声探头,一个是产生超声波波源的发射探头,一个是接收反射回来超声波的接收探头。超声波入射到材料内部,必须与缺陷界面作用才能反射,缺陷信号才能被检测到;如果超声波未能扫查到缺陷就会造成漏检;超声检测的效果受到超声波频率的影响,例如,小缺陷需要高频率超声波,而高频率超声信号在材料中的振幅衰减大,因此超声波对微小缺陷的检测受限。

声发射技术是利用接收的声发射信号,对材料或构件进行动态无损检测的技术。声发射检测缺陷时,不需要输入激励能量,即不需要发射探头,只需布置声接收探头,等待缺陷发出声波即可。声发射波是缺陷自身产生的声波,声接收探头只需被动接收缺陷产生的声波;根据声发射波到达的时间差,就可以确定声发射源的位置。声发射源直接与材料的变形和断裂机制相关,与仪器本身的性质无关。

各种材料声发射信号的频率范围很宽,包含了几赫兹的次声频、20 ~ 20 000 Hz的声频到数兆赫兹的超声频;声发射信号幅度的变化范围也很大,涵盖从纳米量级的微观位错运动到米量级的地震波。如果声发射释放的应变能足够大,就可产生人耳听得见的声波。

声发射检测原理方框图如图6.1所示,从声发射源发射的弹性波最终传到材料的表面,引起可以用声发射传感器探测的表面位移,这些探测器将材料的机械振动转换为电信号,然后再被放大、处理和记录。固体材料中内应力的变化产生声发射信号,在材料加工、处理和使用过程中有很多因素能引起内应力的变化,如位错运动、孪生、裂纹萌生与扩展、断裂、无扩散型相变、磁畴壁运动、热胀冷缩和外加负荷的变化等。人们根据观察到的声发射信号进行分析与推断,以了解材料产生声发射的机制。

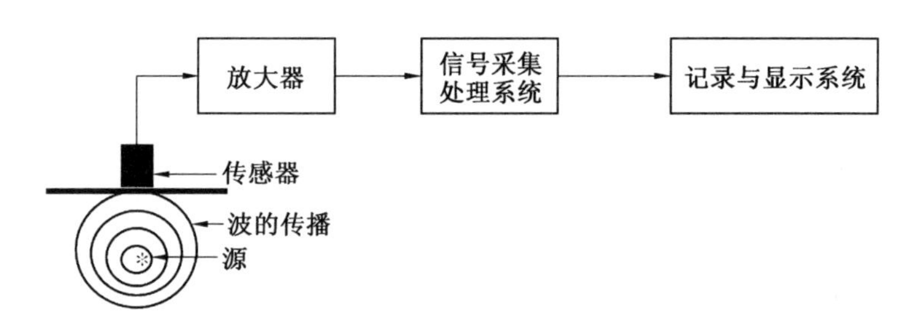

图6.1　声发射检测原理方框图

6.1.3　声发射检测技术的特点

声发射检测在许多方面不同于其他常规无损检测方法,其优点主要表现为:

(1) 声发射是一种被动的动态检测方法,其探测到的能量来自被测试物体本身,而不是如超声或射线检测一样由无损检测仪器提供。

(2) 声发射检测对线性缺陷较为敏感,它能探测到外加结构应力作用下缺陷的活动情况,稳定的缺陷不产生声发射信号。

(3) 在一次试验过程中,声发射检测能够整体探测和评价整个结构中缺陷的状态。

(4) 可提供缺陷随载荷、时间、温度等外部变量的实时、连续变化信息,因而适用于工业过程中在线监控或早期破坏预报。

(5) 由于与被检件的接近要求不高,适于其他方法难于或不能接近环境下的检测,如高低温、核辐射、易燃、易爆及剧毒等环境。

(6) 对于在役压力容器的定期检测,声发射检测方法可以缩短因检测导致的停产时间或者不需要停产。

(7) 对于压力容器,声发射检测方法可以预防由未知不连续缺陷引起的灾难性失效和限定容器的最高工作压力。

(8) 声发射检测对构件的几何形状不敏感,适于检测形状复杂的构件。

声发射技术具有上述优点的同时,也存在如下一些局限:

(1) 声发射特性对材料的成分和组织甚为敏感,又易受到机电噪声的干扰,因而对声发射数据的正确解释需要丰富的数据库和现场检测经验。

(2) 声发射检测需要适当的加载程序。多数情况下,可利用拉压、弯曲等普通加载方式,但有时为了保护检测对象还需要特殊准备。

(3) 声发射检测只能给出声发射源的位置、活性和强度,不能给出声发射源的性质和大小。

6.1.4　声发射检测设备

最简单的声发射仪器是单通道声发射仪,如图 6.2 所示。由压电晶体制成的传感器耦合在待检测试件上,它接收声发射信号后,将微弱的机械振动转变为电信号,经前置放大器放大,再用滤波器除去机械噪声,然后由主放大器将信号进一步放大,以便进行信号处理。处理声发射信号时,常用脉冲计数法。单位时间的脉冲数,称为声发射计数率;脉冲的总数,称为声发射总数。门槛和整形器对声发射信号设置门槛电压,输出越过门槛的振铃脉冲,并整形为方波脉冲,供计数率计和计数计测量,再将声发射计数率和声发射总数转换为直流电压的信号,由 X - Y 记录仪记录下来。

图 6.2　单通道声发射检测仪

对大型构件进行强度考核试验时,常采用多通道声发射检测仪,配合计算机进行数据处理,可实时确定裂纹等缺陷的位置。目前多通道声发射检测仪的功能已经非常成熟,具有很好的通用性,仪器主频带宽能够满足所有领域的声发射研究及检测要求。应用范围包括压力容器和管道检测、飞行器和桥梁、地上储罐罐体和罐底检测、金属和增强塑料、复合材料、岩石和陶瓷、电器产品放电定位、疲劳测试等,而且可以根据检测的实际需求实现多种通道组合。一台计算机或工作站可以同时控制多台声发射仪器进行工作,单台声发射仪从 1 ~ 37 个通道可以任意扩充,还能够与 21 通道的扩展箱连接,最多可以组成一个 254 通道的大型声发射仪器,如图 6.3 所示。

图6.3　多通道声发射检测仪

6.1.5　声发射检测技术的应用领域

声发射技术广泛应用于众多工业领域，如：

(1) 石油化工工业。

低温容器、球形容器、柱型容器、高温反应器、塔器、换热器和管线的检测和结构完整性评价，常压贮罐的底部泄漏检测，阀门的泄漏检测，埋地管道的泄漏检测，腐蚀状态的实时探测，海洋平台的结构完整性监测和海岸管道内部沉积砂子的探测。

(2) 电力工业。

变压器局部放电检测，蒸汽管道检测和连续监测，阀门蒸汽损失定量测试，高压容器和汽包检测，蒸汽管线连续泄漏监测，锅炉泄漏监测，汽轮机叶片检测，汽轮机轴承运行状况监测。

(3) 土木建筑工程。

楼房、桥梁、起重机、隧道、大坝的检测，水泥结构裂纹监测等。

(4) 航天和航空工业。

航空器的时效试验，航空器新型材料检验，完整结构或航空器的疲劳试验，机翼蒙皮下的腐蚀探测，飞机起落架的原位监测，发动机叶片和直升机叶片的检测，航空器的在线连续监测，飞机壳体的断裂探测，航空器的验证性试验，直升机齿轮箱变速的过程监测，航天飞机燃料箱和爆炸螺栓的检测，航天火箭发射架结构的验证性试验。

(5) 交通运输业。

长管拖车、公路和铁路槽车的检测和缺陷定位，铁路材料和结构的裂纹探测,桥梁和隧道的结构完整性检测,卡车、火车滚珠轴承和轴颈轴承的状态监测,火车车轮和轴承的断裂探测。

(6) 材料试验。

复合材料、增强塑料、陶瓷材料和金属材料等的性能测试,材料的断裂试验,金属和合金材料的疲劳试验及腐蚀监测,高强钢的氢脆监测,材料的摩擦测试和铁磁性材料的磁声发射测试等。

(7) 金属加工。

工具磨损和断裂的探测,打磨轮或整形装置与工件接触的探测,修理整形的验证,金属加工过程的质量控制,焊接过程监测,振动探测,锻压测试,加工过程的碰撞探测和预防。

(8) 其他。

硬盘的干扰探测,带压瓶的完整性检测,庄稼和树木的干旱应力监测,磨损摩擦监测,岩石探测,地质和地震中的岩石断裂监测,发动机的状态监测,转动机械的在线过程监测,钢轧辊的裂纹探测,汽车轴承强化过程的监测,铸造过程监测,Li/MnO_2 电池的充放电监测,骨头的摩擦、受力和破坏特性试验,骨关节状况的监测。

6.2 声发射信号经典处理方法

声发射信号是材料或零件在外部条件作用下,以瞬态弹性波释放能量时而产生的。声发射信号是一种复杂的波形,包含大量的发射源状态信息,同时在波的传播过程中,波形会发生变化并引入噪声。根据分析对象的不同,可以将声发射信号处理方法分为两大类,即参数分析法和波形分析法。参数分析法的应用相对成熟,而从理论上讲,波形分析法能提供更多的信息。目前,这两种方法在声发射检测技术中都得到了应用与发展。

在声发射检测中,由于至今还不能直接检测到从声发射源发出的原始声发射信号,因此对传感器接收到的声发射信号进行分析和处理,以获取声发射源信息是当前唯一有效的途径。

声发射信号根据时域形态分为突发型信号和连续型信号两种类型。突发型信号与材料开裂和断裂过程有关,也和位错运动有关。突发型声发射信号产生的原因是裂纹尖端塑性区的扩展,可以解释为裂纹尖端附近区域高的有效应变率和该区域出现的大应力梯度。连续型声发射信号由一系列的低幅连续信号组成,其周期取决于换能器的谐振频率。这类声发射信号主要与塑性形变有关,对应变率敏感,在慢应变率下,连续型声发射信号消失。

经典的声发射信号处理技术可分为参数分析和波形分析两大类。参数分析是以多个简化波形特征参数来表示声发射信号的特征,然后对其进行分析和处理。波形分析是通过分析所记录的声发射信号的时域波形和频谱特征来获得缺陷信息。参数分析是20世纪50年代以来广泛采用的经典声发射信号分析方法,在声发射技术发展初期多采用此方法,并经历了从简单参数分析到复杂参数分析的漫长过程。波形分析由于数据量大,受当时计算机技术和信号处理能力的制约,使用困难,主要限于实验室分析研究。

近年来,一方面随着检测范围的不断拓宽,检测对象更加多样化,对声发射检测系统和信号处理技术也提出了更高的要求,单纯使用参数分析法已经不能满足需要;另一方面,随着计算机技术和硬件技术的飞速发展,实时波形信号采集和储存技术在多通道数字声发射检测仪器中获得成功应用,基于波形的声发射信号分析技术已成为当前声发射检测技术一个新的研究方向和研究重点。

6.2.1　参数分析法

6.2.1.1　常规信号特征参数

信号特征参数方法是分析声发射信号最普遍也是历史最悠久的方法。该方法通过特征提取电路将声发射信号变换为几个信号特征参数,对应声发射源的某种特征,进而解释声发射源的状态。

常用的声发射参数主要包括声发射撞击数(Hits)、事件计数(Events)、幅值(Amplitude)、振铃计数(Counts)、持续时间(Duration)、上升时间(Rise Time)、能量计数(Energy)、平均信号电平(ASL)、有效值电压(RMS) 等,如图6.4 所示。对于声发射信号的单位,目前还没有统一的标准,一般工程中应用最多的是声发射率。单位时间的矩形脉冲数称为声发射率。

(1) 撞击数。

超过阈值并使得某一通道获取一次完整振荡波形称之为一次撞击。其主要反映声发射活动的次数和总数,通常用于声发射活动状态评价。

(2) 事件计数。

声发射源产生的瞬态应力波在向四周传播过程中,会以撞击的形式被一个或多个通道检测。因此事件指的是从同一个声源现象中收到的一组撞击。材料产生声发射信号时的一次局部范围形变称为一个声发射事件,其可分为计数率和总计数。同时,在一个阵列中,一个或多个撞击对应一个事件。事件计数反映了声发射信号的频度和总量,可用于声发射源的定位集中度和活动性评价。

(3) 幅值。

幅值指以 1 μV 为参照的声发射信号幅度的对数测量。信号波形的最大振动幅度,由公式(6.1) 计算得到,单位为 dB。

$$A = 20\log\frac{A_1}{A_0} - \text{前置放大器增益} \tag{6.1}$$

式中,A_1 为测量的声发射信号的峰值电压,$A_0 = 1\ \mu V$。

(4) 振铃计数。

声发射信号撞击中越过门槛值信号的振铃脉冲次数,称为振铃计数。由于其处理简便,并且能粗略反映声发射信号频度状态和强度状况,因而广泛应用于声发射活动状态评价,但其值大小受门槛值高低的影响。

(5) 持续时间。

持续时间指在一次声发射撞击中,信号从第一次超过门槛值到最终降到门槛值以下所经历的时间,单位一般为微秒(μs)。持续时间常用于鉴别噪声和特殊波源。

(6) 上升时间。

上升时间指声发射信号从超过门槛值上升到幅值处所经历的时间,单位一般为微秒(μs)。上升时间也常用于鉴别真实信号和机电所产生的噪声信号。

(7) 能量计数。

声发射波形中超过门槛值的波形包络线下的面积,超过阈值的波形包络线下的面积就是该声发射的能量计数,如图 6.4 所示。能量计数是一个无量纲值,它与产生声发射事件的真实能量计数或强度有关,并且对阈值、工作频率和传播状态不甚敏感,可用于波源的类型鉴别。

(8) 平均信号电平。

平均信号电平是采样时间内信号电平的均值,由公式(6.2) 计算得到,单位为 dB。

$$\text{ASL} = 20\log\left(\frac{V_{\text{rms}}}{10^{-6}}\right) - \text{前置放大器增益} \tag{6.2}$$

(9) 有效值电压。

有效值电压是采样时间内信号的均方根值,由公式(6.3) 计算得到,单位为 V。

$$\mathrm{RMS}=\sqrt{[V(t)]^{2}\mathrm{d}t} \tag{6.3}$$

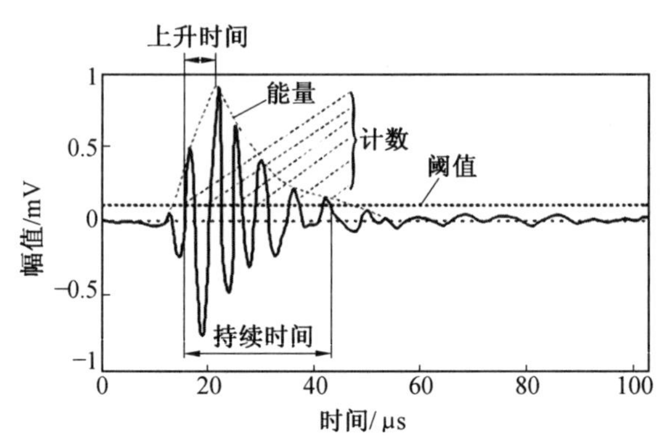

图6.4　声发射信号特征参数

虽然每一个声发射参数能提供与声发射源特征相关的信息,但参数的选取存在较大的主观性和随意性,致使对声发射源的评价也会存在较大的误差。这是限制参数分析法在声发射技术中应用的一个重要因素。

6.2.1.2　参数法的优点与不足

经典的参数声发射信号分析方法,目前在声发射检测中仍广泛应用,如美国 ASTM 和 ASME 标准以及我国的国标等都是以声发射的参数来进行对象的无损评价和安全性评价,且几乎所有声发射检测标准对声发射源的判据均采用简化波形特征参数。

参数法具有简单直观、易于理解、易于测量的优点,因此成为20世纪50年代以来广泛使用的声发射信号分析方法,虽然声发射参数方法有了一定的发展,但仍然存在很多不足之处,具体体现在:

(1) 传统参数方法认为 AE 信号是以某一固定速度传播的,而实际上声发射应力波的传播速度可表达为

$$v_1=\sqrt{\frac{E(1-\sigma)}{\rho(1+\sigma)(1-2\sigma)}},\quad v_2=\sqrt{\frac{E}{\rho(2+2\sigma)}}=\sqrt{\frac{G}{\rho}} \tag{6.4}$$

式中,v_1 为纵波速度;v_2 为横波速度;E 为弹性模量;G 为切变模量;ρ 为密度。

如果测试材料是具有较强声各向异性的复合材料,波的传播速度就会出现变化,这将导致时差等常规声发射参数难以应用。

(2) 声发射参数与声发射源对应的评价机制难以确定。通过声发射参数对声发射源进行评价和解释是声发射参数的研究目的,但是评价和解释往往以经验为主,很难形成一个统一的评价机制。

(3) 在特征参数方法中已经出现了提取不同声发射特征,进行多维声发射信号研究,但是声发射参数如何进行取舍以及多个参数之间如何互相解释和利用等,仍是有待解决或完善的问题。

6.2.2 波形分析法

波形分析方法是基于声发射信号的整个波形进行分析,研究信号中包含的伤损信息。其优点是能从波形中获取信号的所有信息。相对于参数分析方法,波形的完整记录需要额外的瞬态波形记录器,硬件电路的设计相对于参数记录模块要复杂得多。从理论上讲,波形分析应当能给出任何所需的信息,因而波形也是反映声发射源特征最精确的方法,并可获得信号的定量信息。人们早就意识到了波形分析在声发射源识别及被测对象评价中的重要作用,但是由于检测仪器硬件达不到采集、实时处理和波形存储的要求,另外相应的信号处理手段还不够完善,一直制约着声发射波形分析技术的发展。

现代仪器以及计算机技术的快速发展,逐渐克服了上述不利条件。利用波形分析方法不仅能够较为容易地区分噪声和声发射信号,同时也可以在检测结束后进一步结合信号处理方法来分析波形中携带的伤损特征信息。

6.2.2.1 频谱分析方法

早期的波形分析主要使用的是频谱分析法,特别是在 20 世纪 60 年代快速傅里叶变换(Fast Fourier Transform,FFT) 出现后,这种方法在工程实践中迅速得到推广。

频谱分析方法主要是将材料中不同的伤损现象与一些特殊的频率关联,从而建立相应的评价机制。但由于材料中的声波会发生散射并受到几何形状的影响导致发生波的模式转换,造成了频谱分析方法在确定伤损机制上的不确定性。同时,不同材料得到的结果也不同,以试验研究为主,没有统一的评价机制。因此,该方法主要用于实验室中材料特性的研究,实际应用较少。

由于早期的 AE 传感器均为谐振式、高灵敏度型传感器,相当于一个频率等于传感器谐振频率的窄带滤波器。这类传感器具有利用窄带技术,滤除噪声,达到提取纯净声信号的目的,但也导致大量同波形有关系的信息被滤除,结果造成即使是性质十分不同的 AE 源,系统的输出波形都具有类似的形状。因此这种频谱处理方法并不是真正意义下的波形分析方法,很难获得比参数分析更多的信息。

6.2.2.2　模态分析方法

模态分析方法是通过提取声波中不同模态特征来获得声发射源的特征信息,从而区别不同的伤损机制。由于波形分析中未知因素太多,利用宽带传感器直接反演未知声发射源十分复杂和困难。因此,研究者通过研究一些已经确定的声发射源,如利用半无限薄板的弹性波问题来减少声发射源的不确定性。在此基础上形成模态声发射波形研究方法。该方法的首次应用是在20世纪90年代,当时Gorman等结合经典板波理论,采用模态分析方法对薄板中的声发射信号进行了研究,不仅能够确定裂纹的方向,同时也观察到薄板中的裂纹能够产生兰姆波。由于模态声发射方法是对信号具有的模态进行分析,该方法能够较好地获取声发射源特征,区别声发射源类型,减少噪声干扰,一经提出便获得了大量成功的应用。

受到介质几何形状的影响,波的模式通常会进行叠加和转换,复杂的几何形状会造成非常复杂的模态特征,这些特征和基于板状分析所得来的特征不同。因此,大量研究者都是将模态声发射方法应用于板状材料的研究,而对于复杂几何形状中的模态特征分析则鲜有报道。对于工程实践中的问题,需要利用模态声发射方法结合实际情况进一步研究。

6.2.2.3　波形分析的优点与不足

波形分析具有很多优点,例如对AE破坏信号易于识别和区分,更好的去噪能力和对声发射源更精确的定位能力,以及对源方位更好的识别。但是这些工作大部分都是处理实验室中的模拟声发射源信号,对于真实存在于工程实际中的声发射噪声并没有考虑。同时由于现代波形分析技术比较复杂,要求操作人员有很高的波形识别能力,因此目前现代波形技术的发展仍然以实验室研究为主。

6.3　声发射信号处理新方法

随着现代科学技术的快速发展以及高速信号采集设备的出现,使得采集全波形声发射信号的门槛越来越低,随之而来的是一些新型信号处理方法在声发射信号上的应用。较为常用的声发射信号新型处理技术有小波分析、高阶谱分析、独立分量分析及多信息融合技术等。

6.3.1　小波分析法

小波分析又称多分辨分析,是傅里叶分析方法的发展和进步。傅里叶变换揭示了时间函数与频谱函数之间的内在联系,反映了信号在整个时间范围内的全部频谱成分,提供了信号在频率域上的详细特征,但把时间域上的特征完全丢失了。声发射信号中瞬变非平稳信号大量存在,处理这类信号,通常需要提取某一时间段(或瞬间)的频域信息或某一频域段所对应的时间信息,傅里叶变换无法实现这一要求。

长期以来,人们一直在寻求信号表示方法,能够综合三角函数系与 Haar 系两者优点的某种函数来分解任意函数。三角函数系中的函数在频率域即在傅里叶变量域上是完全局部化的,但在空间或时间域上无任何局部性。而 Haar 系中的函数在时间域上是完全局部化的,但由于缺乏正则性与振荡性,在傅里叶变量域上局部性却很差。Balian 首先提倡寻找时间变量和频域变量都合适的基。为了体现 Balian 的这一思想,Gabor 于 1964 年首先引入窗口傅里叶变换(Windowed Fourier Transform,WFT)。

窗口傅里叶变换是一种窗口大小及形状都固定的时频局部化分析。因为频率和周期成反比,所以反映高频成分需用较窄的时间窗,而反映信号低频成分需用宽的时间窗。窗口傅里叶变换将窗口宽度固定,并在时域上平移窗函数,不可能在时间和频率两个空间同时以任意精度逼近被测信号,即对时间和频率上的精度必须做出取舍。

针对这一问题,引入了小波变换(Wavelet Transform)。小波变换的基本思想认为,自然界各种信号中频率高低不同的分量具有不同的时变特性,一般是低频成分的频谱特征随时间的变化比较缓慢,需要时间域上具有较高的精度,而高频成分的频谱特征则变化较快,需要较高的频率域精度。

小波分析优于傅里叶变换的地方在于它在时域和频域同时具有良好的局部化性质。而且对高频成分采用逐渐精细的时域或空域取样补偿,从而可以聚焦到对象的任意细节。从这个意义上讲,小波分析又被称为数字显微镜。

小波分析给声发射信号处理技术带来了新的生机,大量关于小波分析在声发射信号处理中的研究成果报道表明,小波分析用于声发射信号处理,可以完成如下工作:

(1) 去除背景干扰。小波分析具有强大的分解能力,可用来从高噪声中找出有效记录,分解合成时可以去掉不理想的通道,使声发射数据达到"规则化"要求,有望实现到时自动判读,并减少试验对环境的依赖。

(2) 对相互叠加事件进行有效分离,结合全波形记录,可使事件尽可能少丢失,提高声发射数量统计及 b 值计算等精度。

(3) 可将成分复杂的声发射波形数据分解成具有单一特征的波,但分解后的波究竟属于 P 波、S 波甚至面波,有待深入研究。

小波分析是目前研究声发射信号的最佳方法。随着已有的小波和小波包分析方法在信号处理领域应用的不断深入,以及新的小波理论的提出,小波分析理论在声发射信号处理中将会得到更为广泛、深入的应用。

同时也应该看到,由于声发射检测技术是一门实用性技术,现有的很多声发射小波分析研究仍处于实验室研究阶段,因此目前声发射信号小波分析的研究目标和发展方向就是如何把小波分析引入到声发射检测工程中,解决实际工程问题。工程应用与试验研究一个很大差别是前者存在更多的各种噪声干扰,根据声发射信号的特点,利用小波分析的信噪分离和良好的时频局部化特性,加之结合其他信号处理手段,可以构建有效的声发射信号噪声剔除和信号特征信息提取算法,实现对声发射源更精确的定性、定量和定位分析,因此研究基于小波分析的声发射信号去噪方法是声发射信号处理技术的一项重要的研究内容。

6.3.2　盲源分离法

盲源分离(Blind Souree Separation,BSS),又称盲信号分离,是基于神经网络和统计学而发展起来的一种技术。它是在输入信号未知或无法精确获知的情况下,只由观测到的输出信号来辨识系统,以达到对多个信号或信号中的多种成分进行分离的目的。盲源分离近年来已成为信号处理领域一个引人注目的热点问题。其应用包括雷达、声呐、通信、语音处理、地震预报和生物医学等许多不同领域。

盲源分离是信号处理中一个传统而又极具挑战性的问题,在声发射检测中,盲源分离的目的是求得源信号的最佳估计。在科学研究和工程应用中,很多观测到的信号都可以看成是多个源信号的混合。盲源分离就是仅从观测到的混合信号中恢复出无法直接观测到各个原始信号的过程。"盲"指源信号不可测和混合系统特性未知这两个方面。

盲源分离问题的研究起源于 1986 年,Herault 和 Jutten 首次提出了递归神经网络模拟和基于 Hebb 学习律的学习算法,成功地实现了两个独立源语音信号的分离。该问题的提出具有很强的实用价值,开创了盲源分离问题研究的新篇章,引起了神经网络学界和信号处理学界的广泛兴趣。其后二十几年,多种盲源分离模型不断被提出。盲信号分离研究的信号模型主要有线性混合模型和卷积混合模型。信号线性混合是比较简单的一种混合形式,典型 BSS 问题就是源于对独立源信号的线性混合过程的研究。

独立分量分析(Independent Component Analysis,ICA)是为解决盲源

分离问题而发展起来的信号处理技术,其基本含义是指在源信号和信号混合模型未知的情况下,将多通观测信号按照统计独立的原则通过优化算法分解为若干个独立分量,这些独立分量是源信号的一种近似估计。独立分量分析的目的是把混合信号分解为相互独立的分量,它强调分解出来的各分量相互独立,而不仅仅是主分量分析和奇异值分解要求的不相关。

盲源分离的基本数学模型为

$$\boldsymbol{X}_i(t) = A\,S_i(t) \tag{6.5}$$

式中,$\boldsymbol{X}_i(t)$,$i=1,2,\cdots,M$,为M个观测信号;$S_i(t)$,$i=1,2,\cdots,N$,为N个未知的源信号。

$\boldsymbol{X}$是M维的观测信号向量,$\boldsymbol{A}$是一个未知的$M\times N$维矩阵,一般称为混合矩阵(Mixing Matrix)。$\boldsymbol{S}$是未知的N维独立源信号向量。对任意t,根据已知的$\boldsymbol{X}$,在$\boldsymbol{A}$未知的条件下求未知的$\boldsymbol{S}$,即为一个基本的盲源分离问题。

求解ICA问题就是找一个解混矩阵$\boldsymbol{W}$,通过$\boldsymbol{W}$从观测信号$\boldsymbol{X}$中找到一个新向量$\boldsymbol{Y}$,使$\boldsymbol{Y}$的各个分量尽可能的相互独立,且使$\boldsymbol{Y}$尽可能逼近$\boldsymbol{S}$。

$$\boldsymbol{Y}(t) = [Y_1(t),\cdots,Y_N(t)]^{\mathrm{T}} \tag{6.6}$$

即有

$$\boldsymbol{Y}(t) = \boldsymbol{WX}(t) = \boldsymbol{WAS}(t) \tag{6.7}$$

由于源信号和混合矩阵$\boldsymbol{A}$的先验知识未知,只知道观测信号$\boldsymbol{X}$,如果无其他前提条件,要求仅由$\boldsymbol{X}$估计出$\boldsymbol{S}$,则必有多解,因此有必要对ICA问题做一些假设和约束条件。

(1) 观测信号的数目M等于源信号的数目N,此时混合矩阵$\boldsymbol{A}$是一个确定且未知的$M\times N$方阵,且$\boldsymbol{A}$的逆矩阵$\boldsymbol{A}^{-1}$存在。

(2) 源信号的各个分量均为零均值、实随机变量,且各分量之间是瞬时统计独立的。

(3) 源信号中最多只有一个是高斯信号,这个假设的原因是多个高斯信号的线性混合仍为高斯信号,高斯信号不可能分离。

目前ICA已被广泛应用于特征提取、图像处理、生物医学信号处理、金融学、雷达和声呐、地球物理信号处理等领域,并取得了一些成绩。

由于现场采集的声发射信号大多数是多源信号组成的混合信号,采用ICA算法对混合声发射信号进行分离,不需要假设确定性的源信号,并能最大限度地保持原始信号的特征信息,它非常适用于复杂环境背景的信号分离。对运用ICA处理声发射信号已有深入研究,如dela - Rosa等通过研究ICA算法的降噪能力发现,较传统的功率谱及小波变化,Cum - ICA和Fast - ICA能在背景噪声下分离出能量较小的声发射信号,具有不受频率成分能量限制的统计独立性，且 Fast - ICA 能使信号达到最大非高斯性，无须 Cum - ICA 滤波，降噪能力更突出。李卿等用独立分量分析系统对刀具破损、切屑折断及噪声信号经线性混合构造的模拟切屑声发射信号进行处理。ICA 能够分离出线性混合信号中各源信号，信噪比高于 20 dB，且频带混叠时目标状态源频域特征可完整保留。在旋转结构、机械声发射信号处理方面，何沿江等用独立分量快速算法分离出故障轴承的声发射信号；在叶片裂纹声发射信号分析中，王向红等在 ICA 空间利用噪声与裂纹信号的差异，提取目标信号基函数，并采用泛化高斯模型辅助以非线性收缩函数方法，从水轮机工作背景噪声中提取裂纹声发射信号。

这些工作结合不同的研究领域，通过试验验证了 ICA 技术在声发射信号分析方面的优越性和实用性，表明 ICA 在声发射信号处理等领域有着巨大的应用潜力。

6.3.3　分形理论

分形理论（Fraetal Theory），Fractal 出自拉丁语 fractus（碎片，支离破碎）、英文 fraetured（断裂）和 fractional（碎片、分数），说明分形是用来描述和处理粗糙、不规则的对象，是 20 世纪 60 年代发展起来的一门新学科。1960 年，美籍法国数学家 B. B. Mandelbrot 在对棉花价格变化的长期形态研究中发现它在大小尺度之间就有一定的对称性。在后来的对尼罗河水位和英国海岸线的度量分析中也发现了相似的规律。1967 年他在 *Science* 杂志上发表了一篇名为《英国海岸线有多长？》的文章，在文中提出了颠覆欧式几何理论，引发了关注。B. B. Mandelbrot 在 1975 年和 1977 年出版了两本以分形为主题的著作，创造了分形理论。1982 年，他给出了分形的定义，即“组成部分以某种方式与整体形似的形体就叫作分形”。自相似性和标度不变性是分形的重要特征。自相似性是指结构或过程的特征从不同空间尺度或时间尺度来看都是相似的，或者系统的局域性质、结构与整体相似。所谓标度不变性是指在分形上任选一局域，对它进行放大得到的放大图又会显示出原图的形态特征。

分形理论的研究方法主要是通过分形维数来定量的描述形体不规则的程度。分形维数简称分维，是描述分形的一个参量，定量描述一个分形图形的“非规则程度”。目前分形维数的定义很多，常用的有 Hausdorff 维数：

$$D_{\mathrm{H}} = \lim \frac{\ln N(\delta)}{\ln(1/\delta)} \tag{6.8}$$

式中,δ 是小立方体一边的长度;$N(\delta)$ 是此小立方体覆盖被测形体所得的数目。Hausdorff 维数又称覆盖维数、量规维数。它是最常用的维数。它同时定义了 Hausdorff 测度,而 Hausdorff 测度在整数维的时候和勒贝格测度等价,并且 Hausdorff 测度和很多覆盖引理结合良好。

其他常用的维数还包括信息维数、关联维数、相似维数、容量维数、谱维数、填充维数、分配维数等。分形理论自从诞生之后就得到了迅速的发展,并在自然科学、社会科学、思维科学等各个领域都获得了广泛的应用。

在声发射信号处理方面,早在20世纪90年代初,分形理论就得到了研究者的注意。Kusunose 在 1990 年分析了在花岗岩三轴应力情况下分形维的变化情况。这是第一次将分形维数的变化与岩石裂纹的形成关联起来,为材料声发射信号的处理提供了一种新的科学认识方法。但是分形维种类多,目前的研究工作都是基于各自的仪器对声发射信号进行解释,从经验出发分析材料内部演化和声发射源产生的情况。加强分形维的理论研究,对分形维在声发射信号处理中的应用具有重要意义。

6.3.4 信息融合方法

信息融合技术是指基于计算机技术,对多个检测数据源进行检测、关联、估计和综合,从而获得对检测对象的精确评价,它能够在低层级上利用富余信息来提高信息的精确度,降低个别传感器失效因素的影响;也能够在高层级上利用互补信息拓展系统处理信息的能力,拓展时空的覆盖范围。

在现代传感器采集系统中,信息表现形式的多样性、信息量的巨大性、信息关系的复杂性以及要求信息处理的实时性,已大大超出了传统信息处理方法的能力。信息融合技术就是在这种背景下产生的。

信息融合结构按层次划分,一般可以分为数据级融合、特征级融合和决策级融合。建立合适的信息融合结构需要考虑以下几方面内容:①选择何种传感器组合形式,从而确保输入 - 输出格式相统一;② 如何对需要处理的信息进行结构和形式上的筛选,确保精度的提高;③ 如何合理设计结构,从而降低计算量,提高系统的运算速度和反应时间。

融合算法是信息融合研究的重点内容,它是将多维输入数据根据信息融合的功能,在不同融合层次上采用不同的数学方法,对数据进行综合处理,最终实现融合。目前已经有大量的融合算法,它们都有各自的优缺点,主要包括贝叶斯方法、证据理论推理、模糊理论和神经网络方法等。

在声发射检测过程中,对同一声发射源,往往布置多个声发射传感器,各个传感器采集的信号可能不尽相同。此时,要想提高信号处理精度,就必须充分利用多个传感器的信息资源,对检测到的信号进行合理支配和使用,把空间上冗余或者互补信息按照一定准则进行组合,减少信号处理中的不确定性,以获取对所识别声发射源的全面一致性估计。

目前声发射信号处理技术的发展主要有两大趋势:

(1) 针对特定领域的声发射信号,逐步缩小应用条件,尽量增加已知量,减少未知量,在此基础上分析声发射信号,提高声发射信号处理技术在某一特定领域的精度。

(2) 针对声发射信号的共性问题进行分析,选取一些适合声发射信号特点的信号处理方法,研究这些方法应用于声发射信号时需要改进之处。共性分析对于建立声发射信号处理的整体平台和框架具有十分重要的意义。

6.4　声发射技术监测再制造曲轴疲劳失效的应用

汽车零部件是最早开展再制造的领域,发动机是汽车的心脏,而曲轴是发动机的关键零件,其结构复杂、制造成本高,且有较高的附加值,是汽车零部件再制造的重要对象。在发动机运行过程中,曲轴长期受循环交变载荷作用,极易发生疲劳与磨损而导致零件失效,严重时使得发动机报废,造成严重的交通事故。回收的废旧曲轴毛坯存在着不同的损伤,因此对曲轴再制造毛坯进行剩余寿命评价非常重要。

在曲轴的损伤破坏中,疲劳是造成曲轴失效的主要原因,属于不可逆破坏,其破坏危害程度也较摩擦磨损失效大得多。因此在曲轴失效研究中,重点考虑疲劳因素对曲轴寿命的影响。疲劳损伤累积到一定程度,将萌生疲劳裂纹,裂纹扩展至一定长度发生断裂。这一损伤累积过程所经历的时间或交变循环载荷作用的次数,称为“寿命”。而剩余疲劳寿命则是曲轴的全寿命减去经服役损耗后剩余的寿命。对曲轴剩余寿命的预测评价可把握服役曲轴的疲劳损伤情况,以便提前做好维护与保养。

目前对于曲轴的疲劳寿命无损评价多利用速度、加速度、应力、应变等参量进行检测,虽然在一定程度上可检测曲轴疲劳失效信息,但信号灵敏度较差,无法有效地识别出曲轴在疲劳过程的损伤程度,对后续的失效分析产生不利影响。相对于这些曲轴疲劳裂纹检测的方法,声发射技术具有能够对曲轴疲劳裂纹扩展情况实时、在线监测的优点,我国利用声发射技术针对曲轴疲劳裂纹扩展开展了基础研究。

基于如图6.5所示的卧置式谐振弯曲疲劳试验机，在不同载荷条件下对再制造曲轴进行弯曲疲劳试验，探究再制造曲轴的可靠性和疲劳失效过程中声发射信号特点。试验机自带加速度、速度、位移等传感器。曲轴弯曲疲劳试验采用恒幅对称正弦载荷，频率为50 Hz，设计工作弯矩为1 921 N·m，试验过程弯矩的计算公式为

$$M_{-1} = nM_0 \tag{6.9}$$

式中，M_{-1} 为试验弯矩；n 为强化系数；M_0 为设计工作弯矩。

试验选用的曲轴为重载汽车发动机曲轴，曲轴材料为42CrMoA，曲轴的力学性能见表6.1。曲轴的再制造工艺为：对曲轴毛坯进行磨削，去除疲劳层，然后通过电刷镀的方法对曲轴进行尺寸恢复和性能提升。

表6.1　曲轴的力学性能

力学特性	抗拉强度	屈服强度	弹性模量
实例取值	1 150 MPa	975 MPa	220 GPa

图6.5　卧置式谐振弯曲疲劳试验机

试验过程中采用美国物理声学公司生产的PCI－2声发射检测系统对再制造曲轴的疲劳过程的声发射信号进行获取。声发射设备主要由PCI－2数据采集卡、PICO型声发射探头（采样率为2 MHz）、前置放大器（40 dB）、AEwin信号记录软件、分析软件等组成。为更直观的检测裂纹的长度与扩展状态，将可折叠标尺（精度为1 mm）平行于R角位置粘贴于曲拐表面，如图6.6所示。传感器探头放置于曲拐两过渡圆角下止点中心位置，方便接收来自过渡圆角位置的疲劳失效信息，在声发射探头上涂耦合剂以便更好地接收声发射信号，同时为防止探头因试验过程振动而发生松

图6.6　声发射传感探头及标尺布设位置

动或脱落，采用胶带对其进行固定。设置固定门槛值40 dB来消除试验过程中的背景噪声。采用声发射幅度、能量与声发射计数等特征参数来监测曲轴的疲劳失效过程，并辅助于断口分析，对不同疲劳阶段失效信息进行进一步补充。机器视觉传感器（图6.7）主要由工业相机（CCD）、两照明光源及MV视图软件组成，主要用于实时监测疲劳裂纹在R角表面的萌生与扩展信息。在试验过程中，为更好地观察裂纹的萌生、扩展信息，可蘸取少量煤油涂抹于裂纹萌生、扩展区域来加速裂纹的显像。

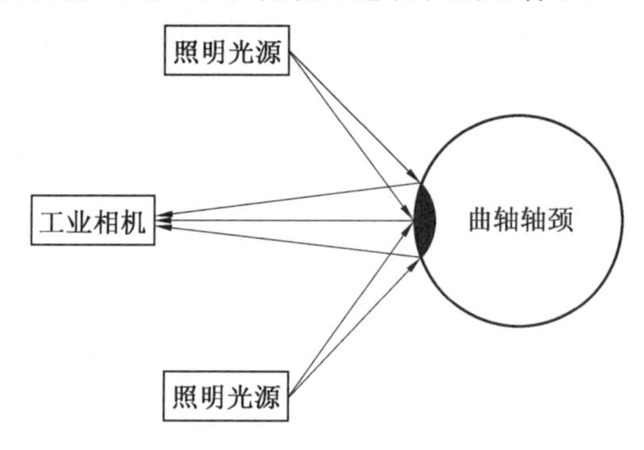

图6.7　机器视觉传感系统示意图

利用卧置式谐振弯曲疲劳试验机对再制造曲轴展开了强化系数分别为1.8倍、2.0倍、2.2倍、2.3倍、2.4倍、2.5倍的弯曲疲劳试验，并得到了不同强化系数下的再制造曲轴疲劳周次和表面状态的关系。其结果见表6.2。经综合试验结果分析可以发现，经电刷镀工艺修复的再制造曲轴在1.8倍安全系数下弯曲疲劳试验都能达到1 000万次疲劳寿命（国内曲轴新品测试时曲轴在1.8倍载荷系数下疲劳寿命达到1 000万次即为合格品),满足再制造工程技术要求。

表 6.2　再制造曲轴在不同强化系数下的疲劳寿命

曲轴编号	强化系数	疲劳周次/万次	表面状态
1	1.8	1 000	完好
2	1.8	1 000	
3	2.0	1 000	
4	2.2	261	出现裂纹
5	2.3	257.8	
6	2.4	147.7	
7	2.5	85	

对再制造曲轴弯曲疲劳过程进行在线监测时,发现其裂纹萌生扩展阶段相比曲轴毛坯更为复杂,这主要是由于再制造曲轴在弯曲疲劳过程中要综合考虑镀层与强化层对基体作用的影响,因此导致声发射信号分析也较为复杂。对曲轴疲劳全过程的声发射信号幅度与能量参数变化进行分析,采用 dB10 小波分解对曲轴不同疲劳损伤阶段的声发射波形信号进行频域分析。已有研究表明,曲轴疲劳损伤频率主要分布在 50 ~ 1 000 kHz 以内。因此对波形(2M 采样率)进行 6 层小波分解与重构,其中 s 为源波形,将其分解为 a6、d6、d5、d4、d3、d2、d1 层不同频率段信号,其中 d1 ~ d6 与 a6 信号的频率范围分别为 1 000 ~ 2 000 kHz、500 ~ 1 000 kHz、250 ~ 500 kHz、125 ~ 250 kHz、62.5 ~ 125 kHz、31.25 ~ 62.5 kHz 和 0 ~ 31.25 kHz。分析得出在整个疲劳过程的声发射信号可分为 4 个阶段。

6.4.1　裂纹萌生早期阶段

在裂纹萌生早期阶段声发射信号幅度与能量值都较小(图 6.8),幅度均值一般不超过55 dB,能量均值在60 mV·s左右,且趋于稳定。此时声发射波形呈良好的周期性,电压幅值较小,稳定于 10 mV 左右,如图 6.9 所示,图中纵坐标为电压值,横坐标为事件持续时间。对其进行 6 层小波分解与重构后的波形进行分析(图 6.10),可以看出声发射波形频率主要集中在 100 kHz 以下,为典型的低频连续型声发射信号。

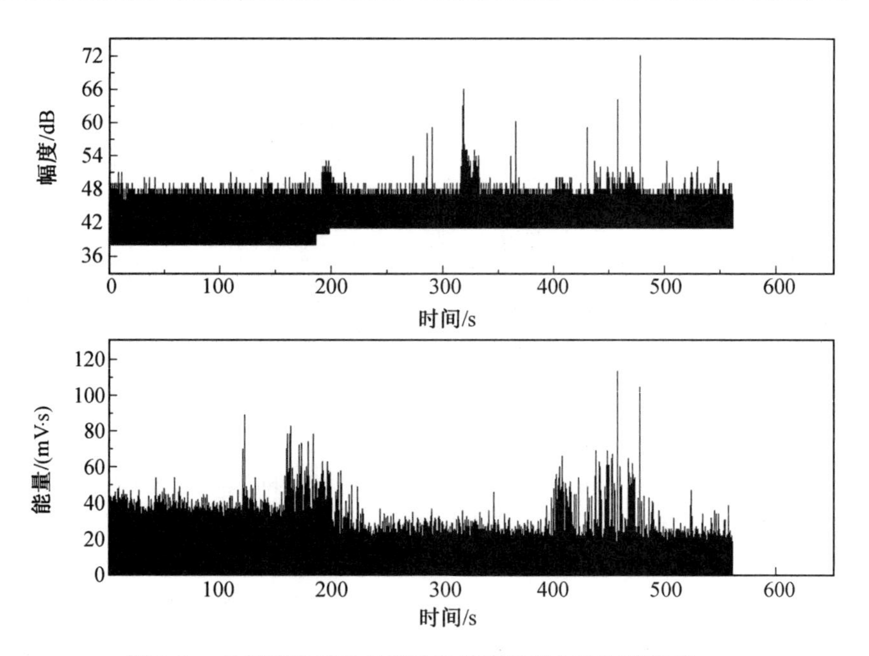

图 6.8　曲轴裂纹萌生早期阶段的声发射幅度与能量值

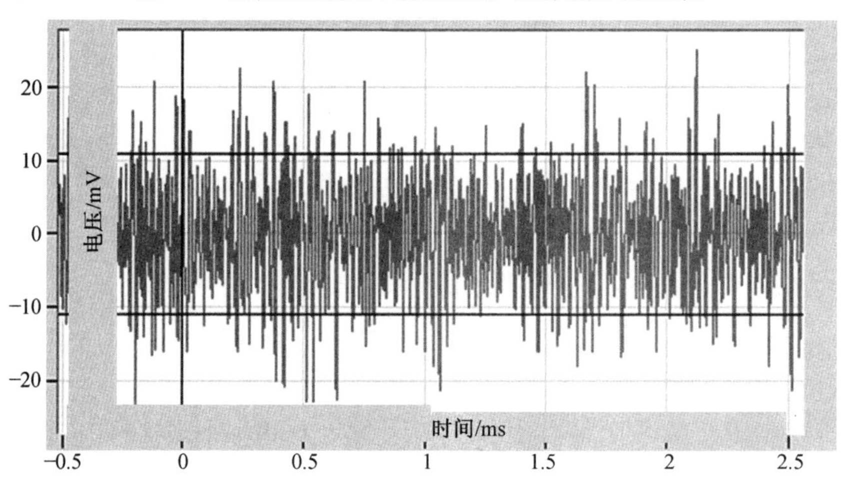

图 6.9　早期阶段声发射信号波形

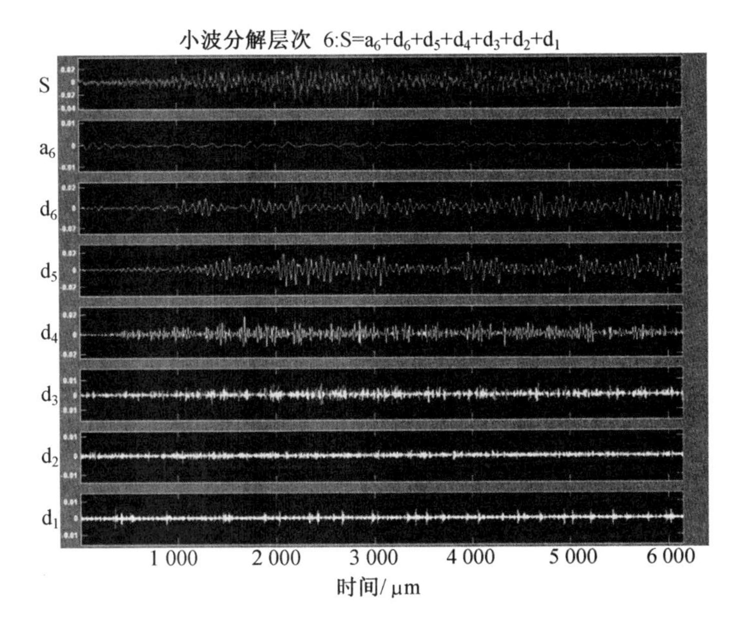

图 6.10　裂纹萌生早期阶段波形小波分解图

6.4.2　微裂纹萌生扩展阶段

当曲轴进入疲劳裂纹萌生阶段时(图 6.11),声发射幅度与能量有一定程度的增大,对于再制造曲轴毛坯幅度值一般增大到 60 dB 以上,能量值也会有一定程度的增加,一般在 100 ~ 200 mV·s。波形图(图6.12)中开始出现突发型声发射事件,从小波分解图中可以清晰地看到,声发射信号向高频区域转移(图6.13 中 d1 ~ d2)。此时,声发射幅度与能量值较稳定,且从机器视觉中也还未发现裂纹。通过微观机理分析,这主要是由于试样内部缺陷的增值与位错滑移过程中会产生较大程度的应力波,随之被声发射探头所采集,因此引起声发射信号的改变。

6.4.3　宏观裂纹扩展阶段

随后经过长时间的疲劳损伤积累,声发射幅度与能量值呈现一定程度的不稳定跳动,幅度跳动范围一般在 55 ~ 65 dB。能量值也会出现不稳定跳动,但跳动程度相对较小,一般在 50 mV·s 以内。如图 6.14 所示,且波形图中开始出现较高电压幅值的突发型声发射信号(图 6.15),尤其是在机器视觉检测到裂纹时(图 6.16),电压幅值突变高达 100 mV。小波分解后,如图 6.17 所示,d1、d2 区间开始出现少量高衰减特性的声发射信号。

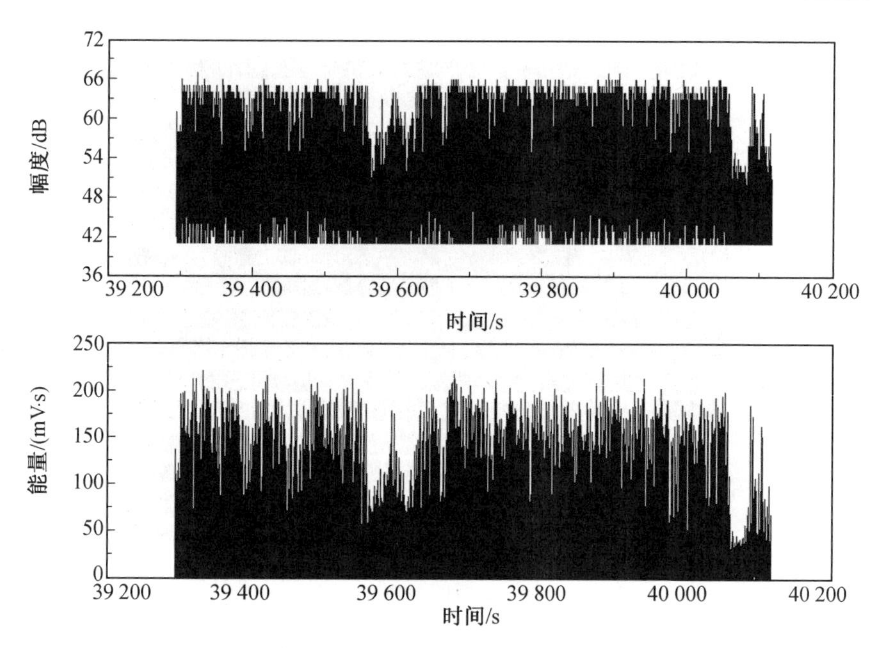

图 6.11　微裂纹萌生扩展阶段声发射幅度与能量值

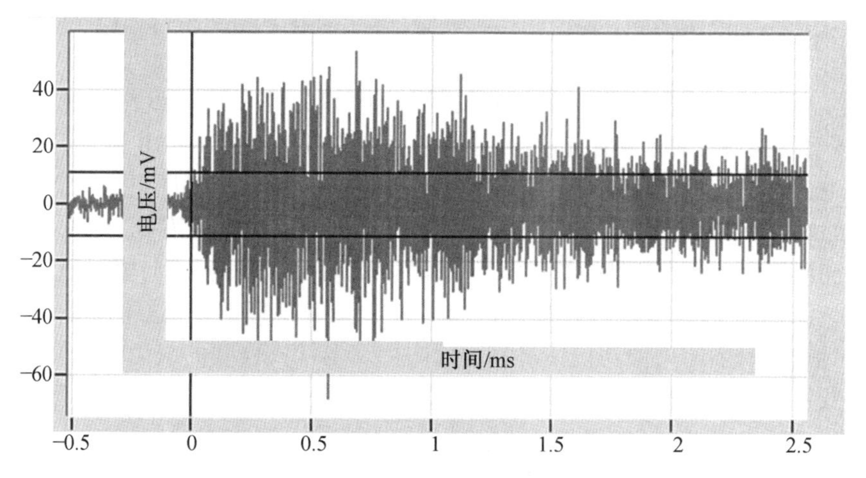

图 6.12　微裂纹萌生扩展阶段突发型声发射信号波形

d4 与 d5 层波形相比其他波形有明显的幅值突变，突变幅值约 50 mV，说明该阶段声发射波形频率主要集中在 250 ~ 500 kHz 和 125 ~ 250 kHz 区间。并从 CCD 高清摄像头中可检测出曲拐过渡圆角下止点附近位置有气泡冒出，出现点状红斑，表明该区域出现宏观裂纹缺陷。随循环载荷的不断增加，红斑面积沿曲拐过渡圆角表面不断增大。这是由于在循环载荷作

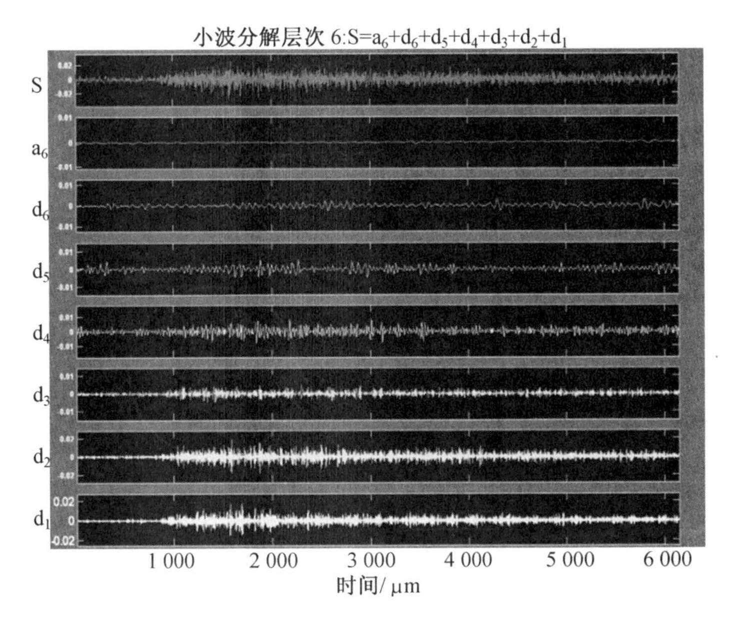

图 6.13　微裂纹萌生扩展阶段声发射波形小波分解图

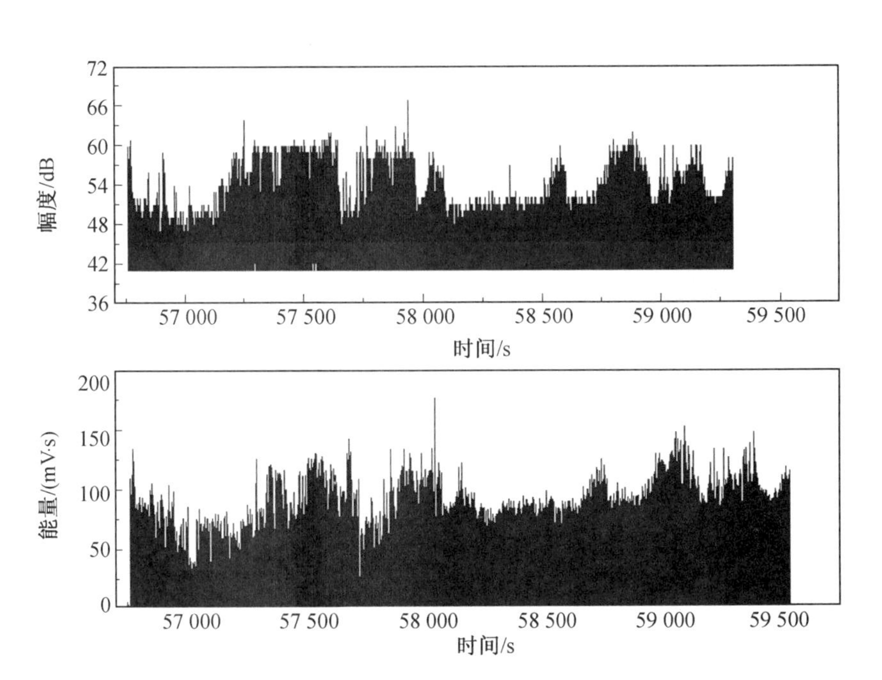

图 6.14　宏观裂纹扩展阶段声发射幅度与能量值

用下，煤油渗入裂纹内部不断被挤压而形成气泡，且裂纹处材料在环境介质材料发生腐蚀与氧化生成了 Fe^{3+}，随煤油流出，贴附于裂纹表面进而呈现暗红色斑点。

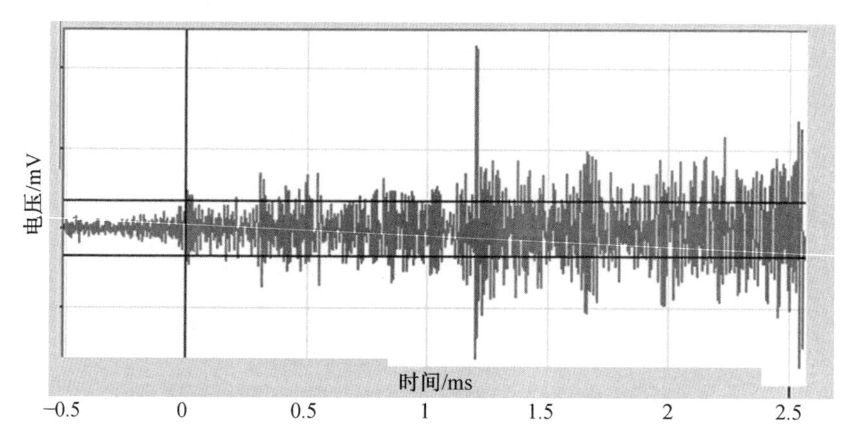

图6.15　宏观裂纹扩展阶段突发型声发射信号波形

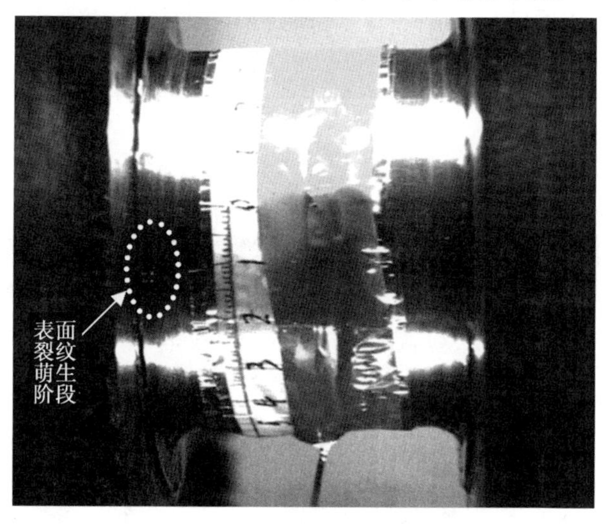

图6.16　2.1×10^{6} 循环周次时裂纹萌生图

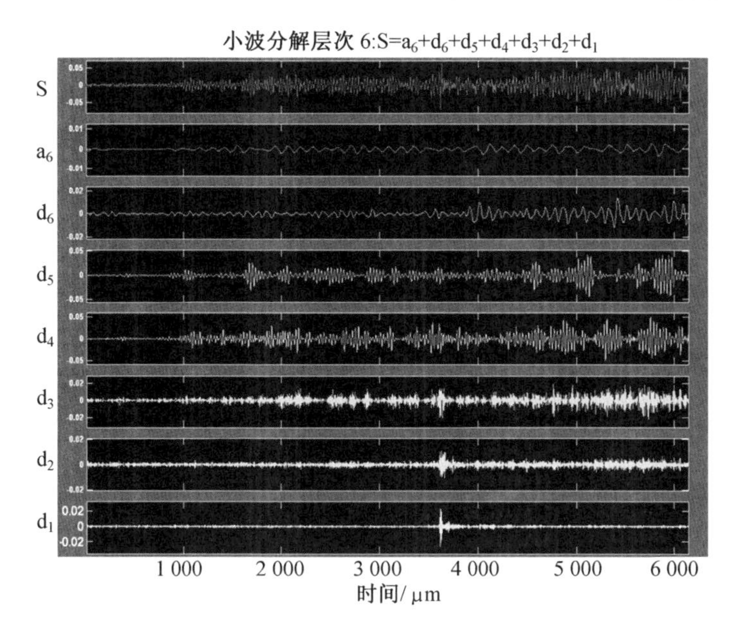

图 6.17 宏观裂纹扩展阶段声发射波形小波分解图

6.4.4 裂纹失稳扩展阶段

随着疲劳循环周次的增加,裂纹扩展面积逐渐增大。至 440 万周次时,裂纹长度已扩展至连杆轴颈扇板区域,如图 6.21 所示。声发射幅度与能量值达到顶峰(图6.18),且声发射波形多以高衰减特性的突发型信号为主,如图6.19 所示,这主要是由于曲轴裂纹大面积开裂瞬间释放大量能量,进而形成强度较大的声发射信号。该信号的突变幅值高达 400 mV,但信号衰减较快,衰减时间仅为700 ~800 μs。通过小波分析得出(图 6.20),信号在 d1 ~ d4 都存在裂纹萌生扩展特性的突变信号。声发射信号主要集中在 d2、d3、d4 区间,且在 d2、d3 区间存在较大的电压幅值突变,突变幅值高达 400 mV。d4 区间的突变幅值在 50 ~ 55 mV,因此可推断失稳扩展声发射频率主要集中在500 ~ 1 000 kHz、250 ~ 500 kHz、125 ~ 250 kHz。此后系统的共振频率随模态变化逐渐下降,加速度传感器也开始做出相应的响应。

综合试验结果分析得出,曲轴的疲劳失效过程主要包括裂纹萌生早期阶段、微裂纹萌生扩展阶段、宏观裂纹扩展和失稳扩展 4 个阶段,不同的阶段对应的声发射信号各不相同,见表 6.3。裂纹萌生早期阶段的声发射信号多以连续型的低频噪声信号(小于 100 kHz) 为主。裂纹萌生扩展阶段

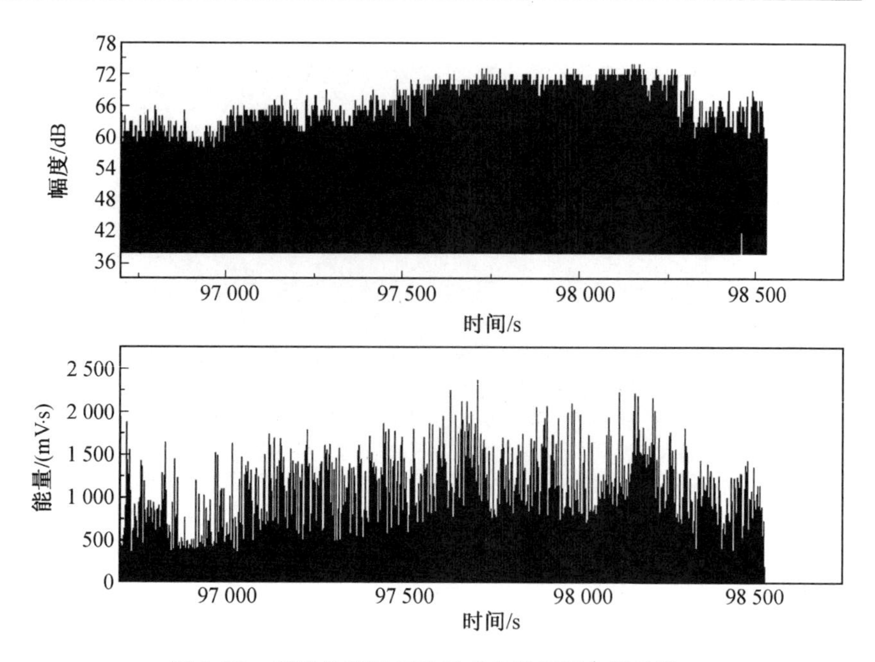

图6.18　裂纹失稳扩展阶段声发射幅度与能量值

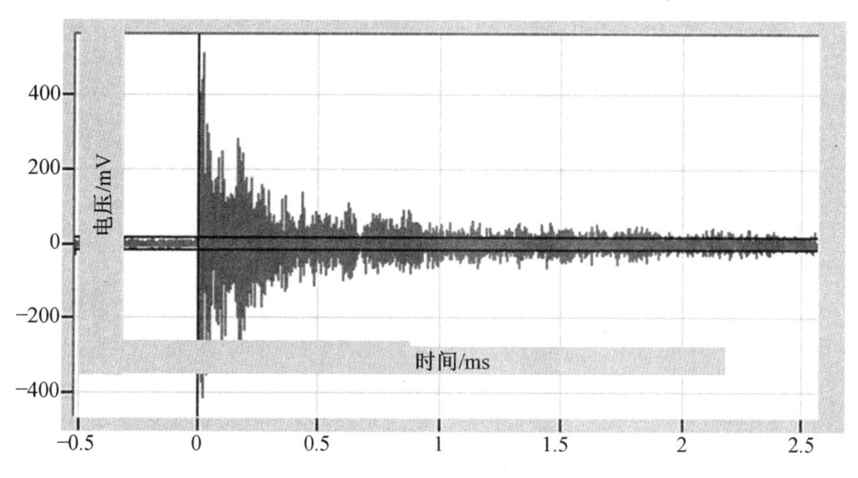

图6.19　失稳扩展阶段声发射突发型信号波形

的声发射信号多以混合型为主，频率分布开始向高频信号扩展(200 ~ 500 kHz)，但其参数变化规律略有不同：微裂纹萌生扩展阶段信号较为稳定，用机器视觉无法捕捉到裂纹信息；而宏观裂纹萌生阶段信号则起伏较大，此时 CCD 高清摄像头开始能捕捉到裂纹的萌生与扩展信号。当裂纹扩展到一定程度后，相对前几个阶段，声发射信号多以突发型高频信号为

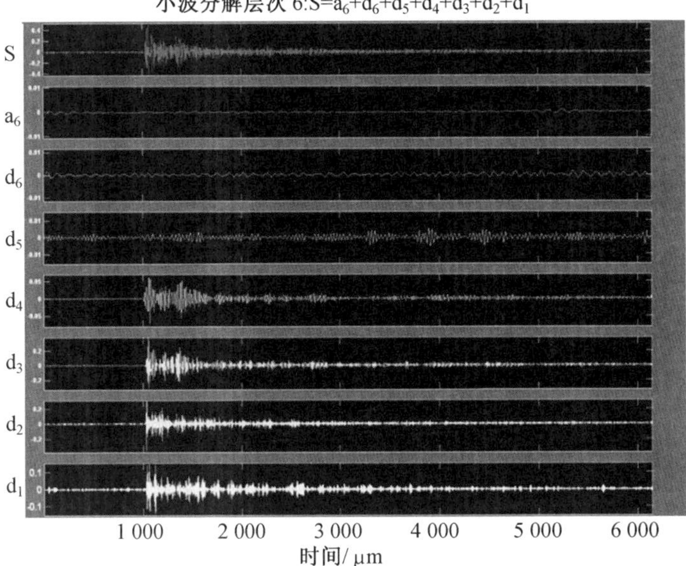

图 6.20　失稳扩展阶段声发射波形小波分解图

图 6.21　4.4×10^{6} 周次时裂纹扩展图

主,且从疲劳信号中看出有明显能量积累效应,此时系统的振动发生改变,随之加速度、速度传感器开始做出不同程度的响应。

随后通过机器视觉传感器对曲轴疲劳失效过程表面裂纹的扩展历程进行监测,进而提取裂纹主干并与试验过程声发射检测数据拟合分析,得出疲劳试验过程曲轴表面裂纹长度与声发射能量计数的关系曲线,如图

6.22所示，从图中可以看出声发射能量参数变化与表面裂纹的扩展长度变化呈良好的线性递增关系。

表6.3　曲轴各疲劳失效阶段声发射幅度与能量值的变化规律

不同阶段声发射参数变化	裂纹萌生早期阶段	微裂纹萌生扩展阶段	宏观裂纹扩展阶段	裂纹失稳扩展阶段
幅度/dB	≤55	55～65	55～65	65～80
能量/(mV·s)	≤50	100～200	150～250	>500
频率特征信号分布/MHz	0～100	100～200	125～500	125～500
机器视觉	无	无	可见	可见
信号稳定度	稳定	稳定	不稳定	不稳定

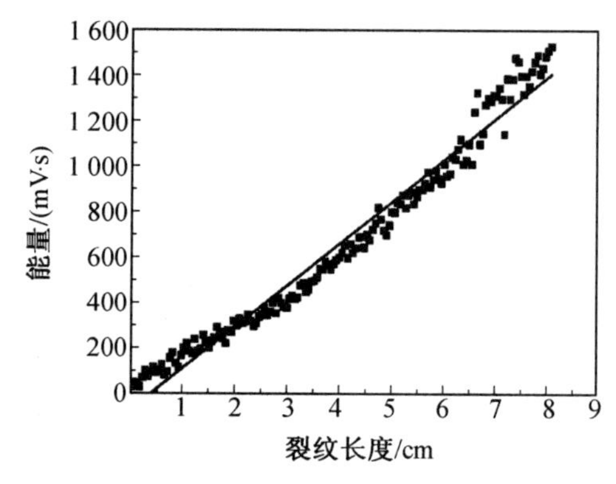

图6.22　声发射能量参数随曲轴表面裂纹长度变化曲线

应用声发射传感器在几种不同载荷条件下对曲轴疲劳失效过程进行监测，总结得出曲轴的疲劳失效过程主要包括裂纹萌生早期阶段、微裂纹萌生扩展阶段、宏观裂纹扩展和失稳扩展阶段及各疲劳失效阶段的声发射信号特征；裂纹萌生早期阶段声发射频率多以低频的连续型信号为主，随着裂纹的萌生与扩展，其突发型的声发射信号比例逐渐增加，且频率范围逐渐向高频区域扩大。

曲轴失效过程伴随着声发射幅度、能量等变化。在裂纹萌生早期阶段的幅度最大值在50～55 dB附近，且能量值较小；微观裂纹萌生扩展阶段的能量值有所增加，幅度值最大值在65 dB左右，且信号较为稳定；到宏观裂纹扩展阶段后，各信号会呈现不稳定起伏跳动，较前几个阶段有明显的能量积累效应，尤其在裂纹失稳扩展阶段更为明显，且幅度最大值在80 dB附近呈现不稳定跳动。

应用声发射与机器视觉传感器动态监测裂纹表面扩展情况，对曲轴表面裂纹扩展规律进行初步探究，分析得出表面裂纹扩展长度与能量拟合曲线呈良好的线性关系，可以为后期应用声发射与机器视觉定量监测裂纹扩展情况提供重要依据。

声发射技术在再制造零件疲劳失效的监测和疲劳寿命的预测方面已经取得了一些研究成果，基本实现了对疲劳失效的预警和疲劳失效各个阶段的定性划分；同时，在一定程度上可以实现对材料的疲劳寿命进行预测和疲劳源的定位，但是仍存在一些急需解决的问题。

(1) 材料疲劳失效时产生的声发射信号比较微弱，因此在环境噪声、传播过程中的声发射信号的异变和衰减的影响下，对真实的、有效的疲劳失效信号提取将会变得十分困难。

(2) 由于材料疲劳失效过程中会经历弹性变形、塑性变形、裂纹的形成和扩展等几个阶段的状态演化，产生的声发射信号将会包含突发、连续和混合的类型，因此对疲劳失效过程进行表征时具有多参量、随机和非线性的特点。故对各阶段的特征信号进行识别时变得十分困难。

(3) 利用声发射技术对材料的疲劳寿命进行预测时，由于声发射信号参数较多，因此利用何种参数对何种材料的寿命进行标定还没有统一的标准，同时如何建立声发射信号和疲劳寿命之间的有效评价模型也是一个亟待解决的问题。

在未来的研究工作中，将注重开展的工作主要集中在以下几个方面：

(1) 针对疲劳失效过程中声发射信号微弱、复杂噪声环境和传播过程中衰减与变异的特点，分别从频域、时域和时频域对声发射信号的特征信息进行提取，并且结合参数分析法对这些特征信息进行分析，实现对疲劳失效过程中真实、有效信息的提取。

(2) 针对材料疲劳失效过程中状态演化、多参量、随机和非线性的问题，应加深对声发射信号处理技术的研究，使之能够更好地对疲劳失效的各个阶段进行识别。

(3) 增加声、光、磁等损伤信息，利用多信息融合技术对材料疲劳过程进行协同检测评价，实现对疲劳失效机理更深入的研究，同时将有限元分析、数学模型与声发射信号三者进行结合，使材料的疲劳寿命评价达到定量化水平。

本章参考文献

[1] 腾山邦久. 声发射(AE)技术的应用[M]. 冯夏庭,译. 北京:冶金工业出版社, 1997.

[2] 杨明纬. 声发射检测[M]. 北京: 机械工业出版社, 2005.

[3] 沈功田, 戴光, 刘时风. 中国声发射检测技术进展 —— 学会成立 25 周年纪念[J]. 无损检测, 2003, 25(6): 302-307.

[4] 戴光. 声发射检测技术在中国[J]. 无损检测, 2008, B12: 68-71.

[5] 沈功田, 耿荣生, 刘时风. 声发射信号的参数分析方法[J]. 无损检测, 2002, 24(2): 72.

[6] GORMAN M R, PROSSER W H. AE source orientation by plate wave analysis[J]. Journal of Acoustic Emission. 1990, 9(4): 283-288.

[7] GORMAN M R. Plate wave acoustic emission[J]. The Journal of the Acoustical Society of America, 1991, 90: 358-364.

[8] 陈顺云,杨润梅,王赟赟,等. 小波分析在声发射资料处理中的初步应用[J]. 地震研究, 2002, 25(4): 328-334.

[9] 范博楠, 王海斗, 徐滨士, 等. 强背景噪声下微弱声发射信号提取及处理研究现状[J]. 振动与冲击, 2015, 34(16): 147-155.

[10] 陈玉华,王勇,李新梅. 分形理论在材料表界面研究中的应用现状及展望[J]. 表面技术, 2003, 32(5): 8-11.

[11] 顾平, 贾纪德. 全自动曲轴弯曲疲劳测试设备的研制[J]. 华东船舶工业学院学报, 1995, 28: 45-49.

[12] 周迅. 曲轴弯曲疲劳试验系统的研究与开发[D]. 杭州:浙江大学, 2008.

第7章　红外热成像检测技术

7.1　红外热成像技术概述

7.1.1　红外线和红外辐射

红外线是指波长范围在0.75 μm ~ 1 mm内的电磁波,在电磁波谱中处于微波与可见光之间。

红外线按波长可以划分为4类:① 近红外线,波长范围为0.76 ~ 3 μm;② 中红外线,波长范围为3 ~ 6 μm;③ 远红外线,波长范围为6 ~ 15 μm;④ 超远红外线,波长范围为15 ~ 1 000 μm。不同波长的红外线在空气中的传输吸收特性以及与物质作用时的响应特性不同。目前,600 ℃以上的高温红外仪表大多利用近红外波段;600 ℃以下的中、低温红外线仪表基本都对中、远红外线敏感;红外线加热装置主要利用远红外线,原因是其热效率较高;人类对超远红外线尚无大规模实际应用。

红外辐射是指根据辐射理论,温度高于绝对零度的物体,都会从表面向外辐射电磁波,且表面温度不同,所辐射电磁波的波长范围也不同,大多数常温物体的辐射峰值处在红外波段,物体表面向外辐射的红外线都载有物体的特征信息。表面温度越高,红外辐射能量越强;反之,辐射能量越弱。

理想的辐射体称为黑体,黑体能够完全吸收到达其表面的所有电磁波,即对所有波长的电磁波吸收系数为1,并且不会产生反射与透射。但是,黑体表面会辐射电磁波,且与其他任何物质相比,在相同温度和相同表面积的情况下黑体的辐射功率最大,是一种理想的辐射体。这一概念在电磁辐射的定量研究方面具有重要意义。

物体表面辐射的红外线,除了兼具电磁波的本质特性外,还具有两个重要规律

(1) 物体表面辐射的红外线峰值波长与物体表面温度成反比,即表面温度越高,辐射的红外线波长越短;表面温度越低,辐射的红外线波长越长。物体表面温度与辐射红外线峰值波长的对应关系见表7.1。

表7.1　表面温度与辐射红外线峰值波长的对应关系

类别	峰值波长范围/μm	物体表面温度/℃
近红外	0.76 ~ 1.5	3 540 ~ 165
中红外	1.5 ~ 15	1 658 ~ -80
远红外	15 ~ 750	-80 ~ -269
极远红外	750 ~ 1 000	-269 ~ -270

根据物体表面红外辐射的这一特性,采集物体表面辐射的红外线,并分析其峰值波长就能计算其表面实际温度,从而对其表面温度分布情况进行成像,进一步可以根据表面温度分布规律对其表面和内部结构进行分析,红外热成像检测技术正是利用这一原理。

(2) 物体表面辐射的红外线在空气中传播时,会被空气中的二氧化碳、水蒸气以及其他颗粒物吸收,使红外线能量发生衰减,空气对红外线的衰减程度与红外线的波长有关。一般而言,空气对2 ~ 2.5 μm、3 ~ 5 μm和8 ~ 14 μm这3个波长范围的红外线吸收及衰减相对较弱。所以,这3个波段的红外线对空气的穿透能力较强,被称为红外线的"大气窗口"。"大气窗口"以外的红外线在空气中传播时会迅速衰减。

红外辐射的几个重要参数:

(1) 辐射能:物体以电磁波形式向外辐射的总能量,以符号 Q 表示。

(2) 辐射功率:物体在单位时间内向外辐射的能量,用符号 P 表示,其与辐射能的关系为 $P = \partial Q/\partial t$。

(3) 辐射度:物体表面单位面积的辐射功率,也称辐射出射度,以符号 M 表示。辐射度与辐射功率的关系为 $M = \partial P/\partial A$ $(\mathrm{W/m^{-2}})$。其中 A 为物体的表面积,温度一定时,物体的表面积 A 越大,辐射功率越大;辐射度表征的是辐射功率沿物体表面的分布特性。

(4) 光谱辐射度:在以 λ 为中心的单位波长间隔范围内,物体表面单位面积的辐射功率,即单位波长的辐射度,以符号 M_λ 表示。光谱辐射度与辐射度的关系为 $M_\lambda = \partial M/\partial \lambda$,从物体表面辐射出的电磁波包含多种波长成分,称为全波辐射。辐射度表征的是全波辐射,因此也称全辐射度;而光谱辐射度表征的是某一特定波长成分的辐射度。

(5) 比辐射率:在温度及环境相同的条件下,物体辐射度与黑体辐射度的比值,即

$$\varepsilon = \frac{M}{M_\mathrm{b}} = \frac{\text{物体的辐射度}}{\text{黑体的辐射度}} \tag{7.1}$$

比辐射率的引入使得任何物体的表面辐射度可以以黑体辐射度为标

准进行定量表征,从而使不同物体之间的表面辐射能够进行比较,因此,比辐射率在红外热像技术中是一个十分重要的参数,其值随着材料种类、温度及物体的表面状况而变化。

不同材料的比辐射率不同,一般而言,深色表面的比辐射率比浅色表面高、聚合物复合材料的比辐射率比金属材料高。同一物体,温度越高,其比辐射率越高。同种物质,表面粗糙度增大,相当于其辐射面积增大,因此比辐射率升高。

7.1.2　红外热像仪

红外热像仪是利用光学系统采集物体表面的红外辐射能,从而将物体表面的红外辐射强度变成电信号并用图像方式进行显示的设备。其主要功能是使不可见的物体表面红外辐射变成人眼可见的图像。

红外热像仪主要包括光学组件、红外探测器组件、电子组件、显示组件和控制系统5个部分(图7.1)。光学组件的作用是对进入镜头的红外线进行光谱滤波,并通过聚焦将其导入红外探测器的接收元件上;红外探测器组件是决定热像仪性能最为关键的部分,其作用是将到达探测器的红外辐射信号转换为可测量的电信号;电子组件将探测器输出的电子信号进行滤波和放大等处理,使其可以输出或被显示组件识别;显示组件接收电子组件放大的电信号阵列,并将其按一定规律显示在显示屏上,使物体表面辐射强度以可见光图像的形式显示,即红外热像图,对于均匀表面,辐射强度只和表面温度有关;控制系统是使热像仪能够实现自动或人工控制、按操作者意志进行设置和调节的模块。

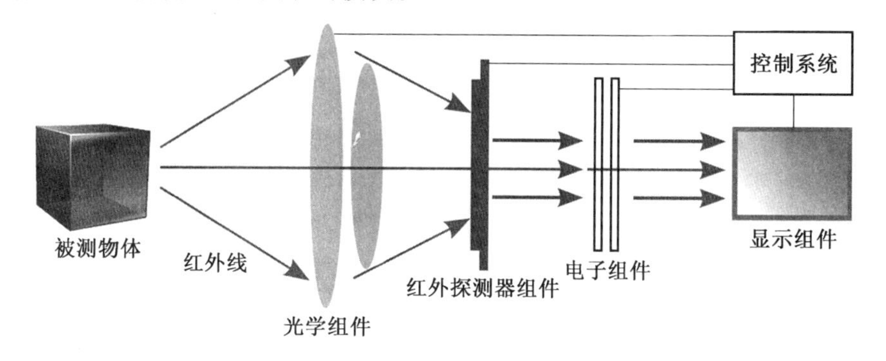

图7.1　红外热像仪的结构原理图

根据所使用的核心元件,即红外探测器的不同,目前常用的红外热像仪可分为两类:

(1) 第一类是制冷型热像仪，采用红外光子探测器。光子探测器是利用光电效应，即某些半导体材料与红外辐射光子流之间的直接作用而引起材料电学性质的变化而工作的。根据所用半导体材料不同，又可以分为光电导(Photo Conductive，PC) 探测器和光伏(Photo Voltaic，PV) 探测器两种。光子探测器的主要优点是探测能力强、灵敏度高。灵敏度表示探测器从噪声中分辨微弱信号的能力。光子探测器中光伏探测器的灵敏度比光导探测器更高，制冷型量子阱红外热像仪是目前温度分辨率最高的热像仪，其温度分辨率可以达到0.01 ℃。量子阱探测器和 Ⅱ 类超晶格红外探测器被认为有望使红外热像仪性能继续提高。光子探测器的另一个优点是响应速度快，一般光导型探测器响应速度为微秒级(10^{-6} s)，而光伏型探测器响应速度可达纳秒级(10^{-9} s)。光子探测器主要有两个缺点。最大的缺点是探测器灵敏度与温度有关，大多数光子探测器必须在低温环境(低于200 K) 下工作才能保证其灵敏度，若在室温下工作，不但灵敏度低，而且响应波段窄、噪声大、容易损坏。因此，使用光子探测器的红外热像仪要配备探测器制冷系统，这也是该类热像仪被称为制冷型热像仪的原因。第二个缺点是其响应率随波长变化很大，可探测的波段比较窄。响应率指单位辐射功率时探测器输出的电压值，显然，响应率越高，探测器能力越强。例如，碲镉汞光导型探涮器响应波长范围为1 ~ 24 μm，锑化铟为1 ~ 6 μm，新型的掺杂半导体如锗掺镓可达1 ~ 150 μm，但与热敏探测器比较其响应范围仍然差得多。目前用于光子探测器的超低温制冷片式主要有致冷剂制冷和半导体热电制冷两种。光子探测器的灵敏度高、成本高、结构复杂，所以制冷型红外热像仪一般用在精度要求比较高的场合，在材料无损检测和质量评价领域，制冷型热像仪的应用十分广泛。图7.2 所示为红外光子探测器和制冷型热像仪。

图7.2　红外光子探测器和制冷型热像仪

(2) 第二类是非制冷型热像仪，采用热敏探测器。热敏探测器利用红外辐射的热效应，探测器的敏感元件吸收辐射能后引起温度升高，进而使探测器的某些物理参数发生变化，通过测量物理参数的变化来确定探测器所吸收的红外辐射量。常见的热敏探测器有两类，分别是热敏电阻探测器和热释电型探测器。与光子探测器相比，热敏探测器的第一个优点是其响应率与入射的红外线波长无关，响应波长范围很宽，一般可达 0.1 ~ 300 μm。热敏探测器的另一个优点是可在室温（20 ℃ 左右）下工作，因此，可以使热像仪结构简单、使用方便。热敏探测器的主要缺点为响应时间较长，一般为毫秒级。例如，热敏电阻响应时间为 1 ~ 10 ms，热释电型响应时间稍短，在 1 ms 以下。热敏探测器的另一个缺点是灵敏度低。根据以上特点，热敏探测器主要用于室温下工作的测温仪表以及温度分辨率要求较低的红外热像仪中。在某些外场检测环境下，需要快速、大面积检测时，对设备有便携性要求，且热像仪精度要求较低，可采用非制冷型红外热像仪。图 7.3 所示是热敏探测器和非制冷型热像仪。

图 7.3　热敏探测器和非制冷型热像仪

目前主要的工业检测用红外热像仪生产商有美国的 RNO、FLUKE、FLIR Systems，德国的 Infra Tec 和日本的 NEC 等。

7.1.3　红外热成像技术的分类和应用

红外热成像技术利用红外辐射原理，通过红外热像仪接收目标物体表面的红外辐射能，并将物体表面的温度分布转换为形象直观的热图像（灰度图或彩色图），根据热图像分析获取所需的信息。红外热成像技术根据成像过程是否依赖外部热激励源，可分为被动红外热成像技术和主动红外热成像技术。

（1）被动红外热成像技术。

被动红外热成像技术是利用检测对象本身的红外辐射进行成像。20 世纪 40 年代，红外热成像技术首先在第二次世界大战中被德国应用于军事领域,以提高坦克和飞机的夜视能力。第二次世界大战后,从20世纪50年代开始,被动式红外热像技术就逐渐在石化、电力领域获得应用,如炉壁厚度检测、发热部件的故障检测和集成电路失效元件检测等,目前被动红外热像技术在工业设备状态监测、医学诊断、地质勘探和军事侦察领域应用广泛。

(2)主动红外热成像技术。

当物体表面热辐射水平和周围环境相当,无法被热像仪分辨时,可以通过增加主动激励源的方式,来增强物体表面的热辐射或热反射水平,从而使其可以被热像仪所识别,这就是主动红外热成像技术。

外部激励源的作用方式分为两种:一种是采用辐射装置直接发射红外线,红外辐线遇到物体后产生大量反射;另一种是向物体输入其他形式的能量,如振动、涡流等,使其在物体内部转化为热能,物体表面温度升高,从而提高其表面红外辐射强度。

主动红外热成像技术的应用开始于20世纪60年代,首先作为主动夜视系统应用在军事和安全领域。20世纪90年代后,红外焦平面阵列技术的快速发展使红外热像仪的精度大幅提高,1997年FLIR公司研制出第一台非制冷便携式焦平面红外热像仪,解决了红外热像仪微型化和低成本的问题,进一步推动了红外热像技术在各个领域的应用。

主动红外热成像技术在材料无损检测领域的研究和应用也开始于20世纪60年代。美国学者首先使用高能闪光灯加热金属零件表面,在降温过程中用红外热像仪捕捉零件表面温差来检测表面缺陷,主动红外热成像技术在无损检测领域的研究和应用从此开始,很快得到各国研究人员的关注,但当时受红外热像仪分辨率较低的制约,该技术检测精度和效率较低,在无损检测领域的应用并不普遍。20世纪90年代,随着计算机技术的迅猛发展和红外热像仪的分辨率大幅提高,主动红热成像技术也得到快速发展,其检测精度足以分辨一些常见的材料表面和近表面缺陷,各国研究人员纷纷加入研究行列,经过十多年的快速发展,目前该技术已经成为一种重要的新型无损检测技术。

与传统无损检测手段相比,主动红外热成像技术具有非接触、无污染、效率高、适合在线检测和外场检测等优点,在检测大面积薄壁零件和复杂结构零件方面具有优势,并在航空零件、复合材料、陶瓷材料等的检测中得到了较快发展和实际应用。

7.1.4 红外热成像检测技术原理

在材料无损检测和质量评价领域应用的主动红外热成像技术，也称红外热成像检测技术。另外，由于材料表面辐射的红外线是电磁波，具有波的特性，因此该技术也称红外热波检测技术。为了方便读者理解，本书统一表述为红外热成像检测技术。

当材料内部存在结构异常或裂纹等缺陷时，如果采用一定的形式将外部能量输入材料中，对其进行激励，使材料内部产生热量的流动，热量在材料结构异常或缺陷处流动受阻，会发生堆积，导致该处温度异常升高，表现在材料表面会产生相应的“热区”。这种由里及表出现的温差现象，被红外热像仪捕捉形成热像图（简称热图），之后采用数据存储和处理设备对原始热图进行处理，通过材料表面热像图对其内部缺陷进行分析和识别。这就是红外热成像检测技术的基本原理。红外热成像检测技术原理如图7.4所示。

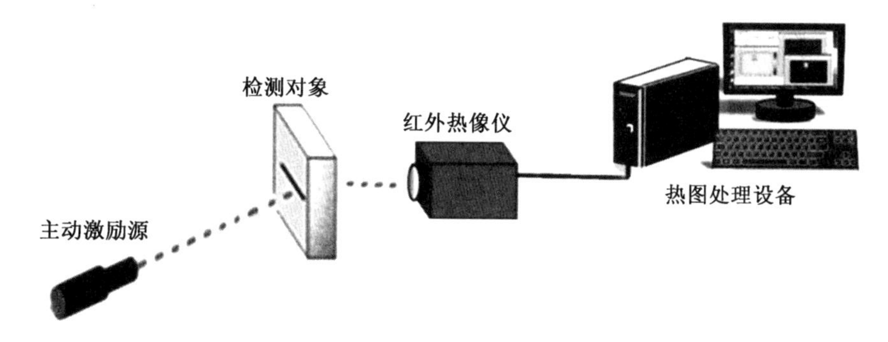

图7.4 红外热成像检测技术原理

根据上述原理，基于主动红外热像技术的无损检测，影响红外热成像检测结果的主要步骤有3个。

（1）主动热激励。

将外部能量以一定的形式输入检测对象，这些能量在材料组织结构异常部位转化为热能，目的是使缺陷处与周围区域产生温度差，这一温度差达到一定数值才可以被红外热像仪所分辨，目前常见的外部激励源有大功率热灯、低频超声波、电磁线圈、激光、微波等。

（2）表面热图采集。

表面热图采集由红外热像仪完成，红外热像仪的主要参数有温度分辨率、空间分辨率、测温范围和视场角等，其中温度分辨率是表征红外热像仪测温精度的关键参数。红外热像仪的分辨率越高,视场越大,对材料表面热量分布情况的记录精度和效率就越高。

(3) 热图数据处理和缺陷表征。

热图数据处理和缺陷表征主要由计算机完成,用来对热像仪采集到的原始热图进行后期处理和分析,受加热不均、环境噪声、设备噪声等影响,红外热像仪采集的原始热图中缺陷信息可能不明显,通过滤波去噪、缺陷特征提取、热图重构等手段提高材料缺陷定性识别和定量表征的精度。

上述3个步骤中的每一步都会对检测结果产生决定性影响,因此,提高主动红外热像无损检测技术的关键在于优化以上3个步骤,而在红外热像仪性能一定的前提下,检测效果主要取决于主动热激励的效果和热像图的处理方法。

7.1.5　红外热成像检测技术的发展趋势

主动红外热像无损检测技术作为材料无损检测技术的一个年轻分支,近年来在理论和工程应用方面都得到了迅速发展,而且受到越来越多研究者的关注。总体而言,该技术的发展仍处于起步阶段,其检测范围仍然限于材料表面和近表面,面临许多待研究的技术和科学问题。随着数学、计算机等学科的进步和设备制造水平的提高,主动红外热像无损检测技术也会有更广阔的研究和应用前景。从技术发展角度,当前主动红外热像无损检测技术的研究趋势主要有3个方面。

(1) 由定性检测向定量检测发展

主动红外热像技术目前主要用于缺陷的定性检测,随着激励手段、红外热像仪和图像处理技术的进步,该技术对缺陷深度、位置和大小的定量检测将逐渐成为可能。目前结合图像处理技术对缺陷深度进行定量检测已有相关研究,如何让更深的缺陷导致的热流变化到达材料表面,是决定缺陷检测深度的关键。这与激励方法、材料导热性能及红外热像仪的性能均有关系。

(2) 由人工识别向自动识别发展。

缺陷的自动识别是当前各种检测技术都在追求的目标,当前基于热图信息的缺陷识别,其准确率和效率受制于检测人员的素质与经验,提取不同缺陷的热图特征,是实现机器自动识别缺陷的前提。国内外研究者也在缺陷热图特征的提取方面做了一些探索,国外研究者针对玻璃纤维增强塑料制成的风力涡轮叶片分层缺陷进行检测时,对红外热图缺陷自动识别进行了尝试,提出自动识别缺陷的关键问题是识别准确性,提高准确性的方法是在图像处理过程中加入验证环节。支持向量机作为一种进行计算机自动判断的数学模型被引入了热图处理过程,基于支持向量机的缺陷自动识别技术被认为是基于红外热像技术进行缺陷自动识别较好的解决方式。国内学者通过模拟方法对装甲车底盘裂纹缺陷的自动识别做了探索,在分析热图形状、灰度分布特征的基础上,提取了用于裂纹信息识别的特征参量,开发了基于加权支持向量机的裂纹自动识别算法,并在实际试验中对该方法的准确性进行了验证。

(3) 由单一检测手段向复合检测手段发展。

单一检测手段总有其固有的缺点和不适用的场合,主动红外热像技术也不例外,目前在其检测深度和定量分析能力仍然有待提高的情况下,与其他检测技术进行复合,可以发挥各自的长处,得到更丰富的缺陷信息,提高整体检测能力。例如,超声红外热像技术与超声波检测技术结合,既可以对复杂零件的表面和近表面裂纹缺陷进行定量分析,又可以对其内部缺陷情况定性检测。电磁激励红外热像技术与涡流检测相结合,在输入一种激励信号的情况下可以采集两种不同信号进行综合分析和相互验证。

7.2 主动热激励方法

热激励的目的是将外部能量输入检测对象,使缺陷处与周围正常区域产生温度差,最终导致材料表面温度分布差异,材料缺陷处的热辐射与其周围区域差异越大,则越容易被红外热像仪识别,缺陷被检出的可能性就越大。因此,如何对材料内部的缺陷进行高效的热激励,使缺陷区表面产生明显的温度异常信号,成为主动红外热像检测技术研究中的一个重要的问题。为此,人们根据不同材料和零件的检测需求先后将大功率热灯、超声波、电磁线圈、微波和激光等作为主动激励源进行了研究。同时,每种激励能量的加载方式也可以采用脉冲或连续加载方式。

7.2.1 主动热激励手段

7.2.1.1 热灯

热灯是最早被作为主动热激励手段的激励源,20 世纪 90 年代中期美国空军就将热灯激励红外热成像检测技术用于飞机蒙皮与蜂窝结构的脱黏、腐蚀缺陷的检测,目前该方法已经广泛应用于检测飞机蒙皮脱黏和蜂窝积水以及飞机雷达罩的在役检测。

大功率热灯作为主动激励源,其能量输入原理是:灯泡发出的光能量在材料表面转化为热能使材料表面温度迅速升高，几乎同时热量从材料表面向内部传递，遇到材料缺陷时热传递受阻，热量发生堆积，导致其表面温度也会有所升高，之后随着热扩散的进行，表面和内部温度达到热平衡，如图7.5所示。对于大部分金属而言，这一过程会在1 s内完成，因此该方法对于最佳检测时间的确定非常重要。热灯单次可激励面积较大，脉冲热像法适用于对大面积薄板零件进行扫描式检测。

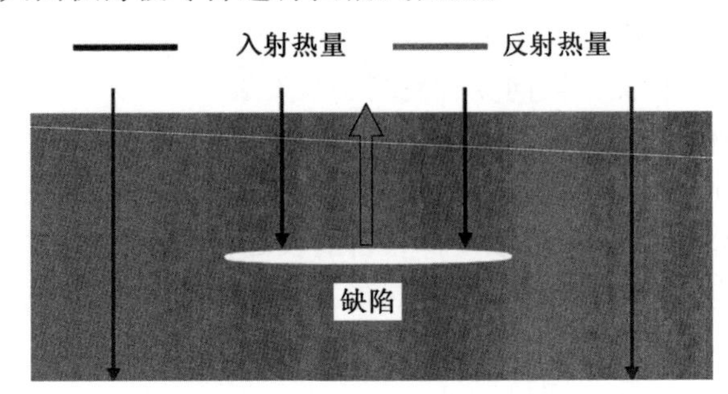

图7.5　热灯能量输入原理

目前常用的热灯有两种，分别是氙气灯和卤素灯。氙气灯是利用高压气体放电原理发光，其亮度高，光转化效率高，最重要的是可以实现短时间瞬时闪光，在摄影、舞台灯光中常被作为大功率闪光灯，在红外热成像检测中，主要用于脉冲闪光激励，其脉冲时间小于0.5 s。卤素灯是利用灯丝加热辐射发光，其特点是热效率较高，灯丝在高温下辐射可见光的同时会辐射大量波长较短的红外线，因此其热效率较高，但卤素灯从通电到发光是一个渐变过程，无法实现瞬时闪光功能，因此，适合对表面进行连续加热，在红外热成像检测中主要用于较长时间的连续加热，或者将电流按一定波形调制，使其输出能量按一定规律周期变化对材料表面进行加热。图7.6是两种热灯实物图。

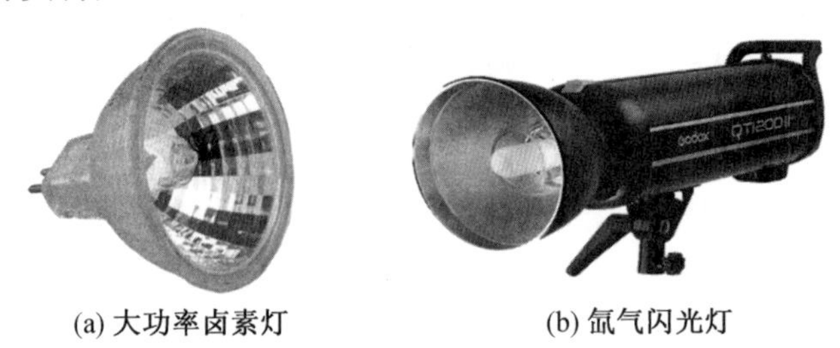

(a) 大功率卤素灯　　(b) 氙气闪光灯

图7.6　卤素灯和氙气闪光灯实物图

由于热灯激励方式，其直接加热的是材料表面，通过热量从表面到内部传导受阻产生的异常热区域进行缺陷判断，因此，该激励方式适合用于激励与材料表面平行的面积型缺陷，如复合材料分层、喷涂层脱黏等。

7.2.1.2 低频超声波

德国斯图加特大学的 Favro L 在 20 世纪 70 年代最早提出将超声波加热和红外热波技术相结合应用到无损检测技术中，可以实现对工业零件裂纹和焊接质量的快速检测。

超声波是一种机械波，其本质是一种振动能量，在材料中传播几乎不受材料几何形状的限制，而且其最重要的特点在于超声波对闭合裂纹等缺陷具有选择性加热的特点，不同缺陷对振动频率的响应也不同，因此超声红外热像法被认为是一种具有研究和应用潜力的热激励手段，适用于对具有复杂形状的零件进行检测。超声激励的核心问题在于根据检测对象的材料、结构及缺陷类型确定合适的激励参数，包括超声波频率、幅度、激励位置及耦合压力，其目的是使检测对象内部的缺陷产生合理的机械振动，并在缺陷部位大量衰减生热，在短时间内产生热量堆积，局部温度升高，形成可以检测的热异常信号。

目前在红外热成像检测中使用的超声激励设备基本都是从超声焊接设备发展而来，功率范围为 500 ~ 1 000 kW，其主要由超声波发生器、换能器、变幅器和激励头等部分组成，如图 7.7 所示。

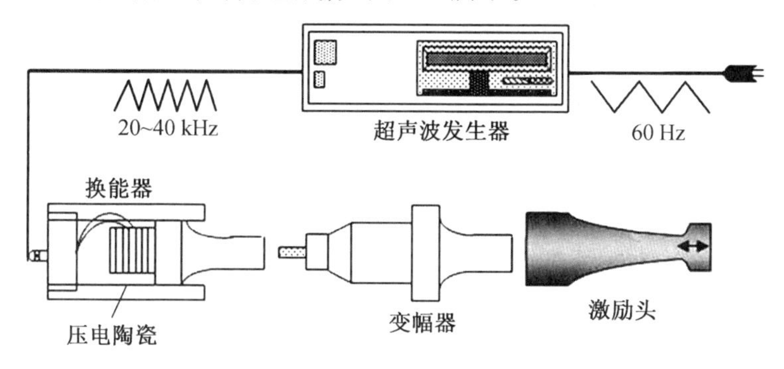

图 7.7 超声激励设备的结构

（1）超声波发生器。

超声波发生器由一个超声波发生器模块和一个系统控制模块组成。超声波发生器模块的主要功能是将 50 Hz/60 Hz 的工频交流电转换为 15 ~ 40 kHz 的电能。系统控制模块的主要功能是控制激励系统。

（2）换能器。

换能器作为超声波组件的一部分安装于机架内。超声波电能通过超声波发生器传送到换能器，使高频电能振荡转化为同频率的机械振动。换能器的核心是压电陶瓷，当换能器接通交流电源，压电陶瓷交替膨胀和收缩，将大于 90% 电能转化为机械能。

(3) 变幅器。

换能器输出的超声波振幅很小，一般只有 7 ~ 8 μm，要通过振动对材料内部的缺陷产生影响，须将其振幅放大到 100 μm 以上，超声波变幅器的作用是将换能器端部输出的振幅放大后传递给激励头，进而传入试件。通常情况下，变幅器和换能器以相同的频率进行共振。变幅器是一个由铝或钛制成的共振半波部件，作为超声波组件的一部分安装于换能器和焊头之间，同时也可为安装其他组件提供夹持点。

(4) 激励头。

激励头的作用是将压力和振动均匀地作用到试件上，激励头作为超声波组件的一部分安装于变幅器末端，可以根据不同的试样选择或设计激励头。激励头根据外形分类，可以分为阶梯型、锥型、悬链型、矩形和指数型。激励头材料一般为钛合金、铝或钢。

早期超声激励方法用于检测聚合物复合材料的分层缺陷。然而在当时的条件下，红外热像仪的分辨性能和红外图像的处理技术均较低，因此该方法的使用受到极大的局限，无法用于导热率较高的金属材料上。之后很长一段时间，红外热像方法发展比较缓慢。20 世纪 90 年代，随着热像仪性能的提高，该方法得到快速发展，美国韦恩州立大学的 Han 等将高性能热像仪用于超声热像系统，并且改进了激励方法，采用 20 ~ 40 kHz 的超声振动能量，通过超声激励枪与试件的接触碰撞，产生非线性振动，希望通过声混沌效应提高不同缺陷的响应能力。非线性超声振动方法可以检测出大部分复合材料和金属材料结构中的闭合缺陷，但是该方法面临的问题在于其机理复杂、可重复性差，而且振动能量可能导致已经产生裂纹的结构发生进一步损伤，裂纹扩展，降低其疲劳寿命。

为解决这一问题，爱荷华州立大学的 Holland. S. D. 开发了一种宽频振动方法(0.1 ~ 32 kHz)，且可以实现频率和振幅调整的系统，可以针对不同的材料和结构选择不同的振动参数，即降低振动能量，减小振动本身对材料结构的损伤。

对于材料中的裂纹缺陷，一般认为在超声激励下其生热机制有摩擦生热、热弹效应和滞后效应等。近年来有学者将超声红外热像法用于航空发动机叶片裂纹的检测并取得较好效果。哈尔滨工业大学对超声锁相热像法做了系统研究，包括优化锁相算法、针对不同缺陷优化调制频率等。

由于超声激励能量从材料表面加载需要与材料表面进行良好的耦合，而且需要施加一定的耦合压力，对于一些对表面洁净度有严格要求的零件不适合采用该方式，在一定程度上限制了超声激励手段的运用。近年来随着空气耦合超声技术的不断成熟，可以在不与材料表面直接接触的情况下通过空气将超声振动能量传入材料内部，而且其耦合效率在不断提高，因此，空气耦合超声激励方式在激励轻质材料或小质量零件时具有一定优势。

7.2.1.3　电磁线圈

电磁激励是利用电磁感应原理对导电材料进行主动热激励的方法，当通有交变电流的线圈靠近导电材料表面时，材料表面和近表面产生的涡流会使材料生热，在裂纹等缺陷处涡流受阻而生热，与周围区域产生温度差。该激励手段从涡流检测技术发展而来，其原理与涡流检测中感生涡流的产生原理完全相同。其区别在于涡流无损检测中使用的电磁线圈体积很小，内部电流也较小，而且线圈既可以作为激励单元，又可作为信号采集单元，一般封装在一个探头中；红外热成像检测中为了使材料表面产生足够的热量，电磁线圈中通有更大的电流（可达 1 ~ 100 A），线圈直径更大，而且一般采用中空的铜管制作，管内通有循环冷却水防止线圈温度过高。图 7.8 对比了涡流检测中的感应线圈探头与红外热成像检测中的感应加热线圈。

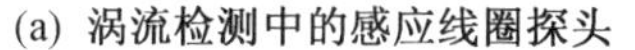

(a) 涡流检测中的感应线圈探头

(b) 红外热成像检测中的感应加热线圈

图 7.8　涡流检测和红外热成像检测中的感应线圈

电磁激励方法仅适用于导电材料，非导体无法产生感应涡流，目前该激励方法在金属管材和板状金属材料的裂纹、腐蚀缺陷检测中应用较多。电磁线圈产生的感应涡流在材料中的透入深度大于热灯，但小于超声波，所以电磁激励方法对导体材料的表层和次表层缺陷加热效果较好。另外，涡流具有集肤效应，其感应深度与电磁线圈中的交变电流频率有关，电流频率越高,集肤效应越明显,其检测深度越浅;反之,则可以检测较深的缺陷。有报道表明,利用表层涡流产生的热量向材料内部传导过程中遇到缺陷产生的异常热信号,可以检测到深度为 4 mm 的人工盲孔缺陷。电磁激励的不足之处是:材料表面感应涡流的大小对线圈的提离值非常敏感,因此电磁线圈与材料表面的距离需保持很小,即检测距离很小。

7.2.1.4　其他激励手段

微波是波长介于 1 mm ~ 1 m 的电磁波,已经在日常生活和工业中作为高效加热源被广泛使用,作为热成像检测中的热激励源,微波对陶瓷、木制品等材料具有良好的热激励效果,但微波遇到金属界面会大量反射,因此不适合作为主动热激励源对金属零件进行激励。对易受损的非金属材料,使用微波激励可以避免产生振动和局部高温,对材料起到良好的保护效果。

此外,还有研究者针对特殊检测材料和检测环境将激光作为主动红外热像无损检测技术的激励源进行研究。激光激励比其他几种激励方法能量更加集中,但是激光激励源设备复杂,若操作不当则易对人员和材料造成损伤。

综上所述,不同的激励手段各有其特点和适用场合。热灯依靠辐射热从零件表面向内部传导,热流在缺陷处反射,因此适用于大面积板状零件的检测;超声波是通过机械振动来加热检测对象中的闭合缺陷,其中超声波激励和电磁激励方法对常见金属零件中的裂纹缺陷都具有选择性加热的特点,因此更加适合应用于复杂金属零件的裂纹缺陷检测;电磁激励方法只适用于导电材料的检测,而且感生涡流具有集肤效应,因此其检测深度较浅;微波激励手段适用于陶瓷和有机物等非金属材料表面的检测;激光由于其能量密度高、照射面积较小,因此适用于需要高能量、小范围激励的情况。

7.2.2　主动激励能量加载方法

前述的主动激励手段是根据主动激励能量的形式进行分类,从主动激励能量的加载方式来看,每种激励能量又可以按脉冲加载、连续加载等方式输入被测材料。

7.2.2.1　脉冲加载

脉冲加载即激励能量以脉冲方波或正弦波的形式对材料进行激励,这是最为常见的一种加载方式。由于热量在材料中的扩散,脉冲加载可以使缺陷区形成瞬时的热异常区域,最大限度地减小热扩散效应导致的边缘模糊。

影响脉冲加载效果的一个重要参数是脉冲宽度，即脉冲激励能量持续的时间是一个非常重要的参数，理论上是为了避免持续加载导致的缺陷边缘模糊，脉冲宽度越窄越好，但实际中脉冲宽度太窄会导致输入能量太小，不足以在缺陷表面形成异常热信号。因此，在实际检测过程中，最合理的脉冲宽度是在能够识别缺陷的前提下越窄越好。

针对厚度较大的材料或深度较深的缺陷，在进行主动热激励时，需考虑材料本身的升温吸热问题，毫秒级的脉冲宽度输入的能量不足以使缺陷表面产生热异常信号，甚至从表面输入的热能都不能到达缺陷的深度。此时，可以通过增加脉冲宽度的方式大幅提高单次脉冲输入的能量。例如，为了检测喷涂层下基体材料中的疲劳裂纹，采用 0.5 s 脉冲宽度的低频超声波从涂层表面进行激励，还有对于厚度较大的表面喷涂层，为了检测涂层与基体界面脱黏区域的大小，采用卤素灯对涂层表面进行激励，其脉冲宽度增加到 1 s 甚至几秒。这种脉冲宽度达到 1 s 以上的单次脉冲激励方式，也称长脉冲激励。

在单次脉冲加载方式输入的能量不够强，又受设备等因素限制不能增加脉冲宽度的情况下，可以考虑采用多次脉冲的方式进行加载，即多个单次脉冲以一定的时间间隔进行加载。这种方法也称分步加载法，可以在一定程度上避免直接延长单次脉冲宽度带来的缺陷边缘模糊问题。

脉冲加载法的优点是检测效率高，单次激励时间段，当激励源一次激励面积较大时，对大面积板类零件表面质量缺陷进行检测的优势非常突出，而且脉冲加载方式能避免热量扩散导致的缺陷边缘模糊，而且在实际操作中易于实现，是到目前为止工程实际中最为常见的热激励方式。20 世纪 90 年代在美国航空航天局的资助下，以热灯作为激励源的脉冲红外热成像检测技术在飞机蒙皮脱黏及蒙皮下蜂窝结构积水检测研究方面取得了突破性进展，之后在航空航天领域得到了实际应用，包括蜂窝结构的蒙皮下的脱黏、腐蚀检测；纤维层压板复合材料的层间脱黏和冲击损伤检测等，并被写入美国材料试验协会标准，即《航空应用中复合材料板及其维修区脉冲红外无损检测实施标准》(ASTM E 2582 – 07)，我国于 2010 年制定了《航空器复合材料构件红外热成像检测》民航标准。

7.2.2.2 连续调制加载

连续调制加载是指使用经过调制的激励源按一定波形周期性地对材料进行连续激，并不是固定强度的连续加载，连续固定强度的激励除了提高整体生热量和长时间热扩散导致缺陷边缘特征模糊外，并无其他积极意义。

在周期性变化的连续激励模式下，材料表面温度也会按一定波形周期性变化（如正弦规律），将激励能量的周期变化规律和表面热像图变化规律进行对应分析，提取某些参量表征缺陷的位置和大小，这种方法也称锁相热成像法。与脉冲加载类似，热灯、超声、电磁、微波和激光等不同的激励手段，也都可以采用周期变化的连续加载方法输入被测材料。

锁相技术源于信号控制领域，是使被控振荡器的相位受参考信号控制的一种技术，即实现两个信号的相位同步。锁相热成像的思想由德国斯图加特大学的 Buss 教授提出，他最初是为了提取缺陷处表面温度变化相位信息，从而克服脉冲加载方法对材料表面加热不均匀和随机噪声信号的干扰，以及单张热图可提取信息的局限性。因此，锁相热成像是一种更为精确的分析手段，通过材料表面温度相位相对于输入能量的相位滞后程度，还可以对缺陷深度进行定量分析。这种方法的缺点在于对设备要求更高，从硬件上需要周期性激励热源和锁相装置。而且在后期图像处理中，与脉冲热像法相比较，其数据处理量程指数倍增长，这在客观上降低了检测效率，适用于对缺陷进行精确分析。

图7.9所示是超声锁相热成像检测系统组成示意图。与脉冲加载方式相比，超声发生器需要增加调制功能，通过对施加到压电陶瓷上的电流进行调制，从而使输出超声波的强度按一定波形做周期性变化。锁相装置的作用是将输入材料的超声波波形和红外热像仪采集到的材料表面温度变化波形进行同步，即把两者放在同一时间轴上，以便对两者的波形特征和相位进行提取计算。

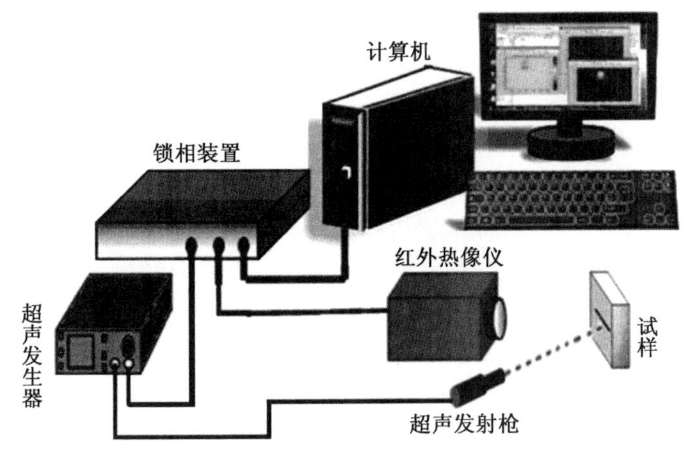

图7.9　超声锁相热成像检测系统组成示意图

7.3 热像图的处理与分析

在红外热像检测技术中,图像处理的基本目的是过滤图像中的背景信号和噪声信号,增强缺陷信号,从而得到更加准确丰富的缺陷信息。它又可以分为两个阶段:第一阶段是热像图的预处理,即通过图像滤波去噪来提高热图的信噪比,增加缺陷对比度,以增强缺陷的可视化程度,为下一步缺陷特征的提取奠定良好的基础。第二阶段是缺陷特征的提取和表征,在这一阶段要对热图中反映的缺陷特征进行刻画,增强能够反映缺陷特征的信号,从而实现缺陷的定量评价甚至自动识别。计算机技术和现代数学方法的结合促使数字图像处理技术得到快速发展,红外热像检测中热像图的处理主要依赖各种数字图像处理方法和信号处理手段进行。

7.3.1 热像图的预处理

在实际检测过程中,热像仪采集的原始热像图中除记录缺陷信息外,还存在大量噪声,这些噪声的来源包括环境辐射、材料表面特性、红外探测器将接收到的红外辐射转化成电信号时的误差、电信号在热像仪内部传导过程中的干扰噪声及检测人员操作水平等。噪声的存在对缺陷的判别,尤其是微小缺陷的识别形成干扰,所以在进行缺陷图像特征提取之前,有必要对原始热像图进行优化处理,即预处理,热像图预处理的目的是过滤图像中的背景信号、噪声信号、增强缺陷信号、提高缺陷特征的辨识度,以使后续缺陷特征提取、边缘检测等处理程序更加精确。

原始热像图预处理的基本任务是滤波降噪,红外图像中常见的噪声有椒盐噪声(随机脉冲噪声)和高斯噪声。热像图的滤波去噪可以采用两种不同的思路进行。

(1)第一种思路是将单张热图作为一个数据处理单元,一张热图在灰度域或不同的颜色空间,可以看作一个完整的二维矩阵,每个像素点都是矩阵的一个元素。最常见的方法是将热图转化为灰度图,因此二维矩阵中每个元素的值就是对应像素点的灰度值,在此基础上对采用图像滤波、灰度拉伸等手段对热像仪采集的一张或多张热图进行滤波处理。针对单张热像图典型的滤波方法有背景减去、高斯滤波、均值滤波、中值滤波、高通滤波、低通滤波和均匀性平滑滤波等。

背景减去法是最常用也是最基本的缺陷区图像增强方法,在热激励前,材料表面和周围环境本身的辐射称为背景辐射,将加载过程中的某一帧热图与背景热图相减，获得的图像就是减去背景后，突出激励过程中产生明显温度变化区域的增强热图。

基于空间域的滤波方法主要有均值滤波、中值滤波和高斯滤波。均质滤波和中值滤波是在一个邻域内取左右像素点的平均值或中间值作为中心像素点的结果，这两种滤波方法可有效降低图像中孤立噪声点的噪声信号，但缺点是会导致有效缺陷信号的边缘变得模糊。高斯滤波是一种采用加权算法进行数据平滑方法，可以根据滤波目的在一个很小的领域内通过加权平均来降低中心像素的噪声，平滑效果较好，同时又可以尽量保存图像局部特征，保留缺陷的边缘信息。因此，高斯滤波在无损检测图像处理方面应用十分广泛。

基于频率域的滤波增强方法有低通滤波和高通滤波。采用低通（低频）滤波方法可去除图像中的低频噪声信号，同时也会导致缺陷边缘模糊，影响缺陷边缘提取和特征识别。高通（高频）滤波方法可以增强缺陷边缘，但也会附带强化随机噪声信号。因此基于频率域的滤波处理需要综合考虑，根据热图中主要噪声信号类型选择适当的频率。

（2）第二种思路是将原始热像图中每个像素点的温度变化曲线都作为一个独立的信号进行处理（多项式拟合、小波分解、傅里叶变换等），处理后每个像素点都根据相同的计算规则提取出一个特征数据，所有像素点的特征数据就组成了一个二维矩阵，将这个二维矩阵标准化后就可以画出一张灰度图，即重构热图。单个像素点的温度变化信号也称热波信号，因此，该方法也称红外热波检测。

值得注意的是，如果直接对原始热像图中每一像素点的热波曲线进行滤波处理，可以使其噪声幅度下降，然而，由于受热像仪的采集频率所限（一般小于 100 Hz），仍然不能完全满足后续微分、时、频域变换等要求，需进行差值处理，增加信号的采样频率；如果首先对原始热波信号进行拟合，拟合后不仅能得到平滑的时间 - 温度曲线，大幅减少高频噪声信号，而且可以任意设置热波信号的采样率，完全满足后期微分、时、频域变换处理和特征提取的要求，另外，拟合处理后的热波信号可以以一定函数关系存储在计算机中，这样可以在后续计算中节约内存，提高计算速度。将信号从时域变换到频域的基本方法的积分变换，采用计算机对离散信号进行积分变换最常用的方法是快速傅里叶变换，该方法改进了离散傅里叶变换算法，通过傅里叶变换可以由时域信号得到频域信号。在后续特征提取环节，信号的频率、相位等频域特征对缺陷的表征往往更加准确。

图 7.10 展示了超声红外热成像技术检测 V 形铝合金结构裂纹缺陷

时，在原始热图基础上采用背景减法获得的温差图像，以及运用小波分解方法重建的温差图像。对比可见，温差图像中存在的大量噪声在小波分解重建图中得到了抑制，热图预处理算法显著提高了热图的信噪比。

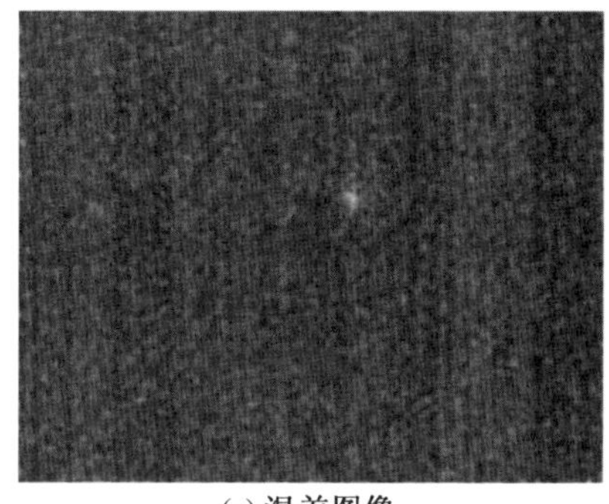
(a) 温差图像

(b) 小波分解后重构热图

图 7.10 V 形铝合金板裂纹检测热图预处理

7.3.2 缺陷特征的提取和表征

红外热成像检测是根据表面热像图中的提取的温度特征进行缺陷位置、大小和深度的判断。在早期主要采集激励过程中或激励后某一时刻的单张热图进行分析，通过该时刻的表面热图与激励前热图进行对比，对材料表层结构缺陷情况进行分析。

由于单张热图表现的是检测过程中某一时刻材料表面温度分布，受到材料初始温度、加热均匀性、环境温度波动等偶然因素的影响，其中包含的噪声和缺陷信号均具有很大随机性，导致单张热图中获得的缺陷信息可靠性较低，对于微小缺陷甚至会出现噪声信号强于缺陷信号的情况。另外，从单张热图分析得到的信息有限，只能定性分析缺陷的位置。很难对缺陷进行定量分析。检测过程中热像仪连续采集多张表面热图，这些图像可以称为一个热图序列，与单张热图相比，从热图序列中提取的平均温度信号可以很好地消除背景温度不均匀、材料表面反光及加热不均匀等带来的随机信号。

就缺陷表征采用的温度信息而言，最初主要利用热像图中材料表面温度升高值和温差等信息，但温升值和温差对缺陷的表征只限于缺陷区域与边缘特征，其表达的缺陷信息不够完善。而且材料表面温度易受环境、加热不均匀等各种因素影响，准确性较差。随着锁相热像技术的应用，研究者们对材料表面温度信号（热波信号）进行积分变换，使用信号分析方法，提取热波信号的频域参数进行缺陷表征，取得了很好的效果。

目前，对缺陷特征进行提取和表征，也分为基于热波信号的幅值、相位等波形特征提取，以及单张热图的边缘提取、面积计算等。在特征提取阶段，一般需要结合被测材料的物理属性，以及具体缺陷形式的导热和生热特征，与表面热图相互对应，以达到缺陷定性识别或者定量表征的目的。而且，针对不同类型的缺陷，需提取不同的热图特征进行表征。

7.3.2.1　缺陷边缘特征的提取

对于复合材料内部的分层缺陷和涂层材料的界面脱黏缺陷，在热像图滤波和增强的基础上，检测和表征的重点是提取和刻画缺陷的边缘，在此基础上才能对缺陷的大小进行分析和计算。图像中缺陷边缘检测的本质是提取图像中的突变点，据此人们提出了多种边缘检测算子，传统的边缘检测算子有 Roberts 算子、Canny 算子、Log 算子、GaussLaplace 算子和 Sobel 算子等。不同算子适用的噪声环境不同，对同一张热图的缺陷边缘检测效果也不同，如图 7.11 所示。

目前在数字图像处理领域还缺乏一种广泛通用的边缘检测算法，对现有边缘检测算法的改进仍在不断继续，例如，将 Log 算子和 Roberts 算子的边缘检测结果进行融合，可避免单一算子导致的缺陷误检和漏检，提高缺陷边缘检测准确度等；又如，在单张热图滤波降噪的基础上，将马尔可夫和主成分分析法相结合（Markov - PCA）进行热图序列重构，并采用多项式拟合 - 相关系数法提取缺陷边缘特征，能够获得更加清晰的盲孔缺陷边缘特征。此外，还有基于模糊理论、神经网络和小波理论等数学模型进行边缘检测的方法。

7.3.2.2　缺陷深度表征方法

在红外热成像检测技术中，缺陷深度与材料厚度的定量表征属于同一个问题，其核心选取一个参数与厚度进行映射，常用的特征参数有温差峰值时间、对数温度偏离时间、表面温度对数二阶微分峰值时间等。郭兴旺等用有限元法对厚度不均匀的热障涂层在脉冲热激励下表面过余温度、最大温差、最大对比度和最大温差时间等可检信息参数随陶瓷涂层厚度差与厚度的变化关系进行了数值模拟，得到了可检参数与厚度特征参数的关系曲线，定量地描述了主动红外热像技术检测热障涂层厚度的物理规律。

对数峰值二阶导数法是将信号的二阶导数放在对数坐标系下，其中二阶导数的峰值与检测对象的厚度或缺陷深度具有定量关系。张存林等采用脉冲红外热像法对大气等离子喷涂热障涂层的质量进行评价，采用原始表面热波的二阶导数在自然对数坐标系下的峰值对陶瓷层的厚度进行表征，通过计算认为该参数对热障涂层的厚度进行定量表征是可行的。顾桂

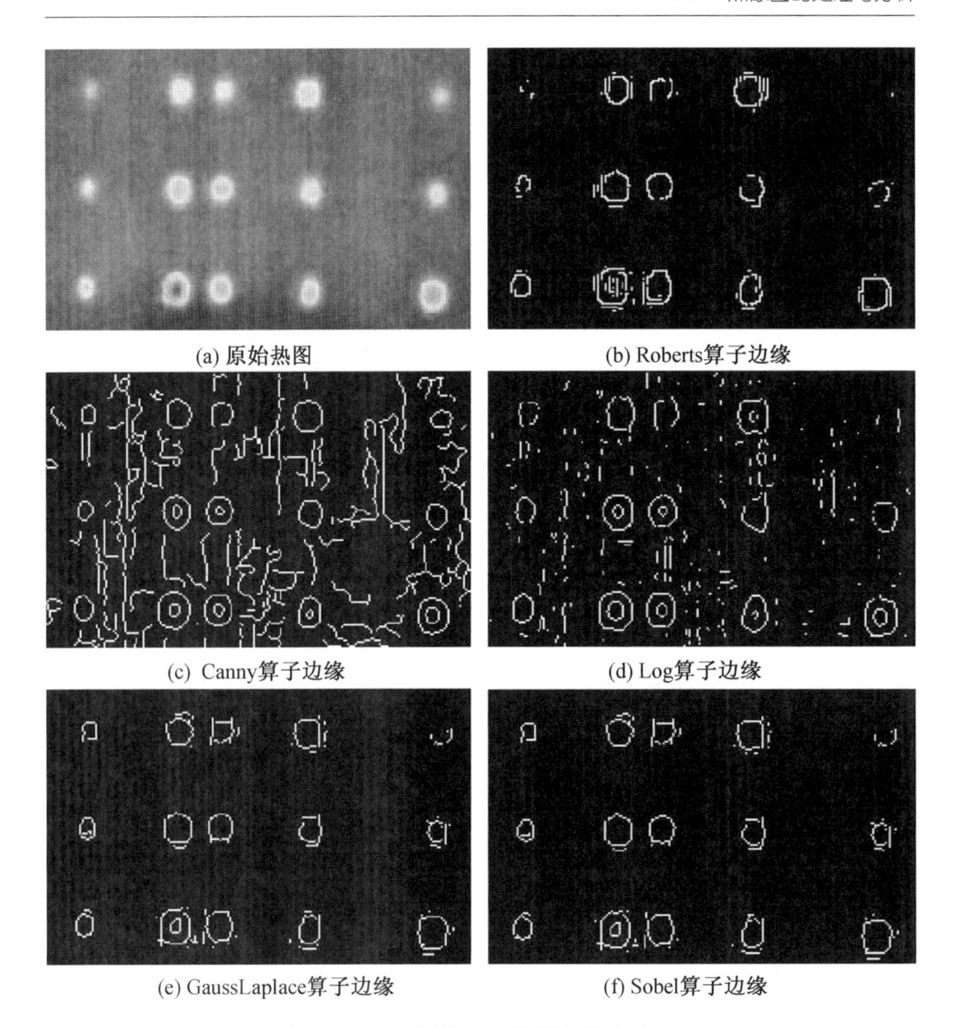

(a) 原始热图　(b) Roberts算子边缘

(c) Canny算子边缘　(d) Log算子边缘

(e) GaussLaplace算子边缘　(f) Sobel算子边缘

图 7.11　不同算子边缘提取结果对比

梅等采用模拟计算的方法，基于一维热传导模型，模拟高能卤素灯激励下的热输入方式，研究了温度 - 时间二阶对数微分法对钢轨疲劳裂纹深度的表征方法。

许多研究表明，热图的相位信息与缺陷深度密切相关，可以由此对缺陷深度进行分析。相位信息不受初始条件和外界因素的影响。通过积分法和傅里叶变换法处理热像仪采集的数据，最终显示待测试件的位相图，从得到的位相图判断试件是否存在缺陷。

Sebastian Dudzik 研究了脉冲热像法对玻璃钢表面下不同深度预置孔洞缺陷的检测能力，分析了表面热波的相位曲线，并将相位作为特征参数通过贝叶斯分类器进行缺陷识别和深度计算，如图7.12所示，其计算结果与实测结果相符。

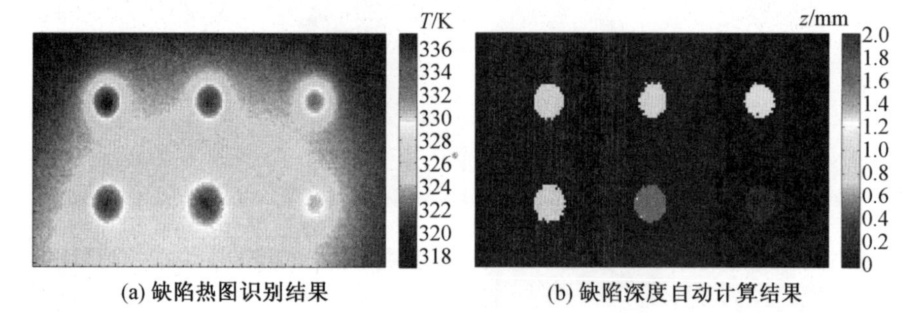

(a) 缺陷热图识别结果　　(b) 缺陷深度自动计算结果

图7.12　脉冲热图缺陷自动识别和深度计算

7.4　红外热成像技术在再制造工程中的应用

在再制造工程中，表面喷涂技术的应用十分广泛，是实现废旧机械零件"尺寸恢复"和"性能提升"目标的关键工程技术之一。然而，由于喷涂层是一种非均匀组织，一般具有特殊的层片状多孔结构，导致磁粉、渗透、超声、涡流等传统无损检测技术的应用受到限制，一直以来对于带有表面喷涂层的零件进行质量评价都需借助破坏性检测技术，采用取样抽检的方式评价。在再制造毛坯检测、喷涂层制备以及带涂层零件服役过程中，都缺乏一种高效便捷的质量无损评价手段。

红外热成像检测的特点，决定了其适用于材料表层和次表层结构缺陷与损伤的评价，因而在表面喷涂层无损评价方面具有较大的应用潜力。而且近年来该方面的研究已经被国内外学者所关注，公开报道了诸多关于喷涂层红外热成像检测技术的研究成果，有的已经在工程实际中得到了应用。

7.4.1　再制造毛坯件的疲劳裂纹检测

带有表面喷涂层的零件在首次服役过程中，涂层下基体合金在各种载荷作用下可能产生疲劳裂纹，裂纹扩展到涂层表面之前，无法通过肉眼进行观察。当其完成一个服役周期，进入再制造流程后，作为再制造毛坯必须首先对其进行质量评价，然而渗透、磁粉、超声和涡流等检测技术的应用也受到涂层材料种类及疏松多孔结构的限制，带有涂层的毛坯零件基体裂纹检测是目前再制造毛坯寿命评价中的一个难点。

针对上述带有喷涂层的再制造毛坯中裂纹检测问题,采用超声红外热像检测技术对预置了涂层下基体疲劳裂纹的试件进行检测研究,首先在尺寸为300 mm × 50 mm × 5 mm(长 × 宽 × 厚)的Q235不锈钢板材中心位置预置扁平缺口,并采用拉伸法在缺口两端分别产生长约5 mm的裂纹,如图7.13所示。在预置好疲劳裂纹的钢板表面采用火焰喷涂方法制备3Cr13合金涂层。喷涂后涂层完全将裂纹盖住,如图7.14(a)所示,从涂层表面通过肉眼观察无法发现基体中存在的疲劳裂纹。在中心缺口一侧切取15 mm × 15 mm的方块,方块中包含带涂层的完整裂纹区域,采用扫描电镜(SEM)观察裂纹和涂层截面的微观形貌,图7.14(b)展示了在裂纹宽度约为0.2 mm处涂层与裂纹截面形貌,由图可见喷涂层厚度约为0.4 mm,喷涂过程中一部分熔融颗粒进入裂纹开口处凝固,使该处涂层材料的厚度大于其他区域,但进入裂纹开口处的材料与周围基体材料界面结合并不紧密,可以观察到明显的间隙,理论上这种松散的结合状态可使受激后材料间相互摩擦作用得到增强,增加裂纹处发热量。

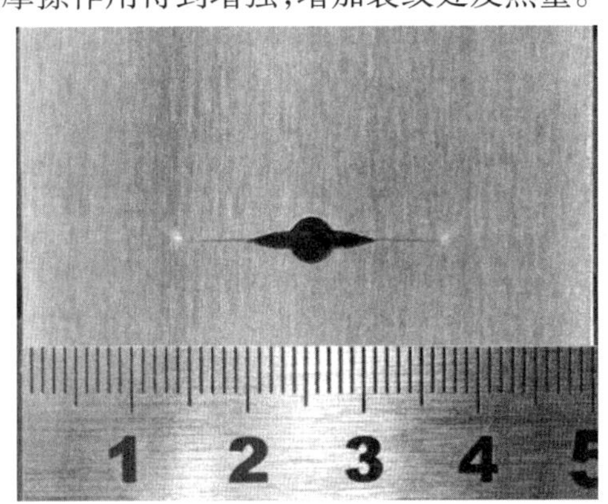

图7.13　拉伸所得疲劳裂纹

表面覆盖有涂层的裂纹试样,肉眼从涂层表面无法发现涂层下的基体疲劳裂纹。将低频超声波从试样非裂纹区域涂层表面输入,采用红外热像仪记录整个过程中试样表面温度响应过程。所用的超声热成像检测系统如图7.15所示,主要包括超声波激励装置、热像图采集装置和数据存储处理装置3个部分。热像图采集设备为NEC Avio R300型非制冷热像仪,其温度分辨率大于等于0.03 ℃,最大测温范围为 − 500 ~ − 20 ℃,图像采集频率最高为60 Hz。在外场环境下,可以将以上系统进行简化,去除非必要的试样台和激励台架,只携带红外热像仪、超声发生器和便携式激励头,超声波频率为25 kHz。

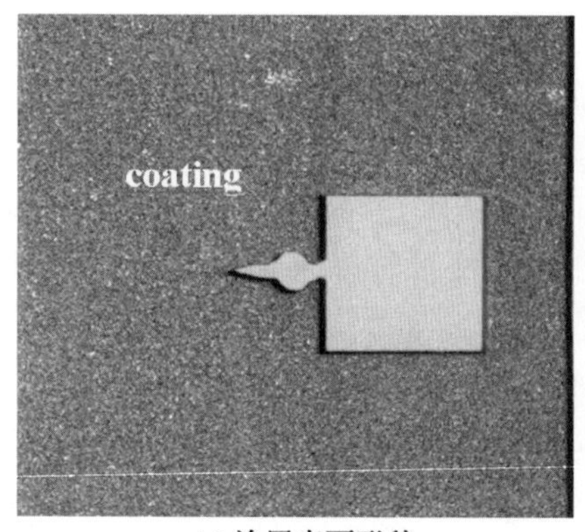

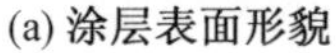
(a) 涂层表面形貌

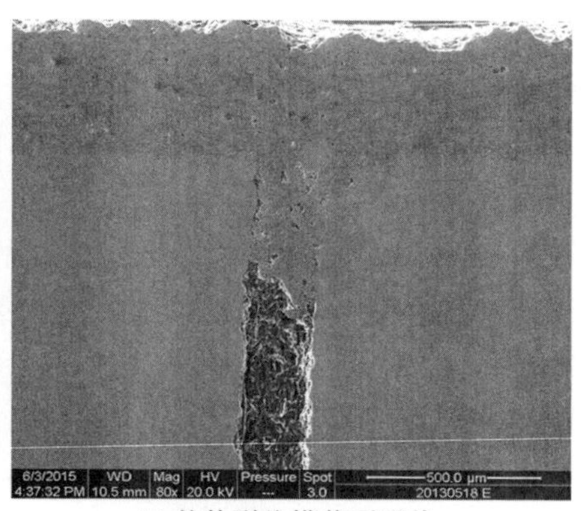

(b) 基体裂纹横截面形貌

图 7.14　涂层表面及裂纹横截面形貌

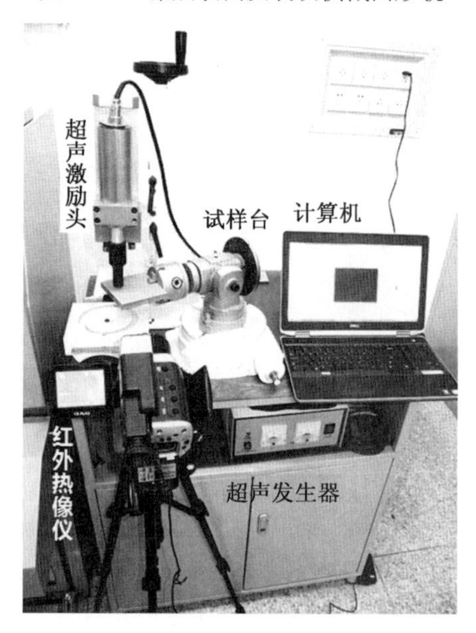

图 7.15　超声红外热像检测系统

图 7.16 展示了一个脉冲周期内试样表面温度场瞬态响应过程，超声波脉冲激励能量从 0 s 开始加载，到 0.5 s 结束。由图可见，当超声波载荷施加后，裂纹表面温度出现异常升高，而非裂纹区域表面热图未见明显变化，随着激励能量持续输入，裂纹处与非裂纹区热图差异持续增强；0.5 s 后在表面辐射效应和热量横向传导双重作用下裂纹区表面温度迅速下降，到 1 s 时已经很难从热图中直接分辨裂纹的位置。

在裂纹中心处取点 A，在非裂纹区取点 B，两点处涂层表面温度在连续

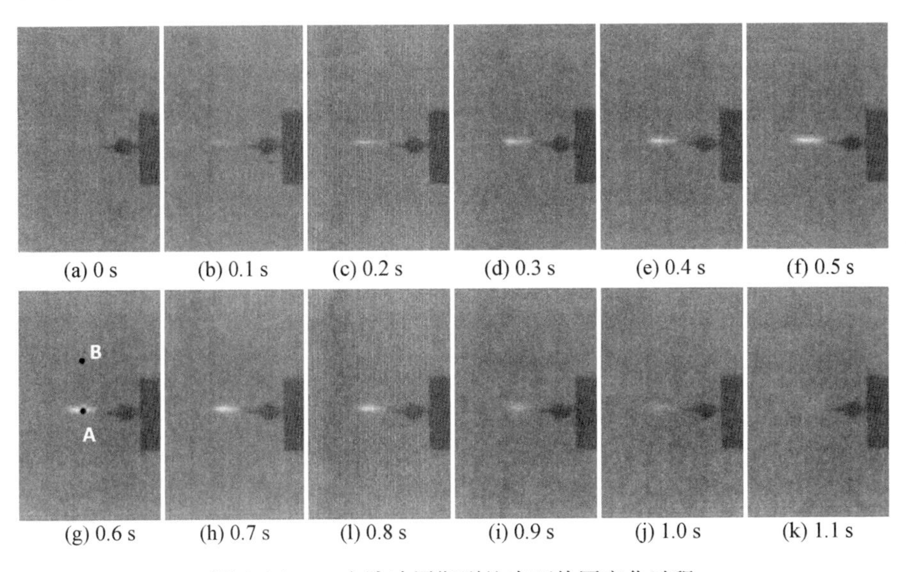

(a) 0 s (b) 0.1 s (c) 0.2 s (d) 0.3 s (e) 0.4 s (f) 0.5 s

(g) 0.6 s (h) 0.7 s (l) 0.8 s (i) 0.9 s (j) 1.0 s (k) 1.1 s

图 7.16 一个脉冲周期裂纹表面热图变化过程

3 个激励周期内的变化过程如图 7.17 所示，此时环境温度为 29.8 ℃。从两点温度变化过程可以见，在激励过程中，A 点温度持续升高，但其升温阶段温度并非线性升高，大致可以分为两个阶段，如图中虚线所示，在升温第一阶段（0 ~ 0.3 s），曲线斜率较大，升温较快；升温第二阶段（0.3 ~ 0.5 s），曲线斜率明显低于第一阶段，表明在第二阶段裂纹处温度上升速率有所减缓。这是由于随着裂纹区温度上升，其辐射率和热扩散率均有所增大，热量散失速度加快，而生热量不变，因此升温速度变慢。激励结束后 A 点温度迅速下降，经过约0.5 s降温过程后其温度水平与 B 点相当。而 B 点温度在整个过程中变化并不明显，这表明低频超声波激励并未导致非裂纹区域材料温度明显升高。另外，A、B 两点之间表面温度差在脉冲激励结束时刻（每次脉冲开始后0.5 s时刻）达到最大值，约为2 ℃，这说明通过表面温度进行裂纹定性识别的最佳时间为脉冲激励结束时刻。

为了更加精确地对裂纹特征进行提取，将图 7.16 中 0.1 s 时刻的热图像与热激励前的背景热图像（0 s 时刻）相减，得到如图 7.18（a）所示去除背景热量后的图像，该图中各点的灰度值与试件表面对应点在激励过程中温度变化量成正比，图中裂纹区域清晰可见。为了进一步定量分析裂纹特征，将图 7.18（a）进行二值化处理，使裂纹区域显示为白色，得到图7.18（b）所示二值化图像，该图像中裂纹区域的边缘特征更加清楚，为裂纹骨架提取奠定了基础。

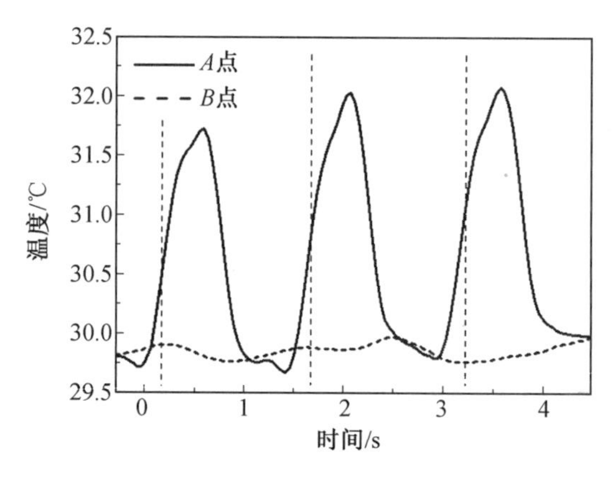

图7.17　裂纹与非裂纹区表面温度变化过程

基于MATLAB图像骨架提取功能，使用bwmorph命令对上述二值化裂纹图像中裂纹骨架进行提取，提取结果如图7.18(c)所示，最后，计算所提取裂纹骨架长度，计算结果为5.3 mm，与图7.13所示实际测量结果相符。这一结果表明，超声红外热像方法可以实现对涂层下再制造毛坯基体疲劳裂纹的定量检测。

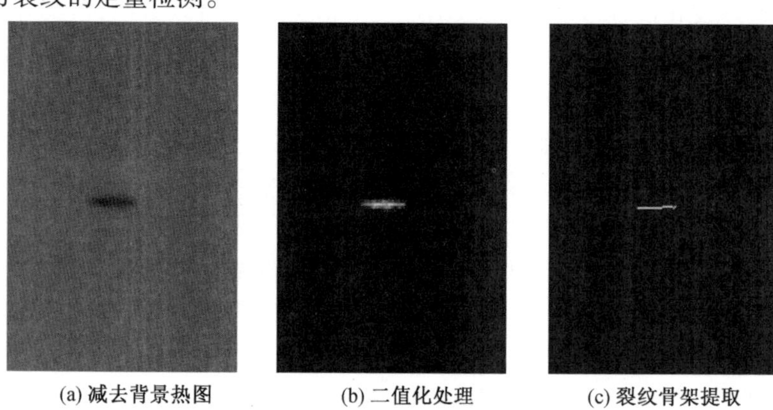

图7.18　裂纹热图处理结果

7.4.2　再制造喷涂层的脱黏缺陷检测

对于热喷涂涂层而言，产生脱黏缺陷有两种原因，即制备过程中的热应力和服役过程中的载荷。以工程结构和零件表面防护中常用的低成本表面防护涂层3Cr13为例，所制备的脱黏试样基体材料均为Q235不锈钢，基材厚度为5 mm；涂层均为电弧喷涂3Cr13涂层，涂层厚度约为300 μm。

所选试样尺寸为160 mm × 100 mm的长方形，在喷涂过程中冷却不充分，由于热应力的作用导致一个直角边缘涂层出现脱黏翘曲，其边缘处图层和基体之间脱黏间隙约为 0.3 mm，这一程度的脱黏需要肉眼从试样侧面仔细观察才能发现，从图层表面不能发现缺陷，如图 7.19 所示，通过肉眼观察无法获知脱粘区域的面积。

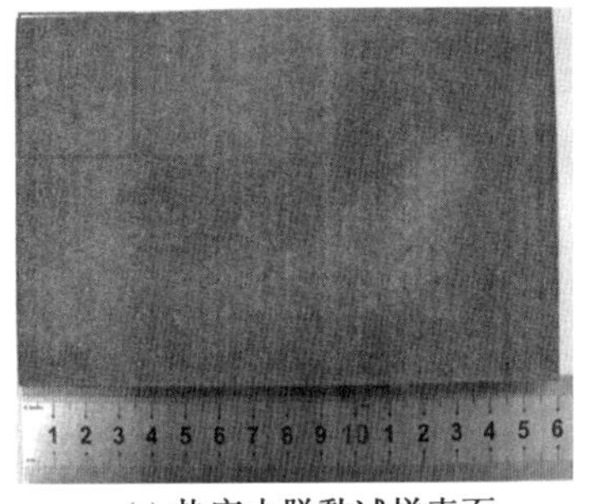

(a) 热应力脱黏试样表面

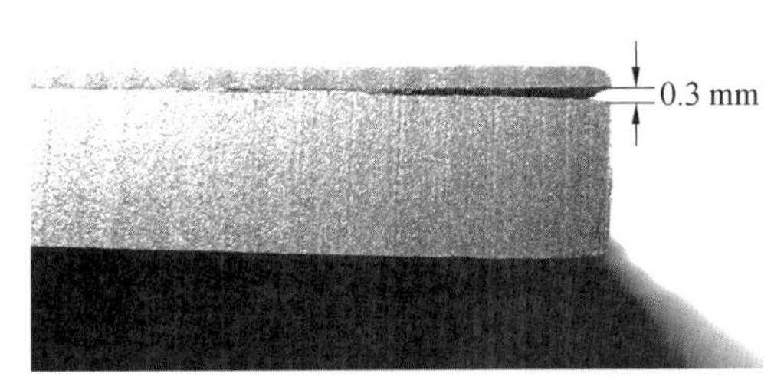

(b) 热应力脱黏区域截面

图 7.19　热应力导致的脱黏缺陷试样

检测时超声振动能量从涂层表面输入，经过 10 s 的连续激励后脱黏区域温度发生了明显的变化，如图 7.20 所示。随时激励时间的增加，脱黏区域温度显著上升，非脱黏区域温度变化不明显。

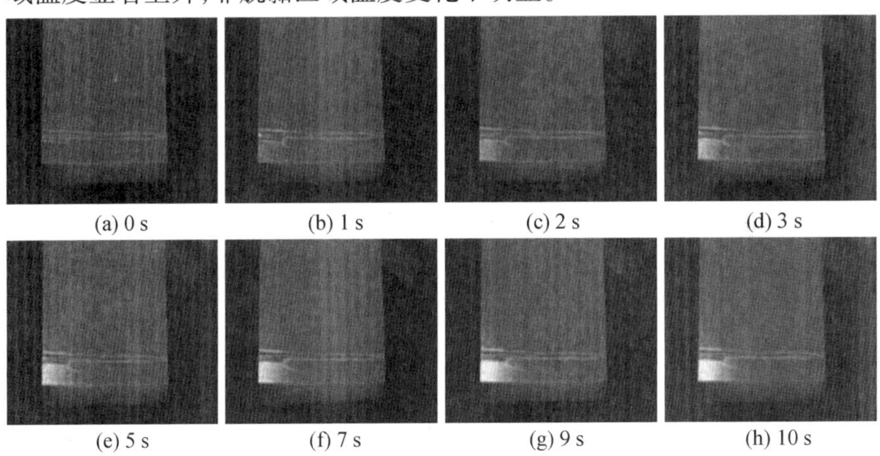

(a) 0 s　(b) 1 s　(c) 2 s　(d) 3 s

(e) 5 s　(f) 7 s　(g) 9 s　(h) 10 s

图 7.20　热激励不同时刻热图变化

将 10 s 时刻热图和 0 s 时刻热图做减法，减去热图中的背景噪声，可以得到如图 7.21 所示的脱黏区域二维和三维图像，脱黏区域三维图中每点不同的高度表示该点加热后与加热前的温度差。

另外，从三维图中还可以看到，对于热应力产生的涂层边缘脱黏，其脱黏区与正常区域之间不存在明显的分界线，激励前后涂层表面温度差沿直

线 a 呈非线性逐渐减小的趋势，如图 7.22 所示。

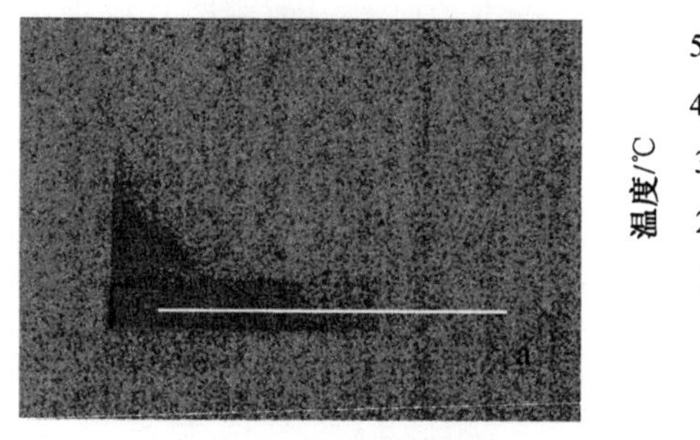

(a) 脱黏区展示（深色区域）

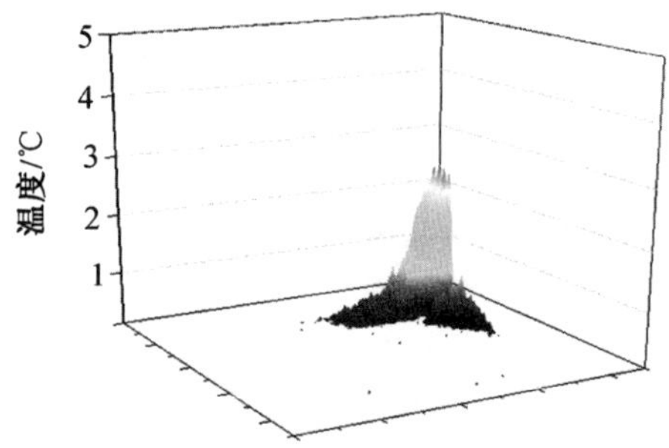

(b) 脱黏区域三维热图

图 7.21　脱黏区域二维和三维热图

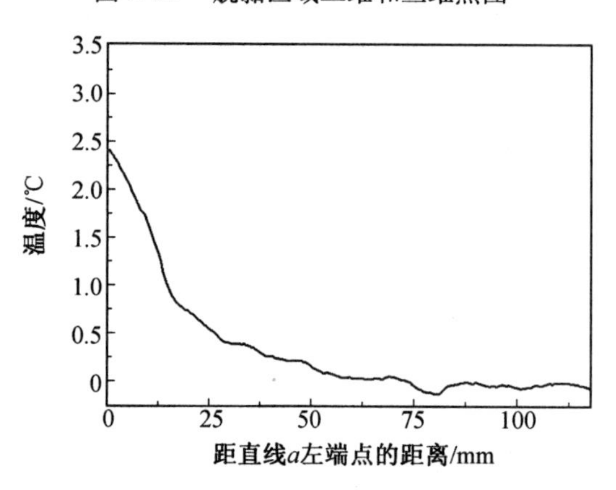

图 7.22　沿直线 a 激励前后温差变化趋势

服役过程中涂层脱黏是受冲击或疲劳载荷导致的，图 7.23(a) 所示直径为 25 mm 的圆柱形试样表面喷涂有 3Cr13 涂层，经肉眼观察喷涂效果良好，喷涂后从零件一侧施加冲击载荷，导致其边缘部分涂层与基体界面脱黏，但从表面观察脱黏缺陷不明显。

采用短时脉冲激励方式从涂层表面输入超声低频超声波，脉冲长度和脉冲间隔均为 3 s。经过两次脉冲激励后，试样一端显示了明显的涂层脱黏区域，如图 7.23(d) 所示。

分别从脱黏区域和正常区域选取 A 点和 B 点，如图 7.24(a) 所示。分析两次脉冲激励过程中这两点表面的温度变化，如图 7.24(b) 所示，每次脉冲激励过程中脱粘区域的温度都呈现明显上升，激励结束后又呈现明显回落。而正常区域温度变化并不明显，两点处最大温差在第二次脉冲激励后达到最大，此时 A 点温度约为 20.5 ℃，而 B 点温度约为 19.9 ℃。

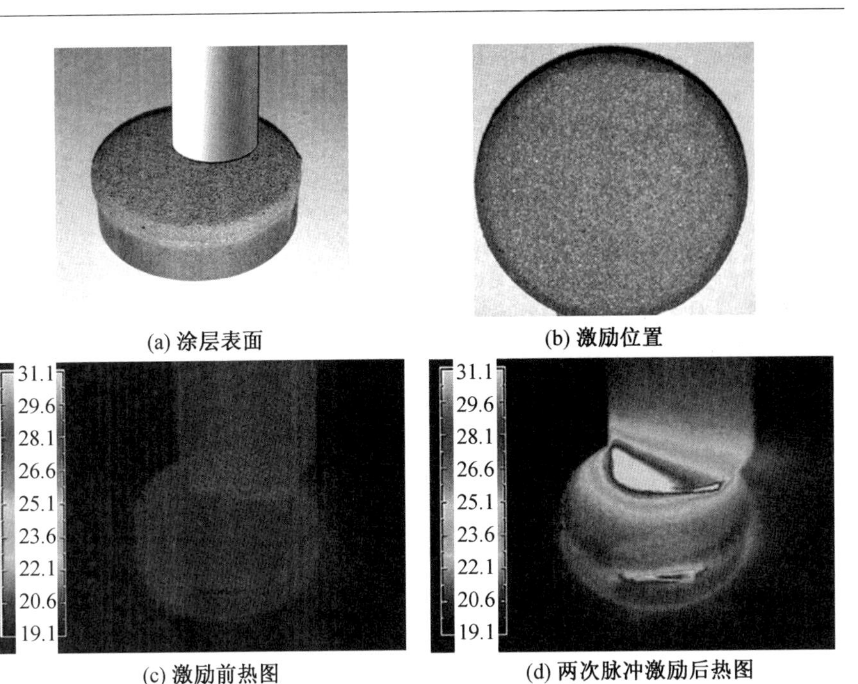

(a) 涂层表面　(b) 激励位置

(c) 激励前热图　(d) 两次脉冲激励后热图

图 7.23　冲击载荷导致的涂层脱黏红外检测结果

以上结果表明,热脱黏区域对超声激励更加敏感,其原因和超声波激励至脱黏区发热原理有关,超声波会导致脱黏的涂层振动发热,而非脱黏区涂层不会单独受激振动,因此温升很小。

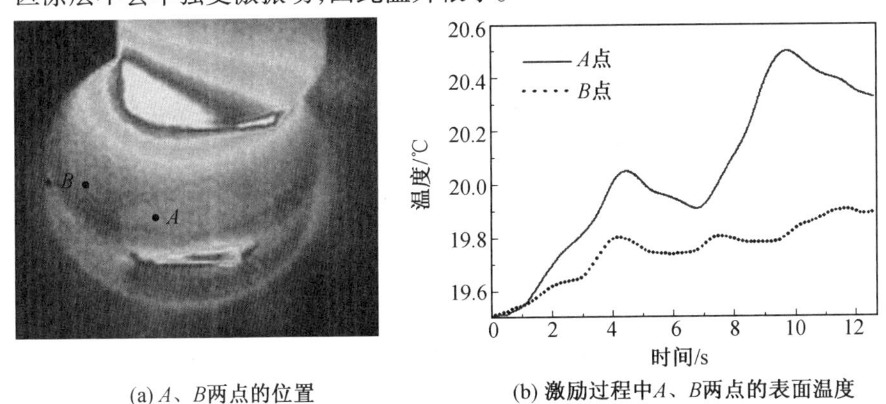

(a) A、B两点的位置　(b) 激励过程中A、B两点的表面温度

图 7.24　脱黏区和非脱黏区表面温度变化

本章参考文献

[1] 史衍丽. 第三代红外探测器的发展与选择[J]. 红外技术,2013,35(1):1-8.

[2] 张永萍,李景飞,赵希. 电子故障红外检测研究[J]. 中国表面工程,2006,19(5):121-123.

[3] LAHIRI B B,BAGAVATHIAPPAN S,JAYAKUMAR T,et al. Medical applications of infrared thermography:A review[J]. Infrared Physics & Technology,2012,55(4):221-235.

[4] 李国华,吴立新,吴淼,等. 红外热像技术及其应用的研究进展[J]. 红外与激光工程,2004,33(3):227-230.

[5] 万瑾,黄元庆. 红外热成像技术中的红外焦平面阵列的研究[J]. 红外与激光工程,2006,35:53-57.

[6] ZENZINGER G,BAMBERG J,DUMM M,et al. Crack detection using eddytherm[C]. Review of Progress in Quantitative Nondestructive Evauation Conf,Golden CO USA,2004,1646-1653.

[7] MALDAGUE X. Introduction to NDT by active infrared thermography[J]. Materials Evaluation,2002,60(9):1060-1063.

[8] 张淑仪. 超声红外热像技术及其在无损评价中的应用[J]. 应用声学,2004,23(5):1-6.

[9] WILSON J,TIAN G Y,ABIDIN L Z. Pulsed eddy current thermography:System development and evaluation[J]. Insight:Non-Destructive Testing and Condition Monitoring,2010,52(2):87-90.

[10] CHENG L,TIAN G Y. Surface crack detection for carbon fiber reinforced plastic(CFRP) materials using pulsed eddy current thermography[J]. IEEE Sensors Journal,2011,11(12):3261-3268.

[11] 何菁,吴鹏,汪瑞军,等. 模拟服役环境下热障涂层损伤趋势的红外原位检测技术[J]. 中国表面工程,2013,26(4):19-26.

[12] 潘孟春,何赟泽. 涡流热成像检测技术[M]. 北京:国防工业出版社,2013.

[13] 黄新萍,陶宁,蒋玉龙,等. 蜂窝缺陷的红外无损检测及有限元模拟[J]. 光学学报,2013,33(6):06120021-06120027.

[14] 刘颖韬,郭广平,杨党纲,等. 脉冲热像法在航空复合材料构件无损检

测中的应用[J]. 航空材料学报,2012,32(1):72-77.

[15] HE Y Z,PAN M C,LUO F L. Defect characterisation based on heat diffusion using induction thermography testing[J]. Rev. Sci. Instrum, 83,104702(2012).

[16] 姚中博,王海斗,张玉波,等. 红外信号分析的基本方法及应用现状[J]. 金属热处理,2014,39(7):157-161.

[17] 陈永,毛羽鑫. 基于小波的振动热像检测缺陷特征增强[J]. 机械工程师,2014(8):13-15.

[18] 夏清,胡振琪,位蓓蕾,等. 一种新的红外热像仪图像边缘检测方法[J]. 红外与激光工程,2014,43(1):318-322.

[19] 唐庆菊. SiC 涂层缺陷的脉冲红外热波无损检测关键技术研究[D]. 哈尔滨:哈尔滨工业大学,2014.

[20] 郭兴旺,丁蒙蒙. 热障涂层厚度及厚度不均热无损检测的数值模拟[J]. 航空学报,2010,31(1):198-203.

名词索引

国家出版基金资助项目

现代数学中的著名定理纵横谈丛书

丛书主编　王梓坤

HIPPASUS THEOREM

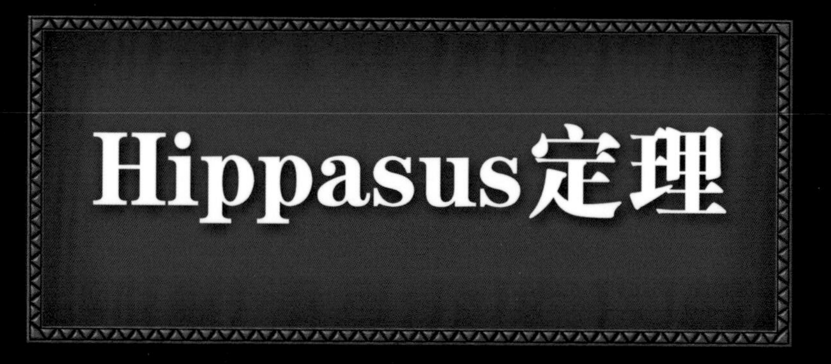

Hippasus定理

朱尧辰 著

哈爾濱工業大學出版社
HARBIN INSTITUTE OF TECHNOLOGY PRESS